スバラシク実力がつくと評判の

有限要素法

キャンパス・ゼミ

大学の数学がこんなに分かる！単位なんて楽に取れる！

馬場敬之

マセマ出版社

◆ はじめに ◆

みなさん，こんにちは。マセマの**馬場敬之（ばばけいし）**です。これまで発刊した『**数値解析キャンパス・ゼミ**』は多くの読者の皆様の支持を頂いて，大学の数値解析の学習の新たなスタンダードとなり始めてきたようです。そして今回，『**有限要素法キャンパス・ゼミ**』を上梓することが出来て，心より嬉しく思っています。

これまで，マセマでは『**フーリエ解析キャンパス・ゼミ**』や『**偏微分方程式キャンパス・ゼミ**』を発刊して，様々な偏微分方程式をフーリエ解析を使って，解析的に解く手法を解説し，多くの読者の皆様に「分かりやすくて，面白い」との評価を頂いて参りました。そして，前回出版した『**数値解析キャンパス・ゼミ**』では，これらの偏微分方程式を今度はコンピュータ・プログラムにより“**差分方程式**”を利用して解く数値解析の手法について，多くの実例と共に解説し，これもまた，たく山の読者の皆様から好評価を頂いております。

しかし，このコンピュータ・プログラムにより，偏微分方程式を解く手法としては，差分方程式による数値解析以外に“**有限要素法**”による数値解析があるのです。
この『**有限要素法キャンパス・ゼミ**』では，この有限要素法について基本からかなりの応用問題まで，実際のプログラムと結果を実例として示しながら詳しく分かりやすく丁寧に解説しています。
差分法による数値解析では，位置変数 x や y の刻み幅の Δx や Δy を 0.01 や 0.001 など，かなり小さな値を取る必要があり，また，これらの刻み幅は 1 つの解法の中では常に一定でなければなりませんでした。これに対して，有限要素法による数値解析では，1 次元の要素の長さ l_k は 1 や 2 など，比較的大きな値でも構わないし，また，この長さは要素毎に変えても構いません。また，2 次元問題の場合，対象とする領域を複数の，ある程度の大きさをもった，形も大きさも任意の三角形の有限な要素の集合体で表現できます。このように，有限要素法は差分法による数値解析とはまったく異なる理論やアルゴリズム（計算手順）の数値解析と言えるのです。

そして，この有限要素法は“**材料力学**”や“**流体力学**”をコンピュータにより解析する実践的な手法として広く利用されているので，理工系の学生，大学院生，技術者，研究者の方々が当然習得しておかなければならない技能の**1**つなのです。しかし，最近のマセマの調査で分かったことは，この有限要素法についての講義や実習が現在，大学や大学院の講義であまり行われていないということでした。理由は，おそらく，フリーのコンピュータ言語がネット上に溢れており，教員も学生も，どの言語を使うべきか，定めづらいことも挙げられるかもしれません。したがって，本書では，高校の課程でも利用されていた“**BASIC**”を用いることにしました。

本書では，具体的には，**BASIC/98 ver.5**（電脳組）を使用しています。

理由は，**BASIC** は，最も基本的なコンピュータ言語であり，どなたでも容易に修得することが出来るので，有限要素法の理論やアルゴリズムに力を集中することができるからです。

この『**有限要素法キャンパス・ゼミ**』では，有限要素法の理論の中でも特に“**重み付き残差法**（おもみつきざんさほう）”を用いています。この手法により，与えられた常・偏微分方程式を，重（おも）み関数という任意関数を用いて，“**弱形式**（じゃくけいしき）”に変形し，これをさらに離散化し，最終的には大きな **N** 元 **1** 次連立方程式の形にもち込んで，近似解を求めていきます。したがって，プログラムでは，この **N** 元 **1** 次の連立方程式を解いたり，逆行列を求めることも必要となります。

さらに，有限要素法の理論では，“**面積座標**（めんせきざひょう）”とその“**積分公式**”など，差分法による数値解析よりも，より高度な数学が必要となります。しかし，これらをマスターし，そのアルゴリズムを **BASIC** プログラムで表し，これを実行した結果は，すべて美しいグラフとして堪能することができるのです。

そうです…，有限要素法は，理論も実践も含めてとても役に立ち，面白い学問分野の **1** つなのです。この面白い有限要素法を皆さんと共に楽しむために，ボクは，この『**有限要素法キャンパス・ゼミ**』を書き上げました。本書が，再び日本の理工系の教育に，有限要素法を甦らせる起爆剤となることを願ってやみません。

マセマ代表　馬場 敬之（けいし）

目 次

講義4 1次元熱伝導方程式

講義5 2次元熱伝導方程式

講 義
Lecture
1

有限要素法のプロローグ

テーマ

▶ ガンマ関数とベータ関数

$$\left(\Gamma(n+1) = n! \qquad B(m,\ n) = \frac{\Gamma(m)\cdot\Gamma(n)}{\Gamma(m+n)} \right)$$

▶ ガウスの発散定理の応用

$$\left(\iint_S \mathrm{div}\boldsymbol{f}\,dS = \int_C \boldsymbol{f}\cdot\boldsymbol{m}dl \right)$$

▶ $\boldsymbol{n}$ 元 1 次連立方程式の数値解法

($M\boldsymbol{x} = \boldsymbol{b}$ の拡大係数行列 $[M|\boldsymbol{b}]$)

§1. 数学的基礎知識

さァ，これから **“有限要素法”**（***finite element method***）の講義を始めよう。有限要素法とは，「熱伝導や流体や構造物などの様々な物理現象を表す微分方程式をコンピュータ・プログラミングを利用して，数値的に解析し，シミュレーション（数値実験）を行う有力な手法」ということができる。

このような数値解析の手法の **1** つとして **“差分方程式”**（***difference equation***）を利用するものについては，「**数値解析キャンパス・ゼミ**」（**マセマ**）で詳しく解説した。これに対して，これから解説する **“有限要素法”** では，まず，与えられた微分方程式を任意関数（重み関数）を用いて，**“弱形式”**（***weak form***）という定積分の方程式の形にもち込む。次に，これを各有限な要素毎に離散化し，さらに，集計して，行列とベクトルを用いた n 元 **1** 次の連立方程式を作り，これを解いて，微分方程式の近似解を求めることになるんだね。このような手法を特に，**“重み付き残差法”**（***method of weighted residual***）による有限要素法と呼ぶんだけれど，本書ではこれらを単に有限要素法と呼ぶことにしよう。

ン？ 用語も何だか難しいし，何のことなのか，さっぱり分からないって!? 当然だね。でも，これから **1** つ **1** つていねいに分かりやすく解説していくので，心配は不要です。ここでは，有限要素法は，差分方程式による数値解析とはまったく異なるメカニズムやアルゴリズム（計算や処理の手順）によって，微分方程式を解く手法であり，行列やベクトルの演算が重要な役割を演じることになることだけは，シッカリ頭に入れておこう。

では，ここで，有限要素法のプロローグとして，これから必要となる数学的な基礎知識を解説しておこう。まず，この節では，**“ガンマ関数”**（***gamma function***）$\Gamma(\alpha)$ と **“ベータ関数”**（***beta function***）$B(m,\ n)$ の基本公式について教えよう。さらに，**“ガウスの発散定理（はっさんていり）”**（***Gauss' divergence theorem***）と，その **2** 次元問題への応用定理について解説しよう。

そして，次の節では，**“行列”**（***matrix***）の演算として，特に **“転置行列”**（***transposed matrix***）と，n 元 **1** 次の **“連立方程式”**（***simultaneous equations***）の数値解法について解説しよう。

● ガンマ関数とベータ関数の基本を押さえよう！

有限要素法を用いて，2次元熱伝導方程式を解く際の積分計算(P174)で"**ガンマ関数**"$\Gamma(\alpha)$と"**ベータ関数**"$B(m,\ n)$の知識が必要となるので，ここで，その基本を身に付けておこう。

まず，"**ガンマ関数**"(*gamma function*) $\Gamma(\alpha)$ の定義と，その基本性質を下に示す。

(ギリシャ文字の"ガンマ")

ガンマ関数の定義とその基本性質

(Ⅰ)ガンマ関数$\Gamma(\alpha)$の定義

$$\Gamma(\alpha)=\int_0^\infty x^{\alpha-1}e^{-x}dx \quad \cdots\cdots(*) \quad (\alpha>0)$$

(xの関数$x^{\alpha-1}e^{-x}$をxで無限積分するので，その結果，xはなくなり，αのみの式となる。これをガンマ関数$\Gamma(\alpha)$とおく。)

(Ⅱ)ガンマ関数$\Gamma(\alpha)$の性質

(ⅰ) $\Gamma(1)=1 \quad \cdots\cdots\cdots\cdots\cdots\cdots(*a)$

(ⅱ) $\Gamma(\alpha+1)=\alpha\Gamma(\alpha) \quad \cdots\cdots(*b) \quad (\alpha>0)$

(ⅲ) $\Gamma(n+1)=n! \quad \cdots\cdots\cdots\cdots(*c) \quad$ (n：0以上の整数)

では，これから(Ⅱ)のガンマ関数の各性質を証明していくことにしよう。

(ⅰ) $\Gamma(1)=\int_0^\infty x^0e^{-x}dx=\lim_{p\to\infty}\int_0^p e^{-x}dx=\lim_{p\to\infty}[-e^{-x}]_0^p$

($x^{1-1}=1$)　(無限積分では，このように極限の形にもち込む。)

$=\lim_{p\to\infty}(-e^{-p}+1)=1$ となる。（$e^{-p}\to 0$）

(ⅱ)次，ガンマ関数の最重要公式：$\Gamma(\alpha+1)=\alpha\Gamma(\alpha)$ ……$(*b)$ は，部分積分法を使って導ける。$(*b)$の左辺を変形すると，

$$\Gamma(\alpha+1)=\int_0^\infty x^{\alpha+1-1}\cdot e^{-x}dx=\int_0^\infty x^\alpha e^{-x}dx$$

$$=\int_0^\infty x^\alpha\cdot(-e^{-x})'dx$$

(部分積分法：$\int f\cdot g'dx=f\cdot g-\int f'\cdot gdx$)

$$=-[x^\alpha\cdot e^{-x}]_0^\infty-\int_0^\infty \alpha x^{\alpha-1}(-e^{-x})dx$$

($\lim_{p\to\infty}[x^\alpha e^{-x}]_0^p=\lim_{p\to\infty}\frac{p^\alpha}{e^p}=0$)

$$=\alpha\int_0^\infty x^{\alpha-1}e^{-x}dx=\alpha\Gamma(\alpha)$$ となって，$(*b)$が導ける。

($\int_0^\infty x^{\alpha-1}e^{-x}dx=\Gamma(\alpha)$)

(iii) $\Gamma(n+1)=n!$ ……(*c) $(n=0,\ 1,\ 2,\ \cdots)$ は，以上の結果を用いて，数学的帰納法により示すことができる。

(ア) $n=0$ のとき，(*c) は，

$\Gamma(0+1)=\Gamma(1)=1=0!$ となって成り立つ。 ← $\Gamma(1)=1$ ……(*a) より

(イ) $n=m$ のとき，$(m=0,\ 1,\ 2,\ 3,\ \cdots)$

$\Gamma(m+1)=m!$……① が成り立つと仮定して，

$n=m+1$ のときを調べると，$\Gamma(\alpha+1)=\alpha\Gamma(\alpha)$ ……(*b) より，

$$\Gamma(\underbrace{m+1}_{\alpha}+1)=(\underbrace{m+1}_{\alpha})\Gamma(\underbrace{m+1}_{\alpha})=(m+1)\cdot\underbrace{m!}_{\Gamma(m+1)}\quad (①より)$$

よって，$\Gamma(m+2)=(m+1)!$ となって，$n=m+1$ のときも (*c) は成り立つ。

以上 (ア), (イ) より，$n=0,\ 1,\ 2,\ 3,\ \cdots$ のとき，(*c) は成り立つ。

では，次の例題で実際に (*c) の公式を利用してみよう。

> 例題 1　次の各式の値を求めよ。
>
> (1) $\Gamma(6)$　　(2) $\Gamma(2)\cdot\Gamma(4)$　　(3) $\dfrac{\Gamma(3)\cdot\Gamma(5)}{\Gamma(7)}$

(1) $\Gamma(6)=5!=5\times4\times3\times2\times1=120$ となる。

(2) $\Gamma(2)\cdot\Gamma(4)=1!\times3!=1\times3\times2\times1=6$ となる。

(3) $\dfrac{\Gamma(3)\cdot\Gamma(5)}{\Gamma(7)}=\dfrac{2!\times4!}{6!}=\dfrac{2\times1\times\cancel{4\times3\times2\times1}}{6\times5\times\cancel{4\times3\times2\times1}}=\dfrac{1}{15}$ となる。

公式：$\Gamma(n+1)=n!$ ……(*c)

では次に，“ベータ関数” $B(m,\ n)$ の定義と，その性質を下に示す。

ベータ関数の定義とその基本性質

(Ⅰ) ベータ関数 $B(m,\ n)$ の定義

$$B(m,\ n)=\int_0^1 x^{m-1}(1-x)^{n-1}dx \ \cdots\cdots(*d)\quad (m>0,\ n>0)$$

(Ⅱ) ベータ関数 $B(m,\ n)$ の性質

(i) $B(m,\ n)=B(n,\ m)$ ……(*e)　$(m>0,\ n>0)$

(ii) $B(m,\ n)=\dfrac{\Gamma(m)\cdot\Gamma(n)}{\Gamma(m+n)}$ ……(*f)　$(m>0,\ n>0)$

それでは，(Ⅱ)のベータ関数の性質については，(ⅰ)だけを証明しておこう。

(ⅰ) $B(m,\ n)=\int_0^1 x^{m-1}(1-x)^{n-1}dx$ について，

$1-x=t$ とおくと，$x:0\to1$ のとき，$t:1\to0$

また，$-dx=dt$ より，$dx=-dt$ となる。以上より，

$$B(m,\ n)=\int_0^1 \underset{(1-t)}{x^{m-1}}\underset{t}{(1-x)}^{n-1}\underset{(-1)dt}{dx}=\int_1^0(1-t)^{m-1}t^{n-1}(-1)dt$$

$$=\int_0^1 t^{n-1}(1-t)^{m-1}dt=B(n,\ m) \text{ となる。}$$

積分変数は，x，t，y，u，…など，なんでもかまわない。

よって，$B(m,\ n)=B(n,\ m)$ ……$(*e)$ は成り立つ。

(ⅱ) $B(m,\ n)=\dfrac{\Gamma(m)\cdot\Gamma(n)}{\Gamma(m+n)}$ ……$(*f)$ $(m>0,\ n>0)$ の証明については，冗長になるので省略する。ここでは，この重要な結果だけを覚えて使っていこう。

$(*f)$の証明について，「**ラプラス変換キャンパス・ゼミ**」または「**演習 有限要素法キャンパス・ゼミ**」(**マセマ**)の中で解説しているので，興味のある方は，この本で学習して下さい。

例題 2　次の各積分の値を求めよ。

(1) $\int_0^1 x^2(1-x)^4dx$　　(2) $\int_0^1 x^3(1-x)^5dx$

ベータ関数の公式：$\int_0^1 x^{m-1}(1-x)^{n-1}dx=B(m,\ n)=\dfrac{\Gamma(m)\cdot\Gamma(n)}{\Gamma(m+n)}$ を使うんだね。

(1) $\int_0^1 x^{3-1}(1-x)^{5-1}dx=B(3,\ 5)=\dfrac{\Gamma(3)\cdot\Gamma(5)}{\Gamma(3+5)}=\dfrac{2!\times4!}{7!}$

$=\dfrac{2\cdot1}{7\cdot6\cdot5}=\dfrac{1}{105}$ となる。

(2) $\int_0^1 x^{4-1}(1-x)^{6-1}dx=B(4,\ 6)=\dfrac{\Gamma(4)\cdot\Gamma(6)}{\Gamma(4+6)}=\dfrac{3!\times5!}{9!}$

$=\dfrac{\cancel{3\cdot2\cdot1}}{9\cdot8\cdot7\cdot\cancel{6}}=\dfrac{1}{504}$ となるんだね。大丈夫？

● ベクトル場と偏微分についてマスターしよう！

ベクトル場と発散についても解説しておこう。まず，ベクトル場には，(i)平面ベクトル場と(ii)空間ベクトル場の2つがある。

(i) 平面ベクトル場 $\boldsymbol{f}(x,\ y)$ について，

平面ベクトル場 $\boldsymbol{f}$ は $\boldsymbol{f}(x,\ y)=[f(x,\ y),\ g(x,\ y)]$ のように表される。

1例として，$\boldsymbol{f}(x,\ y)=[\underbrace{x+y}_{f(x,\ y)},\ \underbrace{2x-y}_{g(x,\ y)}]$ について考えてみよう。このとき，

・点 P(1, 1) に対応するベクトルは，

$\boldsymbol{f}(1,\ 1)=[1+1,\ 2\cdot1-1]=[2,\ 1]$ となり，

・点 Q(2, −3) に対応するベクトルは，

$\boldsymbol{f}(2,\ -3)=[2-3,\ 2\times2-(-3)]=[-1,\ 7]$ となる。

この点 P, Q のように，xy 座標平面上のすべての点に対してベクトルを対応させることができるので，この平面全体を"**平面ベクトル場**"という。または，ベクトル値関数（ベクトルの値をとる関数のこと）$\boldsymbol{f}(x,\ y)=[x+y,\ 2x-y]$ そのものを"**平面ベクトル場**"と呼ぶこともある。

(ii) 空間ベクトル場 $\boldsymbol{f}(x,\ y,\ z)$ について，

空間ベクトル場 $\boldsymbol{f}$ は $\boldsymbol{f}(x,\ y,\ z)=[f(x,\ y,\ z),\ g(x,\ y,\ z),\ h(x,\ y,\ z)]$ のように表される。1例として，

$\boldsymbol{f}(x,\ y,\ z)=[\underbrace{2x+1}_{f(x,\ y,\ z)},\ \underbrace{yz}_{g(x,\ y,\ z)},\ \underbrace{2zx}_{h(x,\ y,\ z)}]$ について考えてみよう。このとき，

・点 P(1, 1, −1) に対応するベクトルは，

$\boldsymbol{f}(1,\ 1,\ -1)=[2\cdot1+1,\ 1\cdot(-1),\ 2\cdot(-1)\cdot1]=[3,\ -1,\ -2]$ となり，

・点 Q(2, −1, 4) に対応するベクトルは，

$\boldsymbol{f}(2,\ -1,\ 4)=[2\cdot2+1,\ -1\cdot4,\ 2\cdot4\cdot2]=[5,\ -4,\ 16]$ となる。

この点 P, Q のように，xyz 座標空間上のすべての点に対してベクトルを対応させることができるので，この空間全体を"**空間ベクトル場**"という。または，ベクトル値関数 $\boldsymbol{f}(x,\ y,\ z)=[2x+1,\ yz,\ 2zx]$ そのものを"**空間ベクトル場**"と呼ぶこともあるので，覚えておこう。

次に，平面ベクトル場 $\boldsymbol{f}(x,\ y)$ と空間ベクトル場 $\boldsymbol{f}(x,\ y,\ z)$ の偏微分は各成分 (要素) 毎に行えばいいんだね。次の例題で練習しておこう。

例題 3　次の各ベクトル場について，指定された偏微分を求めよ。

(1) 平面ベクトル場 $\boldsymbol{f}(x,\ y)=[x+y,\ 2x-y]$ の偏微分 $\dfrac{\partial \boldsymbol{f}}{\partial x}$ と $\dfrac{\partial \boldsymbol{f}}{\partial y}$ を求めよ。

(2) 空間ベクトル場 $\boldsymbol{f}(x,\ y,\ z)=[2x+1,\ yz,\ 2zx]$ の偏微分 $\dfrac{\partial \boldsymbol{f}}{\partial x}$ と $\dfrac{\partial \boldsymbol{f}}{\partial y}$ と $\dfrac{\partial \boldsymbol{f}}{\partial z}$ を求めよ。

たとえば，x での偏微分 $\dfrac{\partial \boldsymbol{f}}{\partial x}$ は $\boldsymbol{f}_x$ とも表し，各成分を x で偏微分すればよい。その際，y や z など，他の変数は定数として扱えばいいんだね。y や z での偏微分も同様だ。

(1) $\boldsymbol{f}(x,\ y)=[x+y,\ 2x-y]$ について，

(i) x での偏微分 $\boldsymbol{f}_x$ は，

$$\boldsymbol{f}_x=\frac{\partial \boldsymbol{f}}{\partial x}=\left[\frac{\partial}{\partial x}(x+\underbrace{y}_{\text{定数扱い}}),\ \frac{\partial}{\partial x}(2x-\underbrace{y}_{\text{定数扱い}})\right]=[1,\ 2]$$ となり，

(ii) y での偏微分 $\boldsymbol{f}_y$ は，

$$\boldsymbol{f}_y=\frac{\partial \boldsymbol{f}}{\partial y}=\left[\frac{\partial}{\partial y}(\underbrace{x}_{\text{定数扱い}}+y),\ \frac{\partial}{\partial y}(\underbrace{2x}_{\text{定数扱い}}-y)\right]=[1,\ -1]$$ となる。

(2) $\boldsymbol{f}(x,\ y,\ z)=[2x+1,\ yz,\ 2zx]$ について，

(i) x での偏微分 $\boldsymbol{f}_x$ は，

$$\boldsymbol{f}_x=\frac{\partial \boldsymbol{f}}{\partial x}=\left[\frac{\partial}{\partial x}(2x+1),\ \frac{\partial}{\partial x}(\underbrace{yz}_{\text{定数扱い}}),\ \frac{\partial}{\partial x}(\underbrace{2z}_{\text{定数扱い}}x)\right]=[2,\ 0,\ 2z\cdot 1]$$

$=[2,\ 0,\ 2z]$ となり，

(ⅱ) y での偏微分 f_y は，

$$f_y = \frac{\partial f}{\partial y} = \left[\frac{\partial}{\partial y}(\underbrace{2x+1}_{\text{定数扱い}}),\ \frac{\partial}{\partial y}(y\cdot \underbrace{z}_{\text{定数扱い}}),\ \frac{\partial}{\partial y}(\underbrace{2zx}_{\text{定数扱い}})\right] = [0,\ 1\cdot z,\ 0]$$

$= [0,\ z,\ 0]$ となり，

(ⅲ) z での偏微分 f_z は，

$$f_z = \frac{\partial f}{\partial z} = \left[\frac{\partial}{\partial z}(\underbrace{2x+1}_{\text{定数扱い}}),\ \frac{\partial}{\partial z}(\underbrace{y}_{\text{定数扱い}}\cdot z),\ \frac{\partial}{\partial z}(\underbrace{2x}_{\text{定数扱い}}\cdot z)\right] = [0,\ y\cdot 1,\ 2x\cdot 1]$$

$= [0,\ y,\ 2x]$ となる。これでベクトル場の偏微分も大丈夫だね。

● ベクトル場 f の発散 div$f$ の定義を覚えよう！

では次に，(Ⅰ) 平面ベクトル場と (Ⅱ) 空間ベクトル場における "**発散**(はっさん)" (または，"**ダイヴァージェンス**") div$f$ の定義を示そう。

発散（ダイヴァージェンス）

(Ⅰ) 平面ベクトル場における**発散 div$f$**

平面ベクトル場 $f(P) = f(x,\ y) = [f(x,\ y),\ g(x,\ y)]$ の "**発散**" (または，"**ダイヴァージェンス**") を div$f$ と表記し，次のように定義する。

$$\mathrm{div} f = \frac{\partial f}{\partial x} + \frac{\partial g}{\partial y} \quad \cdots\cdots\cdots\cdots\cdots (*g)$$

これは，"ダイヴァージェンス・エフ" と読む。div は "*divergence*" (発散) の略だ。

(Ⅱ) 空間ベクトル場における**発散 div$f$**

空間ベクトル場

$f(P) = f(x,\ y,\ z) = [f(x,\ y,\ z),\ g(x,\ y,\ z),\ h(x,\ y,\ z)]$ の

"**発散**(はっさん)" (または，"**ダイヴァージェンス**") を div$f$ と表記し，

次のように定義する。

$$\mathrm{div} f = \frac{\partial f}{\partial x} + \frac{\partial g}{\partial y} + \frac{\partial h}{\partial z} \quad \cdots\cdots (*h)$$

発散 $\mathrm{div}\boldsymbol{f}$ の計算練習を次の例題でやっておこう。

例題 4　次の各ベクトル場 $\boldsymbol{f}$ の発散 $\mathrm{div}\boldsymbol{f}$ を求めよ。

(1) $\boldsymbol{f}=[x+y,\ 2x-y]$　　(2) $\boldsymbol{f}=[2x+1,\ yz,\ 2zx]$

(1) は平面ベクトル場，(2) は空間ベクトル場なので，それぞれの発散の定義に従って $\mathrm{div}\boldsymbol{f}$ を求めよう。

(1) 平面ベクトル場 $\boldsymbol{f}=[x+y,\ 2x-y]$ の発散 $\mathrm{div}\boldsymbol{f}$ を求めると，

$$\mathrm{div}\boldsymbol{f}=\frac{\partial}{\partial x}(x+\underbrace{y}_{\text{定数扱い}})+\frac{\partial}{\partial y}(\underbrace{2x}_{\text{定数扱い}}-y)=1-1=0$$ となる。

$\boldsymbol{f}=[f,\ g]$ の発散
$\mathrm{div}\boldsymbol{f}=f_x+g_y$

(2) 空間ベクトル場 $\boldsymbol{f}=[2x+1,\ yz,\ 2zx]$ の発散 $\mathrm{div}\boldsymbol{f}$ を求めると，

$$\mathrm{div}\boldsymbol{f}=\frac{\partial}{\partial x}(2x+1)+\frac{\partial}{\partial y}(y\cdot\underbrace{z}_{\text{定数扱い}})+\frac{\partial}{\partial z}(\underbrace{2x}_{\text{定数扱い}}\cdot z)$$

$\boldsymbol{f}=[f,\ g,\ h]$ の発散
$\mathrm{div}\boldsymbol{f}=f_x+g_y+h_z$

$$=2+1\cdot z+2x\cdot 1=2x+z+2$$ となる。

このように，平面ベクトル場 $\boldsymbol{f}$ の発散 $\mathrm{div}\boldsymbol{f}$ は，数値または 1 つの式となって，ベクトルではなくスカラー(ある値)として表されることに注意しよう。

そして，ベクトル場 $\boldsymbol{f}$ は，

(i) $\mathrm{div}\boldsymbol{f}>0$ のとき，“**湧き出しのある場**”といい，
(ii) $\mathrm{div}\boldsymbol{f}<0$ のとき，“**吸い込みのある場**”といい，
(iii) $\mathrm{div}\boldsymbol{f}=0$ のとき，“**湧き出しも吸い込みもない場**”という。

これも覚えておこう。

例題 4 (1) の平面ベクトル場 $\boldsymbol{f}=[x+y,\ 2x-y]$ の発散 $\mathrm{div}\boldsymbol{f}=0$ であるので，この平面ベクトル場 $\boldsymbol{f}$ は，湧き出しも吸い込みもない場であることが分かるんだね。

それでは，この発散 $\mathrm{div}\boldsymbol{f}$ を用いる重要な定理をこれから紹介しよう。

● ガウスの発散定理について解説しよう！

有限要素法を学ぶ上で，これから解説する“**ガウスの発散定理**(はっさんていり)”(*Gauss' divergence theorem*) は重要な役割を演じるので，ここで，その定理を紹介しておこう。

ガウスの発散定理

右図に示すように空間ベクトル場 $\boldsymbol{f}=[f,\ g,\ h]$ の中に，閉曲面 S で囲まれた領域 V があるとき，次式が成り立つ。

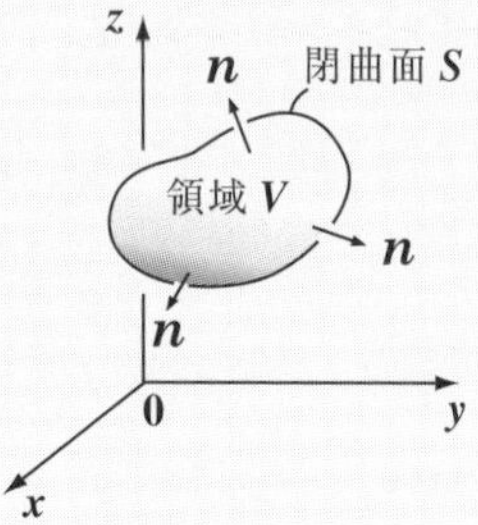

(Ⅰ) $\displaystyle\iiint_V \mathrm{div}\boldsymbol{f}\,dV=\iint_S \boldsymbol{f}\cdot\boldsymbol{n}\,dS$ ……$(*i)$

（ただし，単位法線ベクトル $\boldsymbol{n}$ は，閉曲面 S の内部から外部に向かう向きにとる。）

ここで，$\mathrm{div}\boldsymbol{f}=\dfrac{\partial f}{\partial x}+\dfrac{\partial g}{\partial y}+\dfrac{\partial h}{\partial z}=f_x+g_y+h_z$ であり，$\boldsymbol{n}=[n_x,\ n_y,\ n_z]$ とおくと，公式 $(*i)$ は，$\displaystyle\iiint_V (f_x+g_y+h_z)dV=\iint_S (fn_x+gn_y+hn_z)dS$ ……$(*i)'$

と表すことができる。$(*i)$（または $(*i)'$）の左辺は，領域 V での体積分であり，この右辺は，領域 V を囲む閉曲面 S での面積分になっているんだね。

この $(*i)$ のガウスの発散定理は，物理的に考えると当たり前の公式であることが見えてくると思う。説明しよう。

図1
$\displaystyle\iint_S \boldsymbol{f}\cdot\boldsymbol{n}\,dS$ の物理的な意味

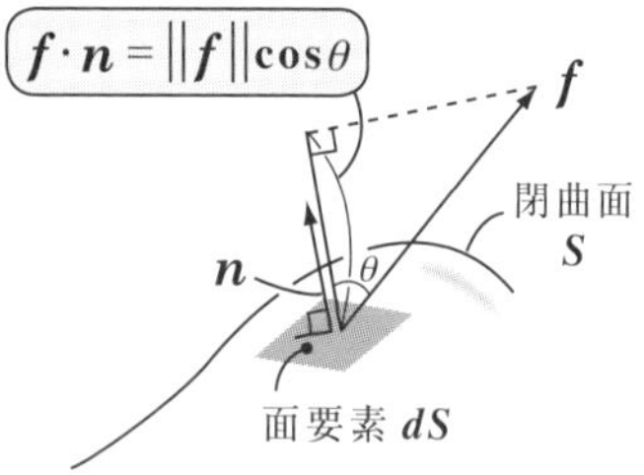

ここで，ベクトル場 $\boldsymbol{f}=[f,\ g,\ h]$ を水の流速であると考えてみよう。すると，図1に示すように閉曲面 S の中の面要素（微小面積）dS を通って，内部から外部へ単位時間当たりに流出する実質的な水量は，

$\boldsymbol{f}\cdot\boldsymbol{n}\,dS$ ……① であることが分かる。

実質的な流出量を求めるためには，流速 $\boldsymbol{f}$ の dS に対して垂直な成分のみが必要であり，$\boldsymbol{f}$ と $\boldsymbol{n}$ のなす角を θ とおくと，これは $\|\boldsymbol{f}\|\cos\theta=\|\boldsymbol{f}\|\underbrace{\|\boldsymbol{n}\|}_{1}\cos\theta=\boldsymbol{f}\cdot\boldsymbol{n}$ となり，これに（面要素）dS をかけたものが，dS を通る実質的な流出量①になるんだね。そして，これを

閉曲面全体で面積分した$(*i)$の右辺$\iint_S \boldsymbol{f}\cdot\boldsymbol{n}dS$が，閉曲面$S$全体を通して内部から外部に流れ出す(水の流出量)となるわけだ。

では，何故水が流出するのか？それは，閉曲面Sの内部の領域Vに水の湧き出し($\mathrm{div}\boldsymbol{f}$)があるはずで，その(湧き出しの総量)が，$\mathrm{div}\boldsymbol{f}$を領域$V$全体に渡って集計した$\iiint_V \mathrm{div}\boldsymbol{f}dV$となるんだね。

以上より，$(*i)$のガウスの発散定理：

$$\underbrace{\iiint_V \mathrm{div}\boldsymbol{f}dV}_{V\text{での湧き出しの総量}} = \underbrace{\iint_S \boldsymbol{f}\cdot\boldsymbol{n}dS}_{S\text{から流出する総量}} \quad \cdots\cdots(*i)$$

が導けるんだね。大丈夫？

そして，本書では，この"**ガウスの発散定理**"の次元を**1**つ下げた次の応用公式(**P77**，**P161**)を用いることになる。

ガウスの発散定理の応用

右図に示すように平面ベクトル場$\boldsymbol{f}=[f,\ g]$の中に，閉曲線Cで囲まれた領域Sがあるとき，次式が成り立つ。

$$(\text{II})\quad \iint_S \mathrm{div}\boldsymbol{f}dS = \oint_C \boldsymbol{f}\cdot\boldsymbol{n}dl \quad \cdots\cdots(*j)$$

(ただし，単位法線ベクトル$\boldsymbol{n}$は，閉曲線Cの内部から外部に向かう向きにとる。)

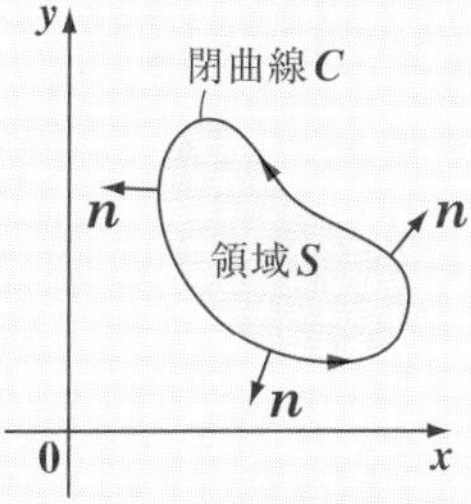

ここで，$\mathrm{div}\boldsymbol{f}=f_x+g_y$であり，$\boldsymbol{n}=[n_x,\ n_y]$とおくと，公式$(*j)$は，

$$\iint_S (f_x+g_y)dS = \oint_C (f\cdot n_x+g\cdot n_y)dl \quad \cdots\cdots(*j)'$$

と表すことができる。

$(*j)$(または$(*j)'$)の左辺は，領域Sでの面積分であり，この右辺は，閉曲線Cを周回する線積分になっているんだね。

物理的な意味については，前述したものと同じなので，省略することにする。

§2. 行列とn元1次連立方程式

これから解説する“**有限要素法**”においては，ベクトルと行列の演算が多用されることになるんだね。従って，ここでは，まず“**転置行列**(てんちぎょうれつ)”を中心に，ベクトルや行列の基本的な演算について練習しよう。

さらに，“**n元1次連立方程式**”の解法も重要なポイントになるので，**BASIC**プログラミングの練習も兼ねて，n元1次連立方程式の解法プログラムも，ここで作成してみよう。これで，プログラミングのアルゴリズム(計算や処理の手順)の基本を身に付けることができるんだね。

さらに，n元1次連立方程式のプログラムが完成すれば，これを基にしてn次正方(n行n列の)行列Aの逆行列A^{-1}を求めるプログラムも容易に作れることも解説するつもりだ。

以上で，有限要素法を学ぶための数学的な準備が整うことになるんだね。

● 転置行列の演算をマスターしよう！

(m, n)型行列Aの対角線に関して対称に成分を入れ換えたものを“**転置行列**”と呼び，${}^tA$で表す。

((m, n)型行列：m行n列の行列のこと)

転置行列${}^tA$の定義

(m, n)型の行列Aの行と列を入れ換えた(n, m)型の行列を，Aの“**転置行列**”と呼び，${}^tA$で表す。

$$A = \begin{bmatrix} a_{11} & a_{12} & a_{13} & \cdots\cdots & a_{1n} \\ a_{21} & a_{22} & a_{23} & \cdots\cdots & a_{2n} \\ \vdots & \vdots & \vdots & & \vdots \\ a_{m1} & a_{m2} & a_{m3} & \cdots\cdots & a_{mn} \end{bmatrix}, \quad {}^tA = \begin{bmatrix} a_{11} & a_{21} & \cdots & a_{m1} \\ a_{12} & a_{22} & \cdots & a_{m2} \\ a_{13} & a_{23} & \cdots & a_{m3} \\ \vdots & \vdots & & \vdots \\ a_{1n} & a_{2n} & \cdots & a_{mn} \end{bmatrix}$$

(A：(m, n)型行列，${}^tA$：(n, m)型行列)

(イメージ $A =$ 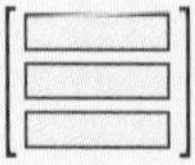 ←行と列の入れ替え→ ${}^tA =$ 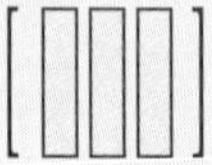)

それでは，次の例題で実際に転置行列を求めてみよう。

例題 **5**　次の各行列の転置行列を求めよ。

(1) $A=\begin{bmatrix}1 & 2 & 0\\ 1 & -1 & 1\end{bmatrix}$　(2) $B=\begin{bmatrix}2 & 0\\ 0 & 1\\ 1 & -2\end{bmatrix}$　(3) $\boldsymbol{x}=\begin{bmatrix}-1\\ 2\\ 1\end{bmatrix}$　(4) $\boldsymbol{y}=\begin{bmatrix}0\\ 1\\ 3\end{bmatrix}$

(1) ${}^tA=\begin{bmatrix}1 & 1\\ 2 & -1\\ 0 & 1\end{bmatrix}$　(2) ${}^tB=\begin{bmatrix}2 & 0 & 1\\ 0 & 1 & -2\end{bmatrix}$ ← 対角線に関して折り返した形になる。

(3) 列(れつ)ベクトル $\boldsymbol{x}$ の転置行列 ${}^t\boldsymbol{x}$ は，${}^t\boldsymbol{x}=[-1\ \ 2\ \ 1]$ となる。

これを，行(ぎょう)ベクトルという。

(4) 列ベクトル $\boldsymbol{y}$ の転置行列 ${}^t\boldsymbol{y}$ は，${}^t\boldsymbol{y}=[0\ \ 1\ \ 3]$ となる。

これから，本書ではベクトルの成分表示はすべて列ベクトルで表すことにしよう。

従って，**P12** で解説した平面ベクトル場 $\boldsymbol{f}=[x+y,\ 2x-y]$ も列ベクトルで，

$\boldsymbol{f}=\begin{bmatrix}x+y\\ 2x-y\end{bmatrix}$ と表し，この転置行列として，${}^t\boldsymbol{f}=[x+y,\ 2x-y]$ と行ベクトル

で表すことにする。同様に，空間ベクトル $\boldsymbol{f}=[2x+1,\ yz,\ 2zx]$ も列ベクトルで，

$\boldsymbol{f}=\begin{bmatrix}2x+1\\ yz\\ 2zx\end{bmatrix}$ と表し，この転置行列として，${}^t\boldsymbol{f}=[2x+1,\ yz,\ 2zx]$ と

行ベクトルの形で表すことにするんだね。

ここで，**2** つのベクトル $\boldsymbol{x}=\begin{bmatrix}-1\\ 2\\ 1\end{bmatrix}$ と $\boldsymbol{y}=\begin{bmatrix}0\\ 1\\ 3\end{bmatrix}$ の内積 $\boldsymbol{x}\cdot\boldsymbol{y}=-1\cdot 0+2\cdot 1+1\cdot 3$

$=5$ は，$\boldsymbol{x}$ の転置行列 ${}^t\boldsymbol{x}$ を用いて

$$\underbrace{\boldsymbol{x}\cdot\boldsymbol{y}}_{\text{ベクトルの内積}}=\underbrace{{}^t\boldsymbol{x}\,\boldsymbol{y}=[-1\ \ 2\ \ 1]\begin{bmatrix}0\\ 1\\ 3\end{bmatrix}}_{\text{行列の積}}=-1\cdot 0+2\cdot 1+1\cdot 3=5$$

と表すことができる。

では次に，転置行列の重要公式：${}^t(AB) = {}^tB\,{}^tA$ ……$(*k)$ が成り立つことを，例題 **5**(1) $A = \begin{bmatrix} 1 & 2 & 0 \\ 1 & -1 & 1 \end{bmatrix}$ と (2) $B = \begin{bmatrix} 2 & 0 \\ 0 & 1 \\ 1 & -2 \end{bmatrix}$ を使って示そう。

$$\cdot AB = \begin{bmatrix} 1 & 2 & 0 \\ 1 & -1 & 1 \end{bmatrix}\begin{bmatrix} 2 & 0 \\ 0 & 1 \\ 1 & -2 \end{bmatrix} = \begin{bmatrix} 2+0+0 & 0+2+0 \\ 2+0+1 & 0-1-2 \end{bmatrix} = \begin{bmatrix} 2 & 2 \\ 3 & -3 \end{bmatrix}$$

よって，${}^t(AB) = {}^t\begin{bmatrix} 2 & 2 \\ 3 & -3 \end{bmatrix} = \begin{bmatrix} 2 & 3 \\ 2 & -3 \end{bmatrix}$ となる。

$$\cdot 次に，{}^tB\,{}^tA = \begin{bmatrix} 2 & 0 & 1 \\ 0 & 1 & -2 \end{bmatrix}\begin{bmatrix} 1 & 1 \\ 2 & -1 \\ 0 & 1 \end{bmatrix} = \begin{bmatrix} 2+0+0 & 2+0+1 \\ 0+2+0 & 0-1-2 \end{bmatrix}$$

よって，${}^tB\,{}^tA = \begin{bmatrix} 2 & 3 \\ 2 & -3 \end{bmatrix}$ となるので，

公式：${}^t(AB) = {}^tB\,{}^tA$ ……$(*k)$ が成り立っていることが確認できたんだね。

この証明は，${}^t(AB)$ と ${}^tB\,{}^tA$ の $(i,\ j)$ 成分をそれぞれ $\{{}^t(AB)\}_{ij}$，$({}^tB\,{}^tA)_{ij}$ などと表して，これらが等しくなることを示せばいいんだね。

$$\{{}^t(AB)\}_{ij} = (AB)_{ji} = \sum_k \underline{A_{jk}}\,\underline{B_{ki}} = \sum_k \underline{({}^tA)_{kj}}\,\underline{({}^tB)_{ik}}$$

A の $(j,\ k)$ 成分　B の $(k,\ i)$ 成分　${}^tA$ の $(k,\ j)$ 成分　${}^tB$ の $(i,\ k)$ 成分

$$= \sum_k ({}^tB)_{ik}({}^tA)_{kj} = ({}^tB\,{}^tA)_{ij}$$ となって，証明できる。

これが分かりづらい方は，今は読み飛ばしてもいいけれど，次の転置行列に関する公式だけは，シッカリ覚えておこう。

転置行列の公式

(1) ${}^t({}^tA) = A$ ………………………$(*l)$　　(2) ${}^t(A+B) = {}^tA + {}^tB$ ……$(*m)$

(3) ${}^t(kA) = k\,{}^tA$ （k：実数） ……$(*n)$　　(4) ${}^t(AB) = {}^tB\,{}^tA$ …………$(*k)$

そして，これらの公式を利用すると，例題 **5**(3) と (4) の **2** つのベクトル

$\boldsymbol{x}=\begin{bmatrix}-1\\2\\1\end{bmatrix}$ と $\boldsymbol{y}=\begin{bmatrix}0\\1\\3\end{bmatrix}$ の内積 $\boldsymbol{x}\cdot\boldsymbol{y}={}^t\boldsymbol{x}\,\boldsymbol{y}=-1\cdot0+2\cdot1+1\cdot3=5$ について，

面白い式変形をすることができる。この内積の結果である **5**(スカラー)を **1** 行 **1** 列の行列とみると，

${}^t\boldsymbol{x}\,\boldsymbol{y}=[5]$ となる。よって，この $[5]$ の転置行列は，**対角成分 5** 以外の成分が何もないので，やはり ${}^t[5]=[5]$ となるんだね。これから，

$${}^t\boldsymbol{x}\,\boldsymbol{y}=[5]={}^t[5]=\underbrace{{}^t({}^t\boldsymbol{x}\,\boldsymbol{y})}_{{}^t(AB)={}^tB\,{}^tA\ ((*k)\text{より})}=\underbrace{{}^t\boldsymbol{y}\,{}^t({}^t\boldsymbol{x})}_{}={}^t\boldsymbol{y}\,\boldsymbol{x}$$

（${}^t({}^t\boldsymbol{x})=\boldsymbol{x}$ $((*l)$より$)$）

となる。すなわち，${}^t\boldsymbol{x}\,\boldsymbol{y}$ は **1** 行 **1** 列の行列(スカラー)であるとき，${}^t\boldsymbol{x}\,\boldsymbol{y}={}^t\boldsymbol{y}\,\boldsymbol{x}$ となるんだね。この式変形は，有限要素法の理論を調べる際によく利用するので，シッカリ頭に入れておこう。

● 行列の積分は，各成分毎に行える！

ベクトルの偏微分については，各成分毎に偏微分することができた。これと同様に行列の偏微分についても，各成分毎に偏微分すればいい。たとえば，

$A=\begin{bmatrix}2x+1 & x\cdot y\\ y & 1-x\end{bmatrix}$ を x で偏微分してみよう。ここで，x と y は独立な変数とすると，

$$\frac{\partial}{\partial x}A=\begin{bmatrix}(2x+1)_x & (x\cdot y)_x\\ y_x & (1-x)_x\end{bmatrix}=\begin{bmatrix}2 & 1\cdot y\\ 0 & -1\end{bmatrix}=\begin{bmatrix}2 & y\\ 0 & -1\end{bmatrix}$$ となるんだね。

行列の偏微分と同様に，行列の定積分についても，各成分毎に定積分を行えばいいんだね。これは，次の例題で練習しておこう。

> 例題 **6**　行列 $A=\begin{bmatrix}4x & 3x^2\\ 1-2x & 2\end{bmatrix}$ について，この定積分：
> $\int_0^2 A\,dx$ を求めよ。

行列 $A=\begin{bmatrix}4x & 3x^2\\ 1-2x & 2\end{bmatrix}$ の定積分 $\int_0^2 A\,dx$ は，各成分毎に定積分を行えば

よいので，

$$\int_0^2 A\,dx = \begin{bmatrix} \int_0^2 4x\,dx & \int_0^2 3x^2 dx \\ \int_0^2 (1-2x)\,dx & \int_0^2 2\,dx \end{bmatrix}$$ となり，各成分を求めると，

・$\int_0^2 4x\,dx = [2x^2]_0^2 = 2\cdot 2^2 - 0 = 8$

・$\int_0^2 3x^2 dx = [x^3]_0^2 = 2^3 - 0 = 8$

・$\int_0^2 (1-2x)\,dx = [x - x^2]_0^2 = 2 - 2^2 - \cancel{(0-0^2)} = -2$

・$\int_0^2 2\,dx = [2x]_0^2 = 2\cdot 2 - 0 = 4$ となるので，

$\int_0^2 A\,dx = \begin{bmatrix} 8 & 8 \\ -2 & 4 \end{bmatrix}$ となるんだね。大丈夫？

● n 元 1 次連立方程式の解法のアルゴリズムを考えよう！

一般に，n 個の未知数 x_1，x_2，x_3，…，x_n を求める n 元 1 次の連立方程式は，

$$\begin{cases} a_{11}x_1 + a_{12}x_2 + \cdots\cdots + a_{1n}x_n = b_1 \\ a_{21}x_1 + a_{22}x_2 + \cdots\cdots + a_{2n}x_n = b_2 \\ a_{31}x_1 + a_{32}x_2 + \cdots\cdots + a_{3n}x_n = b_3 \\ \cdots\cdots\cdots\cdots\cdots\cdots\cdots\cdots\cdots\cdots \\ a_{n1}x_1 + a_{n2}x_2 + \cdots\cdots + a_{nn}x_n = b_n \end{cases}$$

……① と表される。

（ただし，a_{ij}，b_i $(i = 1, 2, \cdots, n$，$j = 1, 2, \cdots, n)$ は定数を表す。）

$$A = \begin{bmatrix} a_{11} & a_{12} & a_{13} & \cdots & a_{1n} \\ a_{21} & a_{22} & a_{23} & \cdots & a_{2n} \\ a_{31} & a_{32} & a_{33} & \cdots & a_{3n} \\ \vdots & \vdots & \vdots & \ddots & \vdots \\ a_{n1} & a_{n2} & a_{n3} & \cdots & a_{nn} \end{bmatrix},\quad \boldsymbol{x} = \begin{bmatrix} x_1 \\ x_2 \\ x_3 \\ \vdots \\ x_n \end{bmatrix},\quad \boldsymbol{b} = \begin{bmatrix} b_1 \\ b_2 \\ b_3 \\ \vdots \\ b_n \end{bmatrix}$$

とおくと，①は，

$A\boldsymbol{x} = \boldsymbol{b}$ ……② と，簡潔に表すことができるんだね。

この②の方程式を解くために，**係数行列** A に定数項の列ベクトル $\boldsymbol{b}$ を加えた行列 $[A\,|\,\boldsymbol{b}]$ を作る。これを“**拡大係数行列**”(*argumented matrix*)と呼び，$A_a=[A\,|\,\boldsymbol{b}]$ と表すことにしよう。

今回は，この拡大係数行列 A_a に，“**行基本変形**”を施して図 1 のように変形する。この変形手法を“**前進消去法**(ぜんしんしょうきょほう)”(*forward reduction*)と呼ぶ。

図 1　前進消去法

$$A_a=\left[\begin{array}{ccccc|c} a_{11} & a_{12} & a_{13} & \cdots & a_{1n} & b_1 \\ a_{21} & a_{22} & a_{23} & \cdots & a_{2n} & b_2 \\ a_{31} & a_{32} & a_{33} & \cdots & a_{3n} & b_3 \\ \vdots & \vdots & \vdots & \ddots & \vdots & \vdots \\ a_{n1} & a_{n2} & a_{n3} & \cdots & a_{nn} & b_n \end{array}\right] \xrightarrow{\text{行基本変形}} \left[\begin{array}{ccccc|c} 1 & \alpha_{12} & \alpha_{13} & \cdots & \alpha_{1n} & \beta_1 \\ 0 & 1 & \alpha_{23} & \cdots & \alpha_{2n} & \beta_2 \\ 0 & 0 & 1 & \cdots & \alpha_{3n} & \beta_3 \\ \vdots & \vdots & \vdots & \ddots & \vdots & \vdots \\ 0 & 0 & 0 & \cdots & 1 & \beta_n \end{array}\right]$$

図 1 に示すように，前進消去法によって，A_a の中の係数行列 A の対角成分をすべて 1 とし，この対角成分より左下の三角形の部分の成分はすべて 0 に消去してしまうんだね。この前進消去法に用いる行基本変形という変形のやり方とは，具体的には，次の 3 つの操作のことなんだね。

行基本変形

(i) 2 つの行を入れ替える。

(ii) 1 つの行を c 倍(スカラー倍)する。$(c \neq 0)$

(iii) 1 つの行を c 倍(スカラー倍)したものを，<u>他の行にたす</u>。（他の行から“引いて”もいい。）

これだけではピンとこないって!? 当然だね。ここで 1 つ例題を出しておこう。次のような 3 元 1 次の連立方程式：

$$\begin{cases} x_1-2x_2+x_3=-4 & \cdots\cdots\text{㋐} \\ 2x_1+x_2-3x_3=7 & \cdots\cdots\text{㋑} \\ -2x_1+x_2+2x_3=-2 & \cdots\cdots\text{㋒} \end{cases}$$

は，

$$\underbrace{\begin{bmatrix} 1 & -2 & 1 \\ 2 & 1 & -3 \\ -2 & 1 & 2 \end{bmatrix}}_{A}\underbrace{\begin{bmatrix} x_1 \\ x_2 \\ x_3 \end{bmatrix}}_{\boldsymbol{x}}=\underbrace{\begin{bmatrix} -4 \\ 7 \\ -2 \end{bmatrix}}_{\boldsymbol{b}}$$

と変形できるので，この拡大係数行列 A_a は，

$A_a = \left[\begin{array}{ccc|c} 1 & -2 & 1 & -4 \\ 2 & 1 & -3 & 7 \\ -2 & 1 & 2 & -2 \end{array}\right]$ となる。これを行基本変形を用いて前進消去法により変形していく様子を，実際の **3** 元 **1** 次の連立方程式の解法と対比させながら示していくことにしよう。

・**3** 元 **1** 次連立方程式

$$\begin{cases} x_1 - 2x_2 + x_3 = -4 & \cdots\cdots ㋐ \\ 2x_1 + x_2 - 3x_3 = 7 & \cdots\cdots ㋑ \\ -2x_1 + x_2 + 2x_3 = -2 & \cdots\cdots ㋒ \end{cases}$$

㋐と㋑を入れ替えて，

$$\begin{cases} 2x_1 + x_2 - 3x_3 = 7 & \cdots\cdots ㋐ \\ x_1 - 2x_2 + x_3 = -4 & \cdots\cdots ㋑ \\ -2x_1 + x_2 + 2x_3 = -2 & \cdots\cdots ㋒ \end{cases}$$

㋐の両辺を **2** で割って，x_1 の係数を **1** にする。

$$\begin{cases} x_1 + \frac{1}{2}x_2 - \frac{3}{2}x_3 = \frac{7}{2} & \cdots\cdots ㋐ \\ x_1 - 2x_2 + x_3 = -4 & \cdots\cdots ㋑ \\ -2x_1 + x_2 + 2x_3 = -2 & \cdots\cdots ㋒ \end{cases}$$

㋑−㋐，㋒+**2**×㋐より，

$$\begin{cases} x_1 + \frac{1}{2}x_2 - \frac{3}{2}x_3 = \frac{7}{2} & \cdots\cdots ㋐ \\ \quad -\frac{5}{2}x_2 + \frac{5}{2}x_3 = -\frac{15}{2} & \cdots\cdots ㋑ \\ \quad 2x_2 - x_3 = 5 & \cdots\cdots ㋒ \end{cases}$$

㋑の両辺に $-\frac{2}{5}$ をかけて，x_2 の係数を **1** にすると，

・拡大係数行列 $A_a = [A \mid \boldsymbol{b}]$

$$\left[\begin{array}{ccc|c} 1 & -2 & 1 & -4 \\ 2 & 1 & -3 & 7 \\ -2 & 1 & 2 & -2 \end{array}\right]$$

㋐↔㋑（行の入れ替え）

この第 **1** 列の成分の内，その絶対値が最大である **2** を **1** 行目にもってくる。

$$\left[\begin{array}{ccc|c} 2 & 1 & -3 & 7 \\ 1 & -2 & 1 & -4 \\ -2 & 1 & 2 & -2 \end{array}\right]$$

第 **1** 行目に $\frac{1}{2}$ をかける。

これを **1** にした。

$$\left[\begin{array}{ccc|c} 1 & \frac{1}{2} & -\frac{3}{2} & \frac{7}{2} \\ 1 & -2 & 1 & -4 \\ -2 & 1 & 2 & -2 \end{array}\right]$$

この **1** を使って，第 **1** 列の他の成分を **0** にする。

$$\left[\begin{array}{ccc|c} 1 & \frac{1}{2} & -\frac{3}{2} & \frac{7}{2} \\ 0 & -\frac{5}{2} & \frac{5}{2} & -\frac{15}{2} \\ 0 & 2 & -1 & 5 \end{array}\right]$$

第 **2** 行目に $-\frac{2}{5}$ をかける。

この第 **2** 列の **(2, 2)** 成分の $-\frac{5}{2}$ の方が **(3, 2)** 成分の **2** より，絶対値が大きいので，行の入れ替えはない。

$$\begin{cases} x_1 + \dfrac{1}{2}x_2 - \dfrac{3}{2}x_3 = \dfrac{7}{2} \cdots\cdots ㋐ \\ \qquad\quad x_2 - \quad x_3 = 3 \cdots\cdots\cdots ㋑ \\ \qquad\; 2x_2 - \quad x_3 = 5 \cdots\cdots\cdots ㋒ \end{cases}$$

$$\left[\begin{array}{ccc|c} 1 & \dfrac{1}{2} & -\dfrac{3}{2} & \dfrac{7}{2} \\ 0 & 1 & -1 & 3 \\ 0 & 2 & -1 & 5 \end{array}\right]$$

これを1にした。

この1を使って，第3行の(3, 2)成分の2を0にする。

㋒$-2\times$㋑より，

$$\begin{cases} x_1 + \dfrac{1}{2}x_2 - \dfrac{3}{2}x_3 = \dfrac{7}{2} \cdots\cdots ㋐ \\ \qquad\quad x_2 - \quad x_3 = 3 \cdots\cdots\cdots ㋑ \\ \qquad\qquad\qquad x_3 = -1 \cdots\cdots ㋒ \end{cases}$$

$$\left[\begin{array}{ccc|c} 1 & \dfrac{1}{2} & -\dfrac{3}{2} & \dfrac{7}{2} \\ 0 & 1 & -1 & 3 \\ 0 & 0 & 1 & -1 \end{array}\right]$$

これで，前進消去法による操作が終了したんだね。そして，この結果から今度は，㋒, ㋑, ㋐の順に x_3, x_2, x_1 の値が順次決定できる。すなわち，

・㋒より，$x_3 = -1$

・㋑より，$x_2 = 3 + \underbrace{x_3}_{-1} = 3 - 1 = 2$

・㋐より，$x_1 = \dfrac{7}{2} - \dfrac{1}{2}\underbrace{x_2}_{2} + \dfrac{3}{2}\underbrace{x_3}_{-1} = \dfrac{7}{2} - 1 - \dfrac{3}{2} = 1$ となって，答えが求まる。

このように x_3, x_2, x_1 と逆の順に解が求められるので，この手法を“**後退代入法**”(***backward substitution***)という。

そして，以上のように，前進消去法と後退代入法により，n 元1次の連立方程式の解を求めるアルゴリズム(計算手法)を，“**ガウスの消去法**(しょうきょほう)”(***Gauss elimination method***)というんだね。

このガウスの消去法では，係数行列 A の対角成分 a_{11}, a_{22}, a_{33}, $\cdots$, a_{nn} を1にする前に，a_{kk} $(k = 1, 2, \cdots, n)$ の値を a_{kk}, a_{k+1k}, $\cdots$, a_{nk} の内でその絶対値が最大となるものを捜して，行の入れ替えを行っていることに注意しよう。もし，この最大のものが0である場合，解は一意には定まらないので，**解なし**(***no solution***)とする。さらに，この絶対値最大の a_{kk} がたとえ $a_{kk} \neq 0$ であったとしても，$|a_{kk}| < 10^{-6}$ のように小さな値である場合，“**解は不安定である**”と判断して，この場合も，解なし(***no solution***)とすることにする。

不能(解は1組もない)か，**不定**(解の組は無数にある)になる。

● *n* 元 1 次連立方程式を解くプログラムを示そう！

それでは，以上の解説を基に，**P23** で示した **3** 元 **1** 次の連立方程式を題材として，ガウスの消去法による ***n*** 元 **1** 次の連立方程式の解法のための **BASIC** プログラムを次に示そう。

```
10 REM    ---------------------
20 REM    N元1次連立方程式
30 REM    ---------------------
40 EPS=10^(-6)
50 READ N:N1=N+1
60 DIM M(N,N1)
70 FOR I=1 TO N:FOR J=1 TO N1
80 READ M(I,J):NEXT J:NEXT I
90 FOR K=1 TO N:K1=K+1
100 MAX=ABS(M(K,K)):IR=K
110 IF K=N THEN 160
120 FOR I=K1 TO N
130 IF ABS(M(I,K))=<MAX THEN 150
140 MAX=ABS(M(I,K)):IR=I
150 NEXT I
160 IF MAX<EPS THEN 380
170 IF IR=K THEN 210
180 FOR J=K TO N1
190 SWAP M(K,J),M(IR,J)
200 NEXT J
210 W=M(K,K)
220 FOR J=K TO N1:M(K,J)=M(K,J)/W:NEXT J
230 IF K=N THEN 280
240 FOR I=K1 TO N:MI=M(I,K):FOR J=K1 TO N1
250 M(I,J)=M(I,J)-MI*M(K,J)
260 NEXT J:NEXT I
270 NEXT K
```

（70～80 行）**I=1** のとき，**J=1, 2, 3, 4,** **I=2** のとき，**J=1, 2, 3, 4,** **I=3** のとき，**J=1, 2, 3, 4** として **M(I, J)** の各成分を読み込む。

（90～270 行）前進消去

（120～150 行）**K=1** のときは，a_{11}，a_{21}，…，a_{n1} の中で，絶対値が最大のものを **MAX** にし，その行数を **IR** に代入する。

（180～200 行）**M(3, 4)**$=A_a$ の第 **K** 行と第 **IR** 行を入れ替える。

（220 行）第 **K** 行の **M(K, J)** (**J=K, K+1, …, N1**) の要素を **W=M(K, K)** で割る。

（240～260 行）第 **K** 列の **M(K, K)** $(=a_{kk}=1)$ より下の成分をすべて **0** にする。

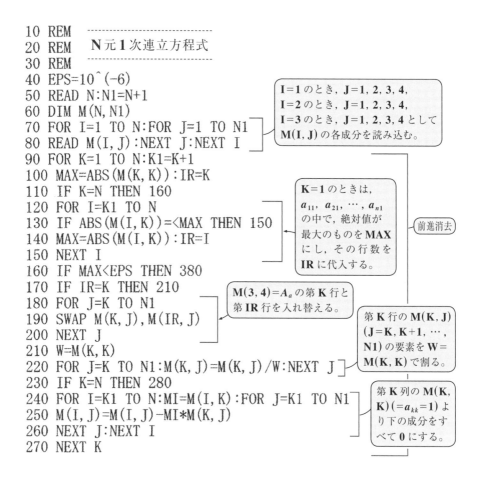

```
280 IF N=1 THEN 340
290 FOR K=N-1 TO 1 STEP -1:S=M(K,N1)
300 FOR J=K+1 TO N
310 S=S-M(K,J)*M(J,N1)
320 NEXT J:M(K,N1)=S
330 NEXT K
340 PRINT "solution"
350 FOR I=1 TO N
360 PRINT "x";I;"=";M(I,N1)
370 NEXT I:END
380 PRINT "no solution"
390 STOP
400 DATA 3
410 DATA 1,-2,1,-4
420 DATA 2,1,-3,7
430 DATA -2,1,2,-2
```

（290〜330行）後退代入

（340〜370行）解 (*solution*) を **X1**, **X2**, **X3** として表示する。

（380行）解なし (*no solution*) を表示する。

BASICプログラムは，基本的には左端に示された **10**, **20**, **30**, …の行番号の順に処理が行われていく。このプログラムについて，順に解説していこう。

まず，**10**～**30** 行は，頭に "**REM**" と示されているので，これは**注釈行**と（"*remark*"（注釈）の頭 **3** 文字をとった。）いってプログラムの計算に何も影響しない。主に標題（タイトル）を示すときに利用するものだ。

40 行は代入文で，変数 **EPS** に 10^{-6} を代入した。つまり，ε（イプシロン）$= 10^{-6}$ とした。次に，**50** 行の **READ** 文は，**400** 行の **DATA** 文と対応している。**READ N** によって，**400** 行のデータ **3** を読み込む。結果として，**N = 3** の代入文と同じことだね。さらに，**50** 行は，"：" (コロン) により仕切られているもう **1** つの代入文 **N1 = N + 1** により，変数 **N1** に **N + 1 = 4** が代入される。

60 行の **DIM** M(N, N1) により，配列 **M(N, N1)**，すなわち，**3** 行 **4** 列の拡（"*dimension*"（次元）の頭 **3** 文字をとったもので，配列の宣言をして定義する。）大係数行列 **M(3, 4)** を定義したんだね。ただし，**BASIC** では，**M(3, 4)** は，（**3** → **0, 1, 2, 3**）（**4** → **0, 1, 2, 3, 4**）本当は **4** 行 **5** 列の行列として利用できるんだけれど，今回は，その内の **N = 1, 2, 3**，**N1 = 1, 2, 3, 4** として，**3** 行 **4** 列の行列として利用する。

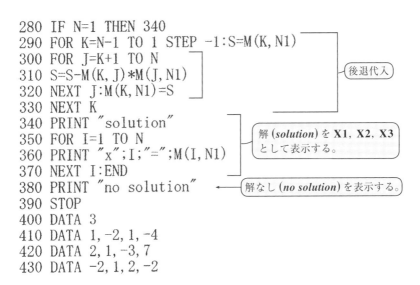

70，80 行は，2 つの "FOR～NEXT 文" が入れ子構造になっている。まず，FOR I = 1 TO N（3）により，I = 1，2，3 と変化させ，次に FOR J = 1 TO N1（4）により，J = 1，2，3，4 と変化させて，80 行の READ 文により，行列（配列）M(3，4) の成分を，410～430 行の DATA 文から，順次次のように読み取っている。

・I = 1 のとき，J = 1，2，3，4 と変化させて，

M(1，1) = 1，M(1，2) = −2，M(1，3) = 1，M(1，4) = −4 とし，
（a_{11}）（a_{12}）（a_{13}）（b_1 のこと）

・I = 2 のとき，J = 1，2，3，4 と変化させて，

M(2，1) = 2，M(2，2) = 1，M(2，3) = −3，M(2，4) = 7 とし，また，
（a_{21}）（a_{22}）（a_{23}）（b_2 のこと）

・I = 3 のとき，J = 1，2，3，4 と変化させて，

M(3，1) = −2，M(3，2) = 1，M(3，3) = 2，M(3，4) = −2 と読み取らせた。
（a_{31}）（a_{32}）（a_{33}）（b_3 のこと）

これにより，拡大係数行列 A_a = M(3，4) = $\left[\begin{array}{ccc|c} a_{11} & a_{12} & a_{13} & b_1 \\ a_{21} & a_{22} & a_{23} & b_2 \\ a_{31} & a_{32} & a_{33} & b_3 \end{array}\right]$ の行列の全成分

（M(3，4)：これは成分ではなくて，3 行 4 列の行列のこと。）

の読み込みが終わったんだね。

90～270 行は，FOR K = 1 TO N と NEXT K による，大きな FOR～NEXT 文であり，これにより，K = 1，2，3 と変化させながら，A_a = M(3，4) の行列に対して，前進消去の操作を行う。

90 行の第 2 文では K1 = K + 1 とする。

(Ⅰ) ここで，K = 1 のときについて具体的に示そう。

K = 1 のとき，K1 = 2 であり，

100 行の，MAX = ABS(M(K，K)) により，M(1，1)，すなわち a_{11} = 1 を

（ABS："absolute value"（絶対値）の頭 3 文字で，BASIC では，絶対値のことだ。）

まず変数 MAX（最大値）に代入し，100 行の第 2 文 IR = K により，IR に 1 を代入する。

110 行の論理 **IF** 文，**IF K = N THEN 160** より，**K** の値が **N** である
③
ならば，**120～150** 行の処理をせずに **160** 行に飛ぶ。ここでは今，**K =**
1 より，**K = N** の条件をみたしていないので，**120～150** 行の **FOR～**
NEXT 文から，**I = K1 TO N** により，**I = 2，3** と変化させる。
（K + 1 = 2） ③

130 行の **IF ABS(M(I, K)) = < MAX THEN 150** により，
（$|a_{21}|$ と $|a_{31}|$ のこと） （$|a_{11}|$ のこと）

I = 2 のとき，

$|a_{21}| \leqq |a_{11}|$ をみたさないので，**150** 行には飛ばずに
② ①

（$|a_{21}|$）
140 行の処理，すなわち **MAX = ABS(M(I, K))** とし，**IR = 2** に変更する。
② ①

I = 3 のとき，

$|a_{31}| \leqq$ **MAX** をみたすので，**150** 行に飛んで，**160** 行の処理に移る。
（$|-2| = 2$）（$|a_{21}| = 2$）

160 行の **IF MAX < EPS THEN 380** により，**MAX < EPS** をみたさな
（$|a_{21}| = 2$）（10^{-6}）

いので，**380** 行の **"no solution"**（解なし）の表示に飛ぶことなく，**170** 行の処理に移る。

170 行の **IF IR = K THEN 210** により，今回 **IR ≠ K** なので，**210** 行に
② ①
は飛ばず，次の **180～200** 行の **FOR～NEXT** 文の処理を行う。

180～200 行の **FOR～NEXT** 文では，**J = 1，2，…，N1** と変化させながら
④

① ②
190 行の **SWAP M(K, J)，M(IR, J)** により，拡大係数行列 A_a = **M(3, 4)**
（"入れ替える" という意味）

の第 **1** 行 **M(K, J)** と第 **2** 行 **M(IR, J)** をすべて入れ替えることになる。

これで **M(1, 1)** = a_{11} に第 **1** 列で絶対値が最大のものが入ることになるんだね。

210 行の $\mathbf{W}=\mathbf{M}(\underbrace{\mathbf{K}}_{1},\ \underbrace{\mathbf{K}}_{1})$ により，**W** に a_{11} の値，すなわち $a_{11}=2$ を代入する。

220 行は，1 行で 3 つの文による **FOR～NEXT** 文になっており，$\mathbf{J}=1, 2, \cdots, \underbrace{\mathbf{N1}}_{4}$ と値と変えながら，$\mathbf{M}(\underbrace{\mathbf{K}}_{1},\ \mathbf{J})=\mathbf{M}(\underbrace{\mathbf{K}}_{1},\ \mathbf{J})/\mathbf{W}$ により，第 $\underbrace{\mathbf{K}}_{1}$ 行の成分をすべて $\mathbf{W}(=\underbrace{a_{kk}}_{a_{11}})$ で割って，新たに $\underbrace{a_{kk}=\mathbf{M}(\mathbf{K},\ \mathbf{K})}_{a_{11}=\mathbf{M}(1,\ 1)}$ を 1 となるようにする。

230 行の **IF K = N THEN 280** より，ここでは **K = 1** で **N = 3** ではないので，280 行に飛ぶことなく，次の 240～260 行の **FOR～NEXT** 文の処理に入る。

240～260 行では，2 つの **FOR～NEXT** 文の入れ子構造になっている。

まず，240 行の $\mathbf{FOR\ I}=\underbrace{\mathbf{K1}}_{\mathbf{K}+1=2}\ \mathbf{TO}\ \underbrace{\mathbf{N}}_{3}$ により，$\mathbf{I}=2,\ 3$ と値を変化させて，

$\mathbf{MI}=\mathbf{M}(\underbrace{\mathbf{I}}_{2,\ 3},\ \underbrace{\mathbf{K}}_{1})$ として，次の $\mathbf{FOR\ J}=\underbrace{\mathbf{K1}}_{\mathbf{K}+1=2}\ \mathbf{TO}\ \underbrace{\mathbf{N1}}_{4}$ により，$\mathbf{J}=2,\ 3,\ 4$ と値を変化させて，250 行で，$\underbrace{\mathbf{M}(\mathbf{I},\ \mathbf{J})}_{\text{新}a_{2j},\ a_{3j}}=\underbrace{\mathbf{M}(\mathbf{I},\ \mathbf{J})}_{\text{旧}a_{2j},\ a_{3j}}-\underbrace{\mathbf{MI}}_{a_{21},\ a_{31}}*\underbrace{\mathbf{M}(\mathbf{K},\ \mathbf{J})}_{a_{1j}}$ の計算，

すなわち，$\underbrace{a_{2j}=a_{2j}-a_{21}\times a_{1j}}_{\text{第2行からは，第1行を}a_{21}\text{倍したものを引く}}$ と $\underbrace{a_{3j}=a_{3j}-a_{31}\times a_{1j}}_{\text{第3行から第1行を}a_{31}\text{倍したものを引く}}$ $(j=2,\ 3,\ 4)$ の計算を行う。

これにより，拡大係数行列 $\mathbf{M}(3,\ 4)=A_a=\left[\begin{array}{ccc|c} a_{11} & a_{12} & a_{13} & b_1 \\ a_{21} & a_{22} & a_{23} & b_2 \\ a_{31} & a_{32} & a_{33} & b_3 \end{array}\right]$ を新たに

$A_a=\left[\begin{array}{ccc|c} 1 & a_{12}' & a_{13}' & b_1' \\ 0 & a_{22}' & a_{23}' & b_2' \\ 0 & a_{32}' & a_{33}' & b_3' \end{array}\right]$ の形に変形したんだね。

(Ⅱ) 次に，$\mathbf{K}=2,\ 3$ のときも同様の計算を行うことにより，この拡大係数行列 A_a を

$A_a=\left[\begin{array}{ccc|c} 1 & \alpha_{12} & \alpha_{13} & \beta_1 \\ 0 & 1 & \alpha_{23} & \beta_2 \\ 0 & 0 & 1 & \beta_3 \end{array}\right]$ の形にする。

つまり，90～270 行に渡る大きな，$\mathbf{K}=1,\ 2,\ 3$ による **FOR～NEXT** 文によって前進消去の操作が行われることになる。

280 行の **IF N = 1 THEN 340** では，**N = 1**，すなわち **1** 元 **1** 次の連立方程式の場合は **340** 行に飛んで，“**solution**”（解）を **X1** = ⊗の形で表示させる。今回は **N = 3** で **N** ≠ **1** なので **340** 行に飛ぶことなく，次の **290** ～**330** 行の **FOR** ～ **NEXT** 文の処理，すなわち後退代入の操作に入る。

290 ～ **330** 行の **FOR** ～ **NEXT** 文について，**290** 行の **FOR K = N − 1 TO 1 STEP −1** により，**K** を **N − 1** から，**−1** ずつ減らしながら **K = N − 1, N − 2, … , 2, 1** のように変化させて，ループ計算を行うことができる。今回は **N = 3** なので，**K = 2**（**N − 1**），**1** と変化させて，X_2 と X_1 の解を求める。
ン？ X_3 はどうするのかって？
図 **1** に見て分かる通り，X_3 の値は $X_3 = \beta_3$（**M(3, 4)** の数値のこと）と分かっているので，

図 **1** **N = 3** のときの後退代入

$$\begin{bmatrix} 1 & \alpha_{12} & \alpha_{13} \\ 0 & 1 & \alpha_{23} \\ 0 & 0 & 1 \end{bmatrix}\begin{bmatrix} x_1 \\ x_2 \\ x_3 \end{bmatrix} = \begin{bmatrix} \beta_1 \\ \beta_2 \\ \beta_3 \end{bmatrix}$$

よって，

$$\begin{cases} x_1 + \alpha_{12}x_2 + \alpha_{13}x_3 = \beta_1 \\ \qquad\quad x_2 + \alpha_{23}x_3 = \beta_2 \\ \qquad\qquad\qquad x_3 = \beta_3 \end{cases}$$

・$x_3 = \beta_3$

・$x_2 = \beta_2 - \alpha_{23} \cdot \underbrace{x_3}_{\beta_3}$

・$x_1 = \beta_1 - \alpha_{12} \cdot \underbrace{x_2}_{(\beta_2 - \alpha_{23}\beta_3)} - \alpha_{13} \cdot \underbrace{x_3}_{\beta_3}$

これを基に，X_2 と X_1 を求められるんだね。

・**K = 2** のとき，**290** 行のもう **1** つの文：**S = M(K, N1)**（β_2 のこと；**K** = **2**，**N1** = **4**）により，**M(2, 4)**（β_2 のこと）の値を **S** に代入し，**300** ～ **320** 行の **J** による **FOR** ～ **NEXT** 文を用いて，

FOR J = K + 1 TO N（**K + 1** = **2 + 1 = 3**，**N** = **3**）より，**J = 3** のみについて，**310** 行の

S = S − M(K, J) * M(J, N1)（**S** は β_2，**M(2, 3)** $= \alpha_{23}$ のこと，**M(3, 4)** $= \beta_3 = x_3$ のこと）により，X_2 を **S**（$\beta_2 - \alpha_{23} \cdot x_3$）として求め，

320 行の **M(K, N1) = S**（**M(2, 4)**）として，X_2 の値を **M(2, 4)** に代入する。

・K = 1 のとき，290 行のもう 1 つの文：S = M(K, N1)（M(1, 4) = β_1 のこと）により，M(1, 4)（β_1 のこと）

の値を S に代入し，300～320 行の J による FOR～NEXT 文を用いて，

FOR J = K+1（1+1=2） TO N（3）より，J = 2, 3 と変化させ計算を行う。

・J = 2 のとき，310 行の

S = S（β_1） − M(K, J)（M(1, 2) = α_{12} のこと）*M(J, N1)（M(2, 4) = x_2 のこと）より，新たに S = $\beta_1 - \alpha_{12}x_2$ となる。

・J = 3 のとき，310 行の

S = S（$\beta_1 - \alpha_{12}x_2$） − M(K, J)（M(1, 3) = α_{13} のこと）*M(J, N1)（M(3, 4) = $\beta_3 = x_3$ のこと）より，新たに S は，

S（x_1） = $\beta_1 - \alpha_{12}x_2 - \alpha_{13} \cdot x_3$ となって，P31 の図 1 の X_1 を求めていることが分かると思う。そして，320 行の M(K, N1)（M(1, 4)） = S として X_1 の値を M(1, 4) に代入する。

以上より，290～330 行により後退代入の操作が行われ，3 つの解 X_1，X_2，X_3 は，列ベクトル $\begin{bmatrix} M(1, 4) \\ M(2, 4) \\ M(3, 4) \end{bmatrix} = \begin{bmatrix} X_1 \\ X_2 \\ X_3 \end{bmatrix}$ の形で納められているんだね。

後は，これらを表示するだけだ。まず，340 行の PRINT "solution" により，画面上に "solution" が表示される。

次に，350～370 行の FOR～NEXT 文により，I = 1, 2, 3 と変化させて，画面上に，解を順に

X1 = M(1, 4)

X2 = M(2, 4)

X3 = M(3, 4) と表示し，370 行の 2 つ目の END 文により，プログラムを終了する。

（もちろん，M(1, 4)，M(2, 4)，M(3, 4) は解を表す数値として表示される。）

380，390 行については，160 行で行列の対角成分の絶対値の最大値 MAX が，$\varepsilon = 10^{-6}$ より小さいとき，この 380 行に飛んで，"解なし" すなわち

"**no solution**" と表示し，**390** 行の **STOP** 文により，プログラムを停止させるためのものなんだね。

400～**430** 行は **DATA** 文で，これらは **50** 行や **80** 行でこれらのデータを読み取らせるためのものなんだね。

これにより，**3** 行 **4** 列の行列 **M(3, 4)** に拡大係数行列 $\boldsymbol{A}_a$ の成分がすべて読み込まれ，これに，**90**～**270** 行の前進消去の操作が施された後，**290**～**330** 行の後退代入により，この第 **4** 列に，**3** つの解 $\boldsymbol{x}_1$，$\boldsymbol{x}_2$，$\boldsymbol{x}_3$ が代入されたんだね。このプログラムの大きな流れを最後に模式図として図 **2** に示そう。

図 **2** $n(=3)$ 元 **1** 次連立方程式の解法の流れ

$$\mathbf{M}(3,\ 4) = \boldsymbol{A}_a = \left[\begin{array}{ccc|c} 1 & -2 & 1 & -4 \\ 2 & 1 & -3 & 7 \\ -2 & 1 & 2 & -2 \end{array}\right] \xrightarrow{\text{前進消去}} \left[\begin{array}{ccc|c} 1 & \alpha_{12} & \alpha_{13} & \beta_1 \\ 0 & 1 & \alpha_{23} & \beta_2 \\ 0 & 0 & 1 & \beta_3 \end{array}\right]$$

後退代入

$$\begin{bmatrix} \boldsymbol{x}_1 \\ \boldsymbol{x}_2 \\ \boldsymbol{x}_3 \end{bmatrix} \text{(解ベクトル)}$$

そして，このプログラムを実行 (**run**) させると，図 **2** のように $\boldsymbol{x}_1$，$\boldsymbol{x}_2$，$\boldsymbol{x}_3$ の解が画面上に表示されて，終了する。

図 **2** 出力結果

```
X1=1
X2=2
X3=-1
```

今回は，例題として，$n=3$ のときの **3** 元 **1** 次の連立方程式の解法について解説してきたけれど，この n 元 **1** 次連立方程式の解法プログラムは，$n=10$ のときの **10** 元 **1** 次連立方程式でも，$n=100$ のときの **100** 元 **1** 次連立方程式でも，**DATA** 文を変更するだけで解くことができるんだね。これがプログラミングによる解法の便利なところで，有限要素法においては，解くべき n 元 **1** 次連立方程式がたく山出てくるので，この解法プログラミングも毎回のように利用することになるんだね。

さらに，有限要素法においては，n 次正方行列（n 行 n 列の行列）$\boldsymbol{A}$ の逆行列 $\boldsymbol{A}^{-1}$ を求めなければならないこともある。この逆行列を求めるために，このプログラミングを利用できることもこれから解説しよう。

● n 次正方行列 M の逆行列 M^{-1} を求めよう！

ではここで，n 元 1 次連立方程式の解法プログラムを応用して，n 行 n 列，すなわち n 次の正方行列 A の逆行列 A^{-1} を求めるアルゴリズム(処理や計算の手順)について解説しよう。具体例として，3 次の正方行列 A について考えよう。

これまで解説してきたように，3 元 1 次連立方程式は，

$$\underbrace{\begin{bmatrix} a_{11} & a_{12} & a_{13} \\ a_{21} & a_{22} & a_{23} \\ a_{31} & a_{32} & a_{33} \end{bmatrix}}_{A} \underbrace{\begin{bmatrix} x_1 \\ x_2 \\ x_3 \end{bmatrix}}_{\boldsymbol{x}} = \underbrace{\begin{bmatrix} b_1 \\ b_2 \\ b_3 \end{bmatrix}}_{\boldsymbol{b}\text{とおく}}$$

，すなわち $A\boldsymbol{x} = \boldsymbol{b}$ ……⓪ の形で表すことができ，

行列 A と定ベクトル $\boldsymbol{b}$ が与えられれば，解なしの場合も含めて，P26 の BASIC プログラムでその解 $\boldsymbol{x}$ を求めることができたんだね。

ここで，この行列 A の逆行列 A^{-1} を求めるためには，定ベクトル $\boldsymbol{b}$ を次の 3 つ，

すなわち，$\boldsymbol{b}_1 = \begin{bmatrix} 1 \\ 0 \\ 0 \end{bmatrix}$，$\boldsymbol{b}_2 = \begin{bmatrix} 0 \\ 1 \\ 0 \end{bmatrix}$，$\boldsymbol{b}_3 = \begin{bmatrix} 0 \\ 0 \\ 1 \end{bmatrix}$ として，それぞれに対応する解ベクトルを順に $\boldsymbol{x}_1 = \begin{bmatrix} x_{11} \\ x_{21} \\ x_{31} \end{bmatrix}$，$\boldsymbol{x}_2 = \begin{bmatrix} x_{12} \\ x_{22} \\ x_{32} \end{bmatrix}$，$\boldsymbol{x}_3 = \begin{bmatrix} x_{13} \\ x_{23} \\ x_{33} \end{bmatrix}$ とおくと，次の 3 組の 3 元 1 次連立方程式ができる。

$A\boldsymbol{x}_1 = \boldsymbol{b}_1$ より，$\begin{bmatrix} a_{11} & a_{12} & a_{13} \\ a_{21} & a_{22} & a_{23} \\ a_{31} & a_{32} & a_{33} \end{bmatrix} \begin{bmatrix} x_{11} \\ x_{21} \\ x_{31} \end{bmatrix} = \begin{bmatrix} 1 \\ 0 \\ 0 \end{bmatrix}$ ……①

$A\boldsymbol{x}_2 = \boldsymbol{b}_2$ より，$\begin{bmatrix} a_{11} & a_{12} & a_{13} \\ a_{21} & a_{22} & a_{23} \\ a_{31} & a_{32} & a_{33} \end{bmatrix} \begin{bmatrix} x_{12} \\ x_{22} \\ x_{32} \end{bmatrix} = \begin{bmatrix} 0 \\ 1 \\ 0 \end{bmatrix}$ ……②

$A\boldsymbol{x}_3 = \boldsymbol{b}_3$ より，$\begin{bmatrix} a_{11} & a_{12} & a_{13} \\ a_{21} & a_{22} & a_{23} \\ a_{31} & a_{32} & a_{33} \end{bmatrix} \begin{bmatrix} x_{13} \\ x_{23} \\ x_{33} \end{bmatrix} = \begin{bmatrix} 0 \\ 0 \\ 1 \end{bmatrix}$ ……③

これらの 3 つの方程式①，②，③は，P26 の連立方程式の解法プログラムにより解くことができるので，"解なし" の場合を除けば，当然 3 つの解ベクトル $\boldsymbol{x}_1$，$\boldsymbol{x}_2$，$\boldsymbol{x}_3$ の成分もすべて計算できるんだね。

ここで，これら3つの連立方程式①，②，③の各成分の対応関係を考えると，これらを1つの式にまとめて

$A[\boldsymbol{x}_1\ \ \boldsymbol{x}_2\ \ \boldsymbol{x}_3] = [\boldsymbol{b}_1\ \ \boldsymbol{b}_2\ \ \boldsymbol{b}_3]$，すなわち

$$\underbrace{\begin{bmatrix} a_{11} & a_{12} & a_{13} \\ a_{21} & a_{22} & a_{23} \\ a_{31} & a_{32} & a_{33} \end{bmatrix}}_{A} \underbrace{\begin{bmatrix} x_{11} & x_{12} & x_{13} \\ x_{21} & x_{22} & x_{23} \\ x_{31} & x_{32} & x_{33} \end{bmatrix}}_{A^{-1}} = \underbrace{\begin{bmatrix} 1 & 0 & 0 \\ 0 & 1 & 0 \\ 0 & 0 & 1 \end{bmatrix}}_{E\,(\text{単位行列})} \cdots\cdots ④$$

と表すことができる。

これから，④は $A \cdot A^{-1} = E$ (単位行列)の形をしているので，3つの解ベクトルからなる行列 $[\boldsymbol{x}_1\ \ \boldsymbol{x}_2\ \ \boldsymbol{x}_3]$ が A の逆行列 A^{-1} であること，つまり

$$A^{-1} = [\boldsymbol{x}_1\ \ \boldsymbol{x}_2\ \ \boldsymbol{x}_3] = \begin{bmatrix} x_{11} & x_{12} & x_{13} \\ x_{21} & x_{22} & x_{23} \\ x_{31} & x_{32} & x_{33} \end{bmatrix}$$

であることが分かるんだね。面白かった？

従って，3次正方行列 A の逆行列 A^{-1} を求めたかったら，P26のプログラムで定ベクトルを $\boldsymbol{b}_1$，$\boldsymbol{b}_2$，$\boldsymbol{b}_3$ の3通りに変えて，解ベクトル $\boldsymbol{x}_1$，$\boldsymbol{x}_2$，$\boldsymbol{x}_3$ を求め，これを1つの行列の形 $[\boldsymbol{x}_1\ \ \boldsymbol{x}_2\ \ \boldsymbol{x}_3]$ として表せば，これが A の逆行列 A^{-1} になるんだね。もちろん，$\boldsymbol{x}_k\ (k = 1,\ 2,\ 3)$ の内，1つでも解なしの場合が生じれば，そのときは，A^{-1} も存在しないということになるんだね。大丈夫？

以上は，3次の正方行列 A の逆行列 A^{-1} を求めるためのアルゴリズムだったんだけれど，一般に，n 次の正方行列 A の逆行列 A^{-1} についても，$\boldsymbol{b}_1 = \begin{bmatrix} 1 \\ 0 \\ \vdots \\ 0 \end{bmatrix}$，

$\boldsymbol{b}_2 = \begin{bmatrix} 0 \\ 1 \\ \vdots \\ 0 \end{bmatrix}$，…，$\boldsymbol{b}_n = \begin{bmatrix} 0 \\ 0 \\ \vdots \\ 1 \end{bmatrix}$ に対応する解ベクトルを求めて，これらを並べて行列を作れば，それが A の逆行列 A^{-1} となることが，容易にご理解頂けたと思う。

この A の逆行列 A^{-1} を求めるBASICプログラムについては，実際に有限要素法の解法プログラムの中で示すつもりだ。

以上で，有限要素法を学ぶための下準備はすべて終了です。

講義1 ●有限要素法のプロローグ　公式エッセンス

1. ガンマ関数 $\Gamma(\alpha)$ とベータ関数 $B(m, n)$

(1) ガンマ関数 $\Gamma(\alpha)=\int_0^\infty x^{\alpha-1}e^{-x}dx$ の性質

$\Gamma(n+1)=n!$ 　(n：0以上の整数)

(2) ベータ関数 $B(m, n)=\int_0^1 x^{m-1}(1-x)^{n-1}dx$ の性質

$$B(m, n)=\frac{\Gamma(m)\cdot\Gamma(n)}{\Gamma(m+n)}$$

2. ベクトル場の発散 $\mathrm{div}\boldsymbol{f}$

(1) 平面ベクトル場 $\boldsymbol{f}(x, y)=[f(x, y), g(x, y)]$ の発散は，

$$\mathrm{div}\boldsymbol{f}=f_x+g_y=\frac{\partial f}{\partial x}+\frac{\partial g}{\partial y}$$

(2) 空間ベクトル場 $\boldsymbol{f}(x, y, z)=[f(x, y, z), g(x, y, z), h(x, y, z)]$ の

発散は，$\mathrm{div}\boldsymbol{f}=f_x+g_y+h_z=\dfrac{\partial f}{\partial x}+\dfrac{\partial g}{\partial y}+\dfrac{\partial h}{\partial z}$

3. ガウスの発散定理 $\iiint_V \mathrm{div}\boldsymbol{f}\,dV=\iint_S \boldsymbol{f}\cdot\boldsymbol{n}\,dS$ の応用公式として

$\iint_S \mathrm{div}\boldsymbol{f}\,dS=\oint_C \boldsymbol{f}\cdot\boldsymbol{n}\,dl$ を利用できる。

4. 行列 A の転置行列 ${}^tA$ の主な公式

(1) ${}^t({}^tA)=A$ 　　　(2) ${}^t(AB)={}^tB\,{}^tA$

5. n 元1次連立方程式の解法のアルゴリズムの模式図

$$\mathrm{M}(3, 4)=A_a=\left[\begin{array}{ccc|c}1&-2&1&-4\\2&1&-3&7\\-2&1&2&-2\end{array}\right]\xrightarrow{\text{前進消去}}\left[\begin{array}{ccc|c}1&\alpha_{12}&\alpha_{13}&\beta_1\\0&1&\alpha_{23}&\beta_2\\0&0&1&\beta_3\end{array}\right]$$

($n=3$ の場合)

後退代入 → $\begin{bmatrix}x_1\\x_2\\x_3\end{bmatrix}$ (解ベクトル)

講義 Lecture 2

有限要素法の基本

テーマ

▶ 微分方程式と弱形式

$$\left(\frac{d^2u}{dx^2}=\alpha,\ \int_0^L\left(\frac{dw}{dx}\cdot\frac{du}{dx}+\alpha w\right)dx=0\right)$$

▶ 有限要素法による弱形式の離散化

$$\left(\begin{array}{l}\displaystyle\sum_{k=1}^{n}\left\{\int_{x_k}^{x_{k+1}}\left(\frac{dw_k}{dx}\cdot\frac{d\hat{u}_k}{dx}+\alpha w_k\right)dx\right\}=0\\ \displaystyle\sum_{k=1}^{n}{}^t\boldsymbol{W}_k\left(\boldsymbol{A}_k\hat{\boldsymbol{U}}_k+\boldsymbol{B}_k\right)=\boldsymbol{0}\end{array}\right)$$

§1. 有限要素法による2階微分方程式の解析

さァ，これから“**有限要素法**”(***finite element method***)の基本を学習するために，簡単な**2**階の微分方程式：$\frac{d^2u}{dx^2}=\alpha$(定数)を有限要素法により解いてみよう。

実をいうと，有限要素法には，“**変分原理**”(***variational principle***)によるものと，“**重み付き残差法**”(***method of weighted residual***)によるものの**2**種類に大別することができる。しかし，流体力学の“**ナビエ・ストークスの方程式**”(***Navier-Stokes equation***)のように変分原理が使えない場合があるので，ここでは，より汎用性の高い重み付き残差法による有限要素法について解説する。

重み付き残差法による有限要素法では，まず，恒等的に**0**でない任意関数$w(x)$を用いて与えられた微分方程式を“**弱形式**”(***weak form***)という積分方程式の形にもち込む。さらに，積分区間を有限な要素に分割して，この弱形式の積分方程式を，近似解の関数$\hat{u}(x)$を用いて離散化して表し，最終的にはn元**1**次の連立方程式にもち込み，これを解くことにより，微分方程式の近似解を求めるんだね。

ン？これだけではよく分からないって!?当然だね。対象となる微分方程式は単純なものなんだけれど，これから，これを有限要素法で解くための理論とそのアルゴリズム，および**BASIC**プログラムの作成について，ステップ・バイ・ステップに分かりやすく解説していくので，すべてマスターできるはずだ。

● まず，2階微分方程式 $u''=\alpha$ を解析的に解こう！

$0\leqq x\leqq L$で定義されたxの関数$u(x)$について単純な**2**階微分方程式として，

$\frac{d^2u}{dx^2}=f(x)$ …………⓪ ($f(x)$：xの関数)が考えられる。

しかし，ここではさらに，$f(x)=\alpha$ (負の定数)として，最も単純な微分方程式：

$\frac{d^2u}{dx^2}=\alpha$(定数) ……① ($\alpha<0$，$0<x<L$)

$\left(境界条件：u(0)=0,\ \frac{du(L)}{dx}=0\right)$について考えてみよう。

もちろん，①の微分方程式は，定数 α を x で2回積分することにより，一般解は次のように容易に求められる。まず，①の両辺を x で積分して，

$$u'(x)=\int\alpha\,dx=\alpha x+C_1 \quad \cdots\cdots ② \quad (C_1：積分定数)$$

②の両辺をもう1度 x で積分して，

（$u(x)$ の一般解）

$$u(x)=\int(\alpha x+C_1)dx=\frac{1}{2}\alpha x^2+C_1x+C_2 \quad \cdots\cdots ③ \quad (C_2：積分定数)$$

ここで，境界条件：$u(0)=0$，$u'(L)=0$ より，③に $x=0$，②に $x=L$ を代入して，

$$\begin{cases} u(0)=\cancel{\frac{1}{2}\alpha\cdot 0^2}+\cancel{C_1\cdot 0}+C_2=\boxed{C_2=0} \text{ より，} & \therefore C_2=0 \text{ となり，} \\ u'(L)=\boxed{\alpha\cdot L+C_1=0} \text{ より，} & \therefore C_1=-\alpha L \end{cases}$$

以上 C_1，C_2 の値を③に代入すると，$u(x)$ の特殊解は，

$$u(x)=\frac{1}{2}\alpha x^2-\alpha Lx$$
$$=\frac{1}{2}\alpha(x^2-2Lx+L^2)-\frac{\alpha L^2}{2}$$
$$=\frac{1}{2}\alpha(x-L)^2-\frac{\alpha L^2}{2} \quad (0\leqq x\leqq L)$$

図1　$u(x)$ の特殊解

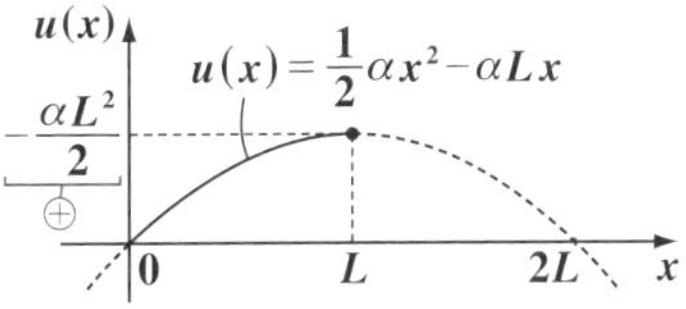

となり，そのグラフは図1に示すように放物線の一部になるんだね。

このように，①の微分方程式は手計算により，解析的に簡単に解けるんだけれど，これを，これから有限要素法により数値解析的に解いていくことにしよう。そのための，理論的な下準備として，①の微分方程式に“**重み関数**”(*weighted function*)と呼ばれる任意関数 $w(x)$ を用いて，“**弱形式**（じゃくけいしき）”にもち込んでみよう。

● 微分方程式 $u''=\alpha$ の弱形式を導こう！

有限要素法で，①の微分方程式を解くために，まず，①を変形して，

$$\frac{d^2u}{dx^2}-\alpha=0 \quad \cdots\cdots ①' \quad \left(\alpha<0,\ 0<x<L,\ u(0)=0,\ \frac{du(L)}{dx}=0\right) \text{ とし，}$$

①′の両辺に，$0\leqq x\leqq L$ で定義された任意関数 $w(x)$ をかけて，積分区間 $[0,L]$

で積分すると，

$$\int_0^L w(x)\left(\frac{d^2u}{dx^2}-\alpha\right)dx=0 \quad \cdots\cdots ④$$ となる。

> $\dfrac{d^2u}{dx^2}-\alpha=0 \cdots\cdots ①'$
> $\left(\alpha<0,\ 0<x<L,\ u(0)=0,\ \dfrac{du(L)}{dx}=0\right)$

ただし，$w(x)$ は任意な関数ではあるんだけれど，$w(0)=0$ と $0\leqq x\leqq L$ の範囲で $w(x)\geqq 0$ の条件だけは満たすものとする。逆に言えば，この 2 つの条件さえ満たせば，$w(x)$ はどのような関数でも構わないということなんだね。今は何故，任意関数 $w(x)$ を使うのか？納得がいかないかも知れないね。でも，この $w(x)$ を利用することにより④をさらに変形して，①´の微分方程式と等価な"**弱形式**"と呼ばれる定積分の形の方程式を生み出すことができるからなんだね。$w(x)$ の意味についても後で詳しく解説するので，もう少し待ってくれ。

では，④を部分積分法を用いて，変形すると，

$$\int_0^L w\cdot\frac{d^2u}{dx^2}dx-\int_0^L \alpha w\,dx=0$$

$$\int_0^L w\cdot\left(\frac{du}{dx}\right)'dx=\left[w(x)\cdot\frac{du(x)}{dx}\right]_0^L-\int_0^L\frac{dw}{dx}\cdot\frac{du}{dx}dx$$

$$\left[w(x)\cdot\frac{du(x)}{dx}\right]_0^L = w(L)\cdot\frac{du(L)}{dx}-w(0)\cdot\frac{du(0)}{dx}$$

$\dfrac{du(L)}{dx}=0$（u の境界条件），$w(0)=0$（w の条件）

> 部分積分法
> $\displaystyle\int_0^L f\cdot g'dx=[f\cdot g]_0^L-\int_0^L f'\cdot g\,dx$

$$-\int_0^L\frac{dw}{dx}\cdot\frac{du}{dx}dx-\int_0^L\alpha w\,dx=0$$ この両辺に -1 をかけて，まとめると，

①´の微分方程式の弱形式：

$$\int_0^L\left(\frac{dw}{dx}\cdot\frac{du}{dx}+\alpha w\right)dx=0 \quad \cdots\cdots ⑤ \quad (\text{条件 } u(0)=0)$$

> 変形の際に $\dfrac{du(L)}{dx}=0$ は用いたので，境界条件は，$u(0)=0$ のみが残る。

が導かれるんだね。この条件 $u(0)=0$ を含めた弱形式⑤は，境界条件も含めた①´の微分方程式と等価な方程式になっている。

ここで，⑤を①´の"**弱形式**"と呼ぶ理由については，$u(x)$ に対する制約が，元の①´の微分方程式では，$u(x)$ の 2 階の導関数まで必要であったものが，⑤では $u(x)$ の 1 階の導関数だけでよくなっている。つまり，$u(x)$ について

の制約条件が弱くなっているので，弱形式と呼ぶんだろうね。

では，何故この⑤の弱形式を導く必要があるのか？ その理由は，この形にすることにより，解 $u(x)$ の近似解を有限な要素の離散化モデルにより解くことができるからなんだ。これについては後で詳しく解説しよう。

ここで，もう **1** つの疑問は，一体④式とは何か？ ということだろうと思う。実は，この④こそ“**重み付き残差法**”の名前の由来である“**重み付き残差**”そのものなんだね。まず，大事なことは，④式の時点で，解の関数 $u(x)$ は，解析的に求めたあの厳密解 (**2** 次関数) ではなく，近似解 $\hat{u}(x)$ になっているということだ。有限要素法はあくまでも数値解析なので，その求められる解も近似解 $\hat{u}(x)$ と表すことにする。厳密解 $u(x)$ に対しては，

$\frac{d^2u}{dx^2}-\alpha=0$ ……①′ は成り立つが，近似解 $\hat{u}(x)$ については，当然誤差 (残差) が生じるはずなので，

$\frac{d^2\hat{u}}{dx^2}-\alpha\fallingdotseq 0$ ……①″ となるはずだね。したがって，この左辺の残差に

$w(0)=0$ かつ $w(x)\geqq 0$ $(0\leqq x\leqq L)$ の条件は付くんだけれど，それ以外は任意である関数 $w(x)$ を“**重み**”としてかけて，これを $0\leqq x\leqq L$ の区間で x により積分したものが **0** となるような，近似関数 $\hat{u}(x)$ を求めなさいと，いうのが④式の $u(x)$ の代わりに $\hat{u}(x)$ を代入した次式：

$\int_0^L w(x)\left(\frac{d^2\hat{u}}{dx^2}-\alpha\right)dx=0$ ……④′ になるんだね。

したがって，これを変形した弱形式⑤も，本当は，

$\int_0^L \left(\frac{dw}{dx}\cdot\frac{d\hat{u}}{dx}+\alpha w\right)dx=0$ ……⑤′ (条件 $\hat{u}(0)=0$) となるんだね。

これから，重み付き残差法と呼ばれる理由が分かったと思う。そして，任意関数 $w(x)$ は“**重み関数**” (***weight function***) とも呼ぶんだね。

ン？ 重み付き残差法の名前の由来は分かったけれど，まだ何か釈然としないって!? いいよ。ここは，大事なところだから，最後まで踏み込んで解説しておこう。

実は，④′の式は，数学的 (または統計学的) には，残差を ζ(ゼータ)$=\frac{d^2\hat{u}}{dx^2}-\alpha$ とおくと，この期待値 $E(\zeta)=0$ から導かれることになる。これについて，これから解説しよう。

$0 \leqq x \leqq L$ で定義される任意関数 $w(x)$ は，$w(0)=0$ かつ $w(x) \geqq 0$ をみたすので，曲線 $y=w(x)$ のグラフのイメージを図2に示す。そして，区間 $[0, L]$ の範囲で x 軸と曲線 $y=w(x)$ とで挟まれる図形の面積 S は，$S=\int_0^L w(x)dx$ となる。ここで，$w(x)$ をこの面積 S(定数) で割った関数を $f(x)$，すなわち

$$\int_0^L w(x)\left(\frac{d^2\hat{u}}{dx^2}-\alpha\right)dx=0 \quad \cdots\cdots ④'$$

（$\frac{d^2\hat{u}}{dx^2}-\alpha$ は ζ(残差)）

図2　任意関数 $w(x)$

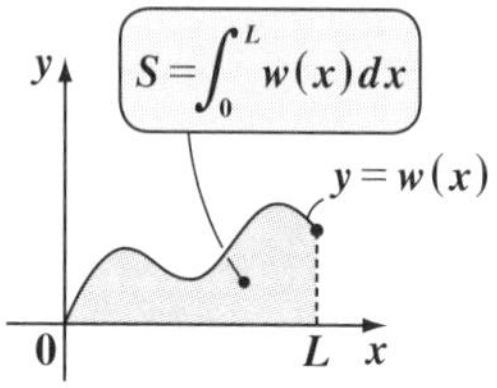

$f(x)=\frac{w(x)}{S}$ とおくと，

$$\int_0^L f(x)dx=\int_0^L \frac{w(x)}{S}dx=\underbrace{\frac{1}{S}}_{\text{定数}}\underbrace{\int_0^L w(x)dx}_{S}=\frac{S}{S}=1$$ (全確率) となるので，

関数 $f(x)$ は，$0 \leqq x \leqq L$ で定義された連続型の確率密度関数と考えることができるんだね。

したがって，残差 $\zeta=\frac{d^2\hat{u}}{dx^2}-\alpha$ の期待値 $E(\zeta)$ は，次のようになる。

$$E(\zeta)=\int_0^L \zeta f(x)dx=\int_0^L \zeta\cdot\frac{w(x)}{S}dx=\frac{1}{S}\int_0^L w(x)\cdot\zeta dx \quad \cdots\cdots ㋐$$

ここで，この期待値 $E(\zeta)=0$ のとき，これに㋐を代入して，

$$E(\zeta)=\underbrace{\frac{1}{S}}_{\text{定数}}\int_0^L w(x)\cdot\zeta dx=0$$ より，この両辺に S(正の定数) をかけると，

$$\int_0^L w(x)\cdot\zeta dx=\int_0^L w(x)\cdot\left(\frac{d^2\hat{u}}{dx^2}-\alpha\right)dx=0$$ となって，④′と同じ方程式が導けるんだね。

これから，重み付き残差法とは，数学的には，「残差 ζ の期待値 (平均) $E(\zeta)$ を $E(\zeta)=0$ となるように，近似関数 $\hat{u}(x)$ を定めるための手法である」と言うことができるんだね。これで，重み付き残差法のすべての意味がご理解頂けたと思う。

● 弱形式の離散化を行おう！

では，微分方程式：$\frac{d^2u}{dx^2}=\alpha$　$\left(\alpha<0,\ 0<x<L,\ u(0)=0,\ \frac{du(L)}{dx}=0\right)$

の弱形式：$\int_0^L\left(\frac{dw}{dx}\cdot\frac{d\hat{u}}{dx}+\alpha w\right)dx=0$ ……⑤´

(条件：$\hat{u}(0)=0$) の離散化について考えよう。図 3 に示すように，$\hat{u}(x)$ の定義域：$0\leqq x\leqq L$ を N 個の要素①，②，…，Ⓝに分割し，各要素

（等しい長さに分割する必要はない。）

図 3

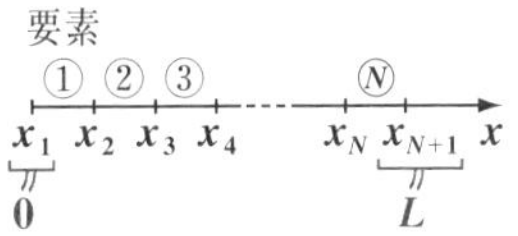

を区切る x の値を，$x_1(=0)$，x_2，x_3，…，x_N，$x_{N+1}(=L)$ とおく。また，k 番目 ($k=1,\ 2,\ \cdots,\ N$) の要素ⓚにおける $u(x)$ の近似関数を，図 4 に示すように，x の 1 次式

$\hat{u}_k(x)=a_k+b_kx$ ……⑥ とおき，

同様に任意関数 $w(x)$ も，ⓚにおけるものを，

$w_k(x)=c_k+d_kx$ ……⑦ とおく。

(ただし，a_k，b_k，c_k，d_k：定数)

図 4　要素ⓚにおける $\hat{u}_k(x)$

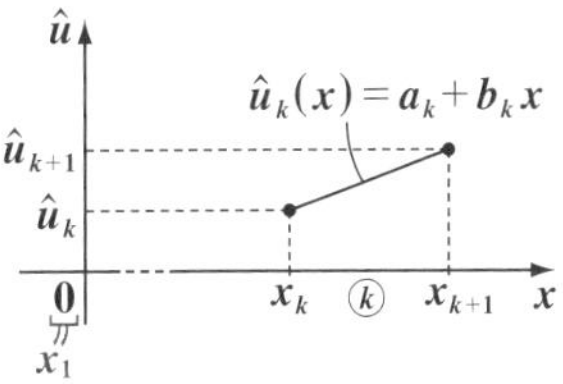

すると，⑤´の弱形式の定積分も，有限な N 個の要素における定積分の総和となるので，次のように離散化して，表示できる。

$$\sum_{k=1}^{N}\left\{\int_{x_k}^{x_{k+1}}\left(\frac{dw_k}{dx}\cdot\frac{d\hat{u}_k}{dx}+\alpha w_k\right)dx\right\}=0 \quad \cdots\cdots ⑤''$$

（要素ⓚにおける弱形式の定積分）

では，⑤´´をさらに変形していこう。図 4 に示すように，要素ⓚの両端点における $\hat{u}_k(x)$ の値を $\hat{u}_k(x_k)=\hat{u}_k$，$\hat{u}_k(x_{k+1})=\hat{u}_{k+1}$ とおく。つまり，⑥より

$$\begin{cases}\hat{u}_k=a_k+b_kx_k\\ \hat{u}_{k+1}=a_k+b_kx_{k+1}\end{cases}$$ ……⑥´とおくと，これはまとめて次のように表せる。

$$\begin{bmatrix} \hat{u}_k \\ \hat{u}_{k+1} \end{bmatrix} = \begin{bmatrix} 1 & x_k \\ 1 & x_{k+1} \end{bmatrix} \begin{bmatrix} a_k \\ b_k \end{bmatrix} \cdots\cdots ⑧$$

> $\hat{u}_k(x) = a_k + b_k x$ ……………………………… ⑥
> $w_k(x) = c_k + d_k x$ ……………………………… ⑦
> $\displaystyle\sum_{k=1}^{N} \left\{ \int_{x_k}^{x_{k+1}} \left(\frac{dw_k}{dx} \cdot \frac{d\hat{u}_k}{dx} + \alpha w_k \right) dx \right\} = 0$ …… ⑤″

ここで，行列$\begin{bmatrix} 1 & x_k \\ 1 & x_{k+1} \end{bmatrix}$の行列式 Δ は，

$\Delta = 1 \times x_{k+1} - x_k \times 1 = x_{k+1} - x_k$ となって，

> 行列$\begin{bmatrix} a & b \\ c & d \end{bmatrix}$の行列式 $\Delta = ad - bc$

これは，k 番目の要素ⓚの長さに等しいので，これを $l_k(>0)$ とおくと，

$\Delta = l_k(>0)$ より，この逆行列は，

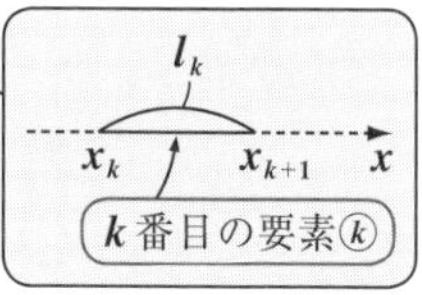

$$\begin{bmatrix} 1 & x_k \\ 1 & x_{k+1} \end{bmatrix}^{-1} = \frac{1}{\Delta} \begin{bmatrix} x_{k+1} & -x_k \\ -1 & 1 \end{bmatrix} = \frac{1}{l_k} \begin{bmatrix} x_{k+1} & -x_k \\ -1 & 1 \end{bmatrix} \text{ となる。}$$

> 行列 $A = \begin{bmatrix} a & b \\ c & d \end{bmatrix}$の逆行列 A^{-1} は，$A^{-1} = \dfrac{1}{\Delta} \begin{bmatrix} d & -b \\ -c & a \end{bmatrix}$（ただし，$\Delta = ad - bc \neq 0$）である。

これを⑧の両辺に左側からかけて，

$$\begin{bmatrix} a_k \\ b_k \end{bmatrix} = \begin{bmatrix} 1 & x_k \\ 1 & x_{k+1} \end{bmatrix}^{-1} \begin{bmatrix} \hat{u}_k \\ \hat{u}_{k+1} \end{bmatrix} = \frac{1}{l_k} \begin{bmatrix} x_{k+1} & -x_k \\ -1 & 1 \end{bmatrix} \begin{bmatrix} \hat{u}_k \\ \hat{u}_{k+1} \end{bmatrix} \cdots\cdots ⑨ \text{ となる。}$$

ここで，⑥は，$\hat{u}_k(x) = a_k + b_k x = [1 \quad x] \begin{bmatrix} a_k \\ b_k \end{bmatrix}$ ……⑥″と変形できるので，⑥″に⑨を代入すると，

$$\hat{u}_k(x) = \frac{1}{l_k} [1 \quad x] \begin{bmatrix} x_{k+1} & -x_k \\ -1 & 1 \end{bmatrix} \begin{bmatrix} \hat{u}_k \\ \hat{u}_{k+1} \end{bmatrix}$$

$$[1 \cdot x_{k+1} - 1 \cdot x, \ -1 \cdot x_k + 1 \cdot x] = [x_{k+1} - x, \ x - x_k]$$

$$= \frac{1}{l_k} [x_{k+1} - x \quad x - x_k] \begin{bmatrix} \hat{u}_k \\ \hat{u}_{k+1} \end{bmatrix}$$

$$\therefore \hat{u}_k(x) = \left[\frac{x_{k+1} - x}{l_k}, \ \frac{x - x_k}{l_k} \right] \begin{bmatrix} \hat{u}_k \\ \hat{u}_{k+1} \end{bmatrix} \cdots\cdots ⑩ \text{ となる。ここで，}$$

$N_k = \begin{bmatrix} \dfrac{x_{k+1} - x}{l_k} \\ \dfrac{x - x_k}{l_k} \end{bmatrix}$ と，$\hat{U}_k = \begin{bmatrix} \hat{u}_k \\ \hat{u}_{k+1} \end{bmatrix}$ とおくと，⑩は，

> 以降，ベクトルはすべて列ベクトルで表す。

$\hat{u}_k(x) = {}^t N_k \cdot \hat{U}_k$ ……⑩′となる。$\hat{U}_k$ は定ベクトルであり，

> ${}^t N_k$: N_kの転置行列

N_k は，x の関数ベクトルである。そして，この N_k を特に“**形状関数ベクトル**”(***shape function vector***) と呼ぶことも覚えておこう。

⑩より，$x=x_k$ のとき，

$$\hat{u}_k(x_k)=\left[\underbrace{\frac{x_{k+1}-x_k}{l_k}}_{1},\ \underbrace{\frac{x_k-x_k}{l_k}}_{0}\right]\begin{bmatrix}\hat{u}_k\\ \hat{u}_{k+1}\end{bmatrix}=[1\quad 0]\begin{bmatrix}\hat{u}_k\\ \hat{u}_{k+1}\end{bmatrix}=\hat{u}_k$$ となり，

(これを行列 $[\hat{u}_k]$ としてもよい。)

$x=x_{k+1}$ のとき，

$$\hat{u}_k(x_{k+1})=\left[\underbrace{\frac{x_{k+1}-x_{k+1}}{l_k}}_{0},\ \underbrace{\frac{x_{k+1}-x_k}{l_k}}_{1}\right]\begin{bmatrix}\hat{u}_k\\ \hat{u}_{k+1}\end{bmatrix}=[0\quad 1]\begin{bmatrix}\hat{u}_k\\ \hat{u}_{k+1}\end{bmatrix}=\hat{u}_{k+1}$$ となって，

(これを行列 $[\hat{u}_{k+1}]$ としてもよい。)

この⑩の検算の結果は⑥´(P43) と一致するので，間違いないことも確認できるんだね。

では，⑩´を x で微分しよう。

$$\frac{d\hat{u}_k(x)}{dx}=\frac{d}{dx}\left({}^tN_k\cdot\hat{U}_k\right)=\frac{d}{dx}\left({}^tN_k\right)\cdot\hat{U}_k=\left[-\frac{1}{l_k},\ \frac{1}{l_k}\right]\hat{U}_k \quad \cdots\cdots⑪$$ となる。

($\hat{U}_k$：これは定ベクトル(定数係数と同様に扱う。))

$$\frac{d}{dx}\left[\frac{x_{k+1}-x}{l_k},\ \frac{x-x_k}{l_k}\right]=\left[\frac{1}{l_k}\cdot\frac{d}{dx}(x_{k+1}-x),\ \frac{1}{l_k}\cdot\frac{d}{dx}(x-x_k)\right]=\left[\frac{1}{l_k}\cdot(-1),\ \frac{1}{l_k}\cdot 1\right]=\left[-\frac{1}{l_k},\ \frac{1}{l_k}\right]$$

($\frac{1}{l_k}$, x_{k+1}, $\frac{1}{l_k}$, x_k：定数)

ここで，新たにベクトル L_k を

$$L_k=\begin{bmatrix}-\dfrac{1}{l_k}\\ \dfrac{1}{l_k}\end{bmatrix}$$ とおくと，⑪は，

$$\frac{d\hat{u}_k}{dx}={}^tL_k\hat{U}_k \quad \cdots\cdots⑪'$$ となるんだね。

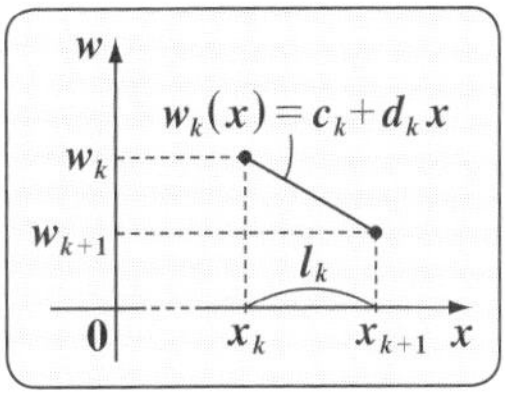

では次に，$w_k(x)=c_k+d_kx$ ……⑦ についても，

$$\begin{bmatrix}w_k\\ w_{k+1}\end{bmatrix}=\begin{bmatrix}1 & x_k\\ 1 & x_{k+1}\end{bmatrix}\begin{bmatrix}c_k\\ d_k\end{bmatrix}$$ とおくと，

$$\begin{bmatrix}c_k\\ d_k\end{bmatrix}=\frac{1}{l_k}\begin{bmatrix}x_{k+1} & -x_k\\ -1 & 1\end{bmatrix}\begin{bmatrix}w_k\\ w_{k+1}\end{bmatrix}$$ より，これを $w_k(x)=[1\quad x]\begin{bmatrix}c_k\\ d_k\end{bmatrix}$ に代入して，

同様に計算すれば，

$$w_k(x)=\left[\frac{x_{k+1}-x}{l_k},\ \frac{x-x_k}{l_k}\right]\begin{bmatrix} w_k \\ w_{k+1} \end{bmatrix}$$ となり，

（形状関数ベクトル N_k の転置行列 ${}^tN_k$）（W_k とおく）

$$\hat{u}_k(x)=a_k+b_kx \cdots\cdots⑥$$
$$w_k(x)=c_k+d_kx \cdots\cdots⑦$$
$$\sum_{k=1}^{N}\left\{\int_{x_k}^{x_{k+1}}\left(\frac{dw_k}{dx}\cdot\frac{d\hat{u}_k}{dx}+\alpha w_k\right)dx\right\}=0 \cdots\cdots⑤''$$
$$\hat{u}_k(x)={}^tN_k\cdot\hat{U}_k \cdots\cdots⑩'$$
$$\frac{d\hat{u}_k(x)}{dx}={}^tL_k\hat{U}_k \cdots\cdots⑪'$$
$$\begin{cases} {}^tN_k=\left[\frac{x_{k+1}-x}{l_k},\ \frac{x-x_k}{l_k}\right] \\ {}^tL_k=\left[-\frac{1}{l_k},\ \frac{1}{l_k}\right]=\frac{1}{l_k}[-1,\ 1] \end{cases}$$

ここで，$W_k=\begin{bmatrix} w_k \\ w_{k+1} \end{bmatrix}$とおくと，離散化された k 番目の要素における任意関数 $w_k(x)$ は，

$$w_k(x)={}^tN_k\,W_k \cdots\cdots⑫$$ となる。

（x の関数ベクトル）（定ベクトル）

⑫についても，$w_k(x_k)=w_k$，$w_k(x_{k+1})=w_{k+1}$ となることを確認できる。

では，⑫を x で微分すると，これも $\hat{u}_k(x)$ のときと同様に，

$$\frac{dw_k(x)}{dx}=\frac{d}{dx}\left({}^tN_kW_k\right)=\frac{d}{dx}\left({}^tN_k\right)W_k={}^tL_kW_k \cdots\cdots⑬$$ となるんだね。

$$\left(\frac{d}{dx}\left[\frac{x_{k+1}-x}{l_k},\ \frac{x-x_k}{l_k}\right]=\left[-\frac{1}{l_k},\ \frac{1}{l_k}\right]={}^tL_k\right)$$

以上で，準備が整ったので，離散化された弱形式の方程式⑤''を変形していこう。

$$\sum_{k=1}^{n}\left\{\int_{x_k}^{x_{k+1}}\left(\frac{dw_k}{dx}\cdot\frac{d\hat{u}_k}{dx}+\alpha w_k\right)dx\right\}=0 \cdots\cdots⑤''$$ に⑪'，⑫，⑬を代入して，

（${}^tL_kW_k$（⑬より））（${}^tL_k\hat{U}_k$（⑪'より））（${}^tN_kW_k$（⑫より））

$$\sum_{k=1}^{N}\left\{\int_{x_k}^{x_{k+1}}\left({}^tL_kW_k\cdot{}^tL_k\hat{U}_k+\alpha\,{}^tN_kW_k\right)dx\right\}=0 \cdots\cdots⑤'''$$ となるんだね。

ここで，⑤'''の k 番目の要素の定積分（〰の部分）：

（スカラー）（スカラー）（スカラー）（スカラー）

$$\int_{x_k}^{x_{k+1}}\left({}^tL_kW_k\cdot{}^tL_k\hat{U}_k+\alpha\,{}^tN_kW_k\right)dx \cdots\cdots⑭$$ を取り出して，計算してみよう。

（${}^t({}^tL_kW_k)={}^tW_k\,{}^t({}^tL_k)={}^tW_kL_k$）（${}^t({}^tN_kW_k)={}^tW_k\,{}^t({}^tN_k)={}^tW_kN_k$）

まず，$^t\boldsymbol{L}_k\boldsymbol{W}_k=\left[-\frac{1}{l_k},\ \frac{1}{l_k}\right]\begin{bmatrix}w_k\\w_{k+1}\end{bmatrix}=\left[-\frac{w_k}{l_k}+\frac{w_{k+1}}{l_k}\right]=\left[\frac{w_{k+1}-w_k}{l_k}\right]$は，スカラー(数値)，すなわち**1**行**1**列の行列なので，この転置行列は，元の行列と等しい。

よって，$^t\boldsymbol{L}_k\boldsymbol{W}_k={}^t\left({}^t\boldsymbol{L}_k\boldsymbol{W}_k\right)={}^t\boldsymbol{W}_k\cdot{}^t\left({}^t\boldsymbol{L}_k\right)={}^t\boldsymbol{W}_k\boldsymbol{L}_k$ となる。

同様に，$^t\boldsymbol{N}_k\boldsymbol{W}_k$ もスカラー(**1**行**1**列)の行列なので，この転置行列も元の行列と等しいので，

$^t\boldsymbol{N}_k\boldsymbol{W}_k={}^t\left({}^t\boldsymbol{N}_k\boldsymbol{W}_k\right)={}^t\boldsymbol{W}_k{}^t\left({}^t\boldsymbol{N}_k\right)={}^t\boldsymbol{W}_k\boldsymbol{N}_k$ となる。

これらを⑭に代入して，

$$\int_{x_k}^{x_{k+1}}\left({}^t\boldsymbol{L}_k\boldsymbol{W}_k\cdot{}^t\boldsymbol{L}_k\hat{\boldsymbol{U}}_k+\alpha\,{}^t\boldsymbol{N}_k\boldsymbol{W}_k\right)dx$$

$$=\int_{x_k}^{x_{k+1}}\left(\underbrace{{}^t\boldsymbol{W}_k}_{\text{定ベクトル}}\underbrace{\boldsymbol{L}_k{}^t\boldsymbol{L}_k\hat{\boldsymbol{U}}_k}_{\text{定ベクトル}}+\alpha\underbrace{{}^t\boldsymbol{W}_k}_{\text{定ベクトル}}\boldsymbol{N}_k\right)dx$$

$$={}^t\boldsymbol{W}_k\left(\boldsymbol{L}_k{}^t\boldsymbol{L}_k\hat{\boldsymbol{U}}_k\int_{x_k}^{x_{k+1}}dx+\alpha\int_{x_k}^{x_{k+1}}\boldsymbol{N}_k\,dx\right)$$

$$\frac{1}{l_k^2}\begin{bmatrix}-1\\1\end{bmatrix}[-1,\ 1]=\frac{1}{l_k^2}\begin{bmatrix}1&-1\\-1&1\end{bmatrix}$$

$$[x]_{x_k}^{x_{k+1}}=x_{k+1}-x_k=l_k$$

$$\int_{x_k}^{x_{k+1}}\frac{1}{l_k}\begin{bmatrix}x_{k+1}-x\\x-x_k\end{bmatrix}dx=\frac{1}{l_k}\begin{bmatrix}\int_{x_k}^{x_{k+1}}(x_{k+1}-x)\,dx\\\int_{x_k}^{x_{k+1}}(x-x_k)\,dx\end{bmatrix}\begin{matrix}\leftarrow①\\\leftarrow②\end{matrix}$$

$$={}^t\boldsymbol{W}_k\left(\frac{1}{l_k^2}\cdot l_k\begin{bmatrix}1&-1\\-1&1\end{bmatrix}\hat{\boldsymbol{U}}_k+\alpha\frac{1}{l_k}\begin{bmatrix}\frac{1}{2}l_k^2\\\frac{1}{2}l_k^2\end{bmatrix}\begin{matrix}\leftarrow①\\\leftarrow②\end{matrix}\right)$$

$$①\int_{x_k}^{x_{k+1}}(x_{k+1}-x)\,dx=\left[x_{k+1}\cdot x-\frac{1}{2}x^2\right]_{x_k}^{x_{k+1}}=x_{k+1}^2-\frac{1}{2}x_{k+1}^2-\left(x_{k+1}x_k-\frac{1}{2}x_k^2\right)$$
$$=\frac{1}{2}(x_{k+1}^2-2x_{k+1}\cdot x_k+x_k^2)=\frac{1}{2}(x_{k+1}-x_k)^2=\frac{1}{2}l_k^2$$

$$②\int_{x_k}^{x_{k+1}}(x-x_k)\,dx=\left[\frac{1}{2}x^2-x_kx\right]_{x_k}^{x_{k+1}}=\frac{1}{2}x_{k+1}^2-x_k\cdot x_{k+1}-\left(\frac{1}{2}x_k^2-x_k^2\right)$$
$$=\frac{1}{2}(x_{k+1}^2-2x_{k+1}x_k+x_k^2)=\frac{1}{2}(x_{k+1}-x_k)^2=\frac{1}{2}l_k^2$$

$$={}^t\boldsymbol{W}_k\left(\frac{1}{l_k}\begin{bmatrix}1&-1\\-1&1\end{bmatrix}\hat{\boldsymbol{U}}_k+\frac{\alpha l_k}{2}\begin{bmatrix}1\\1\end{bmatrix}\right)$$

よって，⑭式は，

$$\int_{x_k}^{x_{k+1}}\left({}^t\boldsymbol{L}_k\boldsymbol{W}_k\cdot{}^t\boldsymbol{L}_k\hat{\boldsymbol{U}}_k+\alpha\cdot{}^t\boldsymbol{N}_k\boldsymbol{W}_k\right)dx$$

$$={}^t\boldsymbol{W}_k\left(\underbrace{\frac{1}{l_k}\begin{bmatrix}1&-1\\-1&1\end{bmatrix}}_{\text{行列}\boldsymbol{A}_k}\hat{\boldsymbol{U}}_k+\underbrace{\frac{\alpha l_k}{2}\begin{bmatrix}1\\1\end{bmatrix}}_{\text{ベクトル}\boldsymbol{B}_k\text{とおく}}\right)$$

$$={}^t\boldsymbol{W}_k\left(\boldsymbol{A}_k\hat{\boldsymbol{U}}_k+\boldsymbol{B}_k\right)\cdots\cdots⑭'$$ となる。

$$\hat{u}_k(x)=a_k+b_kx\cdots\cdots⑥$$
$$w_k(x)=c_k+d_kx\cdots\cdots⑦$$
$$\sum_{k=1}^{N}\left\{\int_{x_k}^{x_{k+1}}\left(\frac{dw_k}{dx}\cdot\frac{d\hat{u}_k}{dx}+\alpha w_k\right)dx\right\}=0\cdots\cdots⑤''$$
$$\sum_{k=1}^{N}\left\{\int_{x_k}^{x_{k+1}}\left({}^t\boldsymbol{L}_k\boldsymbol{W}_k\cdot{}^t\boldsymbol{L}_k\hat{\boldsymbol{U}}_k+\alpha\cdot{}^t\boldsymbol{N}_k\boldsymbol{W}_k\right)dx\right\}=0\cdots\cdots⑤'''$$

（ただし，$\boldsymbol{A}_k=\frac{1}{l_k}\begin{bmatrix}1&-1\\-1&1\end{bmatrix}$，$\boldsymbol{B}_k=\frac{\alpha l_k}{2}\begin{bmatrix}1\\1\end{bmatrix}$とおいた。）

⑭'を⑤'''に代入することにより，弱形式の離散化が完成して，次式が導ける。

$$\sum_{k=1}^{N}{}^t\boldsymbol{W}_k\left(\boldsymbol{A}_k\hat{\boldsymbol{U}}_k+\boldsymbol{B}_k\right)=0\cdots\cdots(*)\quad\left(\boldsymbol{A}_k=\frac{1}{l_k}\begin{bmatrix}1&-1\\-1&1\end{bmatrix},\ \boldsymbol{B}_k=\frac{\alpha l_k}{2}\begin{bmatrix}1\\1\end{bmatrix}\right)$$

（ただし，条件：$\hat{u}_1=\hat{u}_1(x_1)=0$）

途中の計算は結構メンドウだったけれど，最終的な結果として，スッキリとした方程式が導けたんだね。

αや$l_k\ (k=1,\ 2,\ \cdots,\ N)$の値は与えられるので，$(*)$の方程式における未知数は，$\hat{\boldsymbol{U}}_k\ (k=1,\ 2,\ \cdots,\ N)$になるんだね。つまり，$x_1,\ x_2,\ x_3,\ \cdots,\ x_{N+1}$における近似値$\hat{u}_1,\ \hat{u}_2,\ \hat{u}_3,\ \cdots,\ \hat{u}_{N+1}$が，$(*)$の方程式により求められるということだ。しかし，$(*)$には任意関数$\boldsymbol{W}_k\ (k=1,\ 2,\ \cdots,\ N)$が含まれているため，これをどのように解けばいいのか？まだピンとこない方がほとんどだと思う。実際には，$(*)$だけでは解けず，条件：$\hat{u}_1=0$も必要となる。これらのことも含めてこれから，手計算で解ける簡単な見本例を使って解説していこう。

● 有限要素法で具体的に解いてみよう！

まず，元の微分方程式：$\frac{d^2u}{dx^2}=\alpha\cdots\cdots①\ \left(0<x<L,\ u(0)=0,\ \frac{du(L)}{dx}=0\right)$

の厳密解は，$u(x)=\frac{1}{2}\alpha x^2-\alpha Lx\ (0\leqq x\leqq L)$であった。(P39参照)

ここでは，$\alpha=-\frac{1}{12}$，$L=4$の例題を考えることにすると，①の厳密解は，

$u(x)=-\frac{1}{24}x^2+\frac{1}{3}x=-\frac{1}{24}x(x-8)$

$(0\leqq x\leqq 4)$ であり，

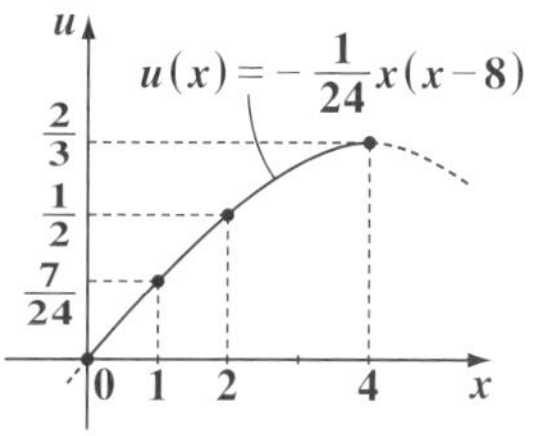

$u(0)=0,\ u(1)=-\frac{1}{24}\cdot 1\cdot(-7)=\frac{7}{24},$

$u(2)=-\frac{1}{24}\cdot 2\cdot(-6)=\frac{1}{2},$

$u(4)=-\frac{1}{24}\cdot 4\cdot(-4)=\frac{2}{3}$ である。

では，これを 2 つの要素，すなわち $N=2$ のときの最も単純な場合について有限要素法の公式 (∗) を使って，2 通りの場合について手計算で近似解を求めてみよう。

(Ⅰ) $N=2,\ \alpha=-\frac{1}{12},\ L=4,\ l_1=l_2=2$ のとき，有限要素法による方程式 (∗) は，

$\sum_{k=1}^{2}{}^tW_k\left(A_k\hat{U}_k+B_k\right)=0$ ……(∗1) であり，$k=1,\ 2$ について，

$$A_k=\underbrace{\frac{1}{2}}_{\frac{1}{l_k}}\begin{bmatrix}1&-1\\-1&1\end{bmatrix},\ B_k=\underbrace{-\frac{1}{12}}_{\frac{\alpha\cdot l_k}{2}=\frac{2}{2}\times\left(-\frac{1}{12}\right)}\begin{bmatrix}1\\1\end{bmatrix},\ W_k=\begin{bmatrix}w_k\\w_{k+1}\end{bmatrix},\ \hat{U}_k=\begin{bmatrix}\hat{u}_k\\\hat{u}_{k+1}\end{bmatrix}$$

である。よって，(∗1) の左辺を変形すると，

$$((*1)\text{の左辺})={}^tW_1\left(A_1\hat{U}_1+B_1\right)+{}^tW_2\left(A_2\hat{U}_2+B_2\right)$$

$$=[w_1,\ w_2]\left(\begin{bmatrix}\frac{1}{2}&-\frac{1}{2}\\-\frac{1}{2}&\frac{1}{2}\end{bmatrix}\begin{bmatrix}\hat{u}_1\\\hat{u}_2\end{bmatrix}-\frac{1}{12}\begin{bmatrix}1\\1\end{bmatrix}\right)$$

$$+[w_2,\ w_3]\left(\begin{bmatrix}\frac{1}{2}&-\frac{1}{2}\\-\frac{1}{2}&\frac{1}{2}\end{bmatrix}\begin{bmatrix}\hat{u}_2\\\hat{u}_3\end{bmatrix}-\frac{1}{12}\begin{bmatrix}1\\1\end{bmatrix}\right)\ \cdots\cdots⑮$$ となる。

これら 2 項をまとめて示すと，

$((*1)$ の左辺$)$

$$= [w_1,\ w_2,\ w_3] \left(\begin{bmatrix} \dfrac{1}{2} & -\dfrac{1}{2} & 0 \\ -\dfrac{1}{2} & \dfrac{1}{2} & 0 \\ 0 & 0 & 0 \end{bmatrix} \begin{bmatrix} \hat{u}_1 \\ \hat{u}_2 \\ 0 \end{bmatrix} - \dfrac{1}{12} \begin{bmatrix} 1 \\ 1 \\ 0 \end{bmatrix} \right.$$

これは、⑮式とまったく同じ式なんだね。

$$\left. + \begin{bmatrix} 0 & 0 & 0 \\ 0 & \dfrac{1}{2} & -\dfrac{1}{2} \\ 0 & -\dfrac{1}{2} & \dfrac{1}{2} \end{bmatrix} \begin{bmatrix} 0 \\ \hat{u}_2 \\ \hat{u}_3 \end{bmatrix} - \dfrac{1}{12} \begin{bmatrix} 0 \\ 1 \\ 1 \end{bmatrix} \right)$$

$$= \boxed{[w_1,\ w_2,\ w_3] \left(\begin{bmatrix} \dfrac{1}{2} & -\dfrac{1}{2} & 0 \\ -\dfrac{1}{2} & \dfrac{1}{2}+\dfrac{1}{2} & -\dfrac{1}{2} \\ 0 & -\dfrac{1}{2} & \dfrac{1}{2} \end{bmatrix} \begin{bmatrix} \hat{u}_1 \\ \hat{u}_2 \\ \hat{u}_3 \end{bmatrix} - \dfrac{1}{12} \begin{bmatrix} 1 \\ 1+1 \\ 1 \end{bmatrix} \right) = 0} = ((*1)\text{ の右辺})$$

以上より,

$$\underbrace{[w_1,\ w_2,\ w_3]}_{\text{任意のベクトル}\,{}^tW} \underbrace{\left(\dfrac{1}{2} \begin{bmatrix} 1 & -1 & 0 \\ -1 & 2 & -1 \\ 0 & -1 & 1 \end{bmatrix} \begin{bmatrix} \hat{u}_1 \\ \hat{u}_2 \\ \hat{u}_3 \end{bmatrix} - \dfrac{1}{12} \begin{bmatrix} 1 \\ 1+1 \\ 1 \end{bmatrix} \right)}_{0 = \begin{bmatrix} 0 \\ 0 \\ 0 \end{bmatrix} \text{となる。}} = 0 \quad \cdots\cdots ⑯ \text{ が導ける。}$$

ここで, ${}^tW = [w_1,\ w_2,\ w_3]$ は任意のベクトルより, ⑯式が恒等的に成り

$w_1 = 0$ であるが, w_2, w_3 は自由に値を取り得る。これらは実は負 $(\ominus)$ でもよい。

立つためには,

$$\dfrac{1}{2} \begin{bmatrix} 1 & -1 & 0 \\ -1 & 2 & -1 \\ 0 & -1 & 1 \end{bmatrix} \begin{bmatrix} \hat{u}_1 \\ \hat{u}_2 \\ \hat{u}_3 \end{bmatrix} - \dfrac{1}{12} \begin{bmatrix} 1 \\ 2 \\ 1 \end{bmatrix} = \begin{bmatrix} 0 \\ 0 \\ 0 \end{bmatrix} \quad \text{でなければならない。}$$

これから,

$$\begin{bmatrix} 1 & -1 & 0 \\ -1 & 2 & -1 \\ 0 & -1 & 1 \end{bmatrix}\begin{bmatrix} \hat{u}_1 \\ \hat{u}_2 \\ \hat{u}_3 \end{bmatrix} = \frac{1}{6}\begin{bmatrix} 1 \\ 2 \\ 1 \end{bmatrix}$$ ……⑯´が導ける。

（この行列式 $\Delta = 0$）

しかし，この⑯´の方程式は左辺の行列の行列式 $\Delta = 0$ となるため，この逆行列は存在しない。

サラスの公式

$$\Delta = \begin{vmatrix} 1 & -1 & 0 \\ -1 & 2 & -1 \\ 0 & -1 & 1 \end{vmatrix} = 1\cdot 2\cdot 1 - (-1)^2\cdot 1 - 1\cdot(-1)^2$$

$$= 2 - 1 - 1 = 0$$

よって，⑯´の解は一意には定まらない。

ここで，条件として，$x_1 = 0$ のとき $\hat{u}_1 = 0$ より，⑯´式の行列とベクトルの第 **1** 行の成分を書き換えて，

$$\begin{bmatrix} 1 & 0 & 0 \\ -1 & 2 & -1 \\ 0 & -1 & 1 \end{bmatrix}\begin{bmatrix} \hat{u}_1 \\ \hat{u}_2 \\ \hat{u}_3 \end{bmatrix} = \frac{1}{6}\begin{bmatrix} 0 \\ 2 \\ 1 \end{bmatrix}$$ ……⑯″となる。

（これにより，$\hat{u}_1 = 0$ となるんだね。）

⑯″より，$\hat{u}_1 = 0$ であり，$\cancel{-\hat{u}_1} + 2\hat{u}_2 - \hat{u}_3 = \frac{1}{3}$，

$-\hat{u}_2 + \hat{u}_3 = \frac{1}{6}$ より，

$\hat{u}_1 = 0$，$\hat{u}_2 = \frac{1}{2}$，$\hat{u}_3 = \frac{2}{3}$ が求められるんだね。

$$\begin{cases} 2\hat{u}_2 - \hat{u}_3 = \frac{1}{3} & \cdots\cdots ㋐ \\ -\hat{u}_2 + \hat{u}_3 = \frac{1}{6} & \cdots\cdots ㋑ \end{cases}$$

㋐＋㋑　$\hat{u}_2 = \frac{1}{2}$

㋑より，$\hat{u}_3 = \frac{1}{6} + \frac{1}{2} = \frac{2}{3}$

これは **P49** で示した厳密解と比べて

$\hat{u}_2 = u(2) = \frac{1}{2}$

$\hat{u}_3 = u(4) = \frac{2}{3}$

となって，完璧に一致しているんだね。

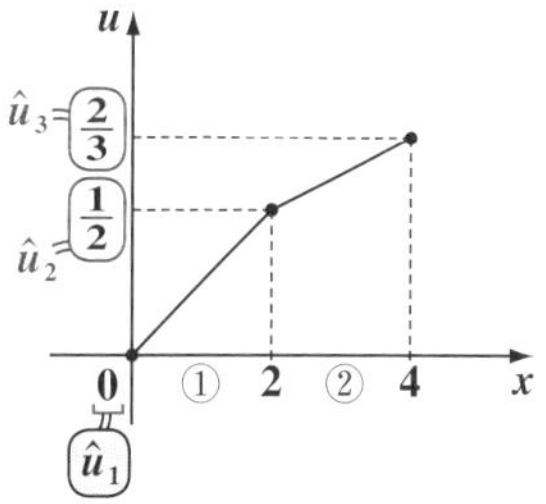

これで有限要素法で解くことの面白さを少しは理解して頂けたと思う。

ただし，有限要素法では，**2** つの要素①，②はそれぞれ線分を近似関数としているので，放物線(曲線)ではなく，**2** つの線分を継ぎ併せた上図のようなグラフになるんだね。

(Ⅱ) 次に，$N=2$，$\alpha=-\dfrac{1}{12}$，$l_1=1$，$l_2=3$

これが，(Ⅰ)とは異なる。このように有限要素法では要素の大きさは違っても構わない。

$$\sum_{k=1}^{N} {}^t\boldsymbol{W}_k\left(A_k\hat{\boldsymbol{U}}_k+\boldsymbol{B}_k\right)=\boldsymbol{0} \cdots\cdots(*)$$
$$A_k=\frac{1}{l_k}\begin{bmatrix}1 & -1\\ -1 & 1\end{bmatrix},\ \boldsymbol{B}_k=\frac{\alpha l_k}{2}\begin{bmatrix}1\\1\end{bmatrix}$$

のとき，有限要素法による方程式(*)は，

$\displaystyle\sum_{k=1}^{2} {}^t\boldsymbol{W}_k\left(A_k\hat{\boldsymbol{U}}_k+\boldsymbol{B}_k\right)=\boldsymbol{0} \cdots\cdots(*1)$ であり，

$$A_1=\frac{1}{l_1}\begin{bmatrix}1 & -1\\ -1 & 1\end{bmatrix}=\begin{bmatrix}1 & -1\\ -1 & 1\end{bmatrix},\ A_2=\frac{1}{l_3}\begin{bmatrix}1 & -1\\ -1 & 1\end{bmatrix}=\frac{1}{3}\begin{bmatrix}1 & -1\\ -1 & 1\end{bmatrix},$$

$$\boldsymbol{B}_1=\frac{1}{2}\cdot\left(-\frac{1}{12}\right)\begin{bmatrix}1\\1\end{bmatrix}=-\frac{1}{24}\begin{bmatrix}1\\1\end{bmatrix},\ \boldsymbol{B}_2=\frac{3}{2}\cdot\left(-\frac{1}{12}\right)\begin{bmatrix}1\\1\end{bmatrix}=-\frac{1}{8}\begin{bmatrix}1\\1\end{bmatrix},$$

$\boldsymbol{W}_k=\begin{bmatrix}w_k\\ w_{k+1}\end{bmatrix}$，$\hat{\boldsymbol{U}}_k=\begin{bmatrix}\hat{u}_k\\ \hat{u}_{k+1}\end{bmatrix}$ $(k=1,\ 2)$ である。よって，(*1)の左辺を変形すると，

$$((*1)\text{の左辺})={}^t\boldsymbol{W}_1\left(A_1\hat{\boldsymbol{U}}_1+\boldsymbol{B}_1\right)+{}^t\boldsymbol{W}_2\left(A_2\hat{\boldsymbol{U}}_2+\boldsymbol{B}_2\right)$$

$$=[w_1,\ w_2]\left(\begin{bmatrix}1 & -1\\ -1 & 1\end{bmatrix}\begin{bmatrix}\hat{u}_1\\ \hat{u}_2\end{bmatrix}-\frac{1}{24}\begin{bmatrix}1\\1\end{bmatrix}\right)$$
$$+[w_2,\ w_3]\left(\begin{bmatrix}\frac{1}{3} & -\frac{1}{3}\\ -\frac{1}{3} & \frac{1}{3}\end{bmatrix}\begin{bmatrix}\hat{u}_2\\ \hat{u}_3\end{bmatrix}-\frac{1}{8}\begin{bmatrix}1\\1\end{bmatrix}\right)$$

$$=[w_1,\ w_2,\ w_3]\left(\begin{bmatrix}1 & -1 & 0\\ -1 & 1 & 0\\ 0 & 0 & 0\end{bmatrix}\begin{bmatrix}\hat{u}_1\\ \hat{u}_2\\ 0\end{bmatrix}-\frac{1}{24}\begin{bmatrix}1\\1\\0\end{bmatrix}\right.$$
$$\left.+\begin{bmatrix}0 & 0 & 0\\ 0 & \frac{1}{3} & -\frac{1}{3}\\ 0 & -\frac{1}{3} & \frac{1}{3}\end{bmatrix}\begin{bmatrix}0\\ \hat{u}_2\\ \hat{u}_3\end{bmatrix}-\frac{1}{24}\begin{bmatrix}0\\3\\3\end{bmatrix}\right)$$

3行3列の行列や3次のベクトルを用いているが，各要素の対応関係は，まったく同じであることを確認しよう！

これらをさらにまとめると，

((∗1)の左辺)

$$=[w_1,\ w_2,\ w_3]\left(\begin{bmatrix} 1 & -1 & 0 \\ -1 & 1+\dfrac{1}{3} & -\dfrac{1}{3} \\ 0 & -\dfrac{1}{3} & \dfrac{1}{3} \end{bmatrix}\begin{bmatrix} \hat{u}_1 \\ \hat{u}_2 \\ \hat{u}_3 \end{bmatrix}-\frac{1}{24}\begin{bmatrix} 1 \\ 1+3 \\ 3 \end{bmatrix}\right)=0=((*1)\text{の右辺})$$

以上より，

$$\underbrace{[w_1,\ w_2,\ w_3]}_{\text{任意のベクトル}\ {}^tW}\underbrace{\left(\frac{1}{3}\begin{bmatrix} 3 & -3 & 0 \\ -3 & 4 & -1 \\ 0 & -1 & 1 \end{bmatrix}\begin{bmatrix} \hat{u}_1 \\ \hat{u}_2 \\ \hat{u}_3 \end{bmatrix}-\frac{1}{24}\begin{bmatrix} 1 \\ 4 \\ 3 \end{bmatrix}\right)}_{0\text{となる。}}=0 \quad \cdots\cdots ⑰$$

が導ける。

ここで，${}^tW=[w_1,\ w_2,\ w_3]$ は任意のベクトルより，⑰式が恒等的に成り立つためには，

$$\frac{1}{3}\begin{bmatrix} 3 & -3 & 0 \\ -3 & 4 & -1 \\ 0 & -1 & 1 \end{bmatrix}\begin{bmatrix} \hat{u}_1 \\ \hat{u}_2 \\ \hat{u}_3 \end{bmatrix}-\frac{1}{24}\begin{bmatrix} 1 \\ 4 \\ 3 \end{bmatrix}=\begin{bmatrix} 0 \\ 0 \\ 0 \end{bmatrix}$$

でなければならない。これから，

$$\begin{bmatrix} 3 & -3 & 0 \\ -3 & 4 & -1 \\ 0 & -1 & 1 \end{bmatrix}\begin{bmatrix} \hat{u}_1 \\ \hat{u}_2 \\ \hat{u}_3 \end{bmatrix}=\frac{1}{8}\begin{bmatrix} 1 \\ 4 \\ 3 \end{bmatrix} \quad \cdots\cdots ⑰'$$

が導ける。

$$\Delta=\begin{vmatrix} 3 & -3 & 0 \\ -3 & 4 & -1 \\ 0 & -1 & 1 \end{vmatrix}=12-3-9=0$$

より，⑰′はまだ解けない。

ここで，条件として $\hat{u}_1=0$ より，⑰′は，

$$\begin{bmatrix} 1 & 0 & 0 \\ -3 & 4 & -1 \\ 0 & -1 & 1 \end{bmatrix}\begin{bmatrix} \hat{u}_1 \\ \hat{u}_2 \\ \hat{u}_3 \end{bmatrix}=\frac{1}{8}\begin{bmatrix} 0 \\ 4 \\ 3 \end{bmatrix} \quad \cdots\cdots ⑰''$$

となる。

⑰″より，$\hat{u}_1=0$，$\cancel{-3\hat{u}_1}+4\hat{u}_2-\hat{u}_3=\dfrac{1}{2}$，

$-\hat{u}_2+\hat{u}_3=\dfrac{3}{8}$ より，

$$\begin{cases} 4\hat{u}_2-\hat{u}_3=\dfrac{1}{2} & \cdots\cdots ㋐ \\ -\hat{u}_2+\hat{u}_3=\dfrac{3}{8} & \cdots\cdots ㋑ \end{cases}$$

㋐＋㋑　$3\hat{u}_2=\dfrac{7}{8}$　$\therefore \hat{u}_2=\dfrac{7}{24}$

㋑より，$\hat{u}_3=\dfrac{3}{8}+\dfrac{7}{24}=\dfrac{16}{24}=\dfrac{2}{3}$

$\hat{u}_1=0$，$\hat{u}_2=\dfrac{7}{24}$，$\hat{u}_3=\dfrac{2}{3}$ となる。

厳密解は，$\hat{u}_2=u(1)=\dfrac{7}{24}$，$\hat{u}_3=u(4)=\dfrac{2}{3}$ となって，これも完璧に一致する。

§2. BASICプログラムによる有限要素法解析

これまでのように，要素の個数 $N=2$ 程度であれば，手計算でも弱形式の離散化方程式を解くことができる。しかし，$N=5$ や 10 や 20 … などと，N の数が大きくなると，有限要素法では $N+1$ 元 1 次の連立方程式を解かなければならないので，**BASIC**プログラミングによるコンピュータ解析が必要となるんだね。これから詳しく解説しよう。

● N 個の要素による有限要素法についても調べよう！

では次に，一般に N 個の要素の場合の有限要素法の方程式がどうなるかについて解説しよう。弱形式を N 個の要素により離散化した方程式は，

$$\sum_{k=1}^{N} {}^t\boldsymbol{W}_k\left(\boldsymbol{A}_k\hat{\boldsymbol{U}}_k+\boldsymbol{B}_k\right)=\boldsymbol{0} \quad \cdots\cdots(*)$$

$$\boldsymbol{A}_k=\frac{1}{l_k}\begin{bmatrix}1 & -1\\ -1 & 1\end{bmatrix},\ \boldsymbol{B}_k=\frac{\alpha l_k}{2}\begin{bmatrix}1\\ 1\end{bmatrix},\ \boldsymbol{W}_k=\begin{bmatrix}w_k\\ w_{k+1}\end{bmatrix},\ \hat{\boldsymbol{U}}_k=\begin{bmatrix}\hat{u}_k\\ \hat{u}_{k+1}\end{bmatrix}$$

$$((*)\text{の左辺})={}^t\boldsymbol{W}_1\left(\boldsymbol{A}_1\hat{\boldsymbol{U}}_1+\boldsymbol{B}_1\right)+{}^t\boldsymbol{W}_2\left(\boldsymbol{A}_2\hat{\boldsymbol{U}}_2+\boldsymbol{B}_2\right)+\cdots+{}^t\boldsymbol{W}_N\left(\boldsymbol{A}_N\hat{\boldsymbol{U}}_N+\boldsymbol{B}_N\right)$$

$$=[w_1,\ w_2]\left(\begin{bmatrix}\dfrac{1}{l_1} & -\dfrac{1}{l_1}\\ -\dfrac{1}{l_1} & \dfrac{1}{l_1}\end{bmatrix}\begin{bmatrix}\hat{u}_1\\ \hat{u}_2\end{bmatrix}+\frac{\alpha}{2}\begin{bmatrix}l_1\\ l_1\end{bmatrix}\right)$$

$$+[w_2,\ w_3]\left(\begin{bmatrix}\dfrac{1}{l_2} & -\dfrac{1}{l_2}\\ -\dfrac{1}{l_2} & \dfrac{1}{l_2}\end{bmatrix}\begin{bmatrix}\hat{u}_2\\ \hat{u}_3\end{bmatrix}+\frac{\alpha}{2}\begin{bmatrix}l_2\\ l_2\end{bmatrix}\right)+\cdots\cdots$$

$$+[w_N,\ w_{N+1}]\left(\begin{bmatrix}\dfrac{1}{l_N} & -\dfrac{1}{l_N}\\ -\dfrac{1}{l_N} & \dfrac{1}{l_N}\end{bmatrix}\begin{bmatrix}\hat{u}_N\\ \hat{u}_{N+1}\end{bmatrix}+\frac{\alpha}{2}\begin{bmatrix}l_N\\ l_N\end{bmatrix}\right)\ \text{となる。}$$

これらは，さらに $N+1$ 行 $N+1$ 列の行列と $N+1$ 次のベクトルでまとめて表すことができる。よって，

((*)の左辺)

$$
=\underbrace{[w_1, w_2, \cdots, w_{N+1}]}_{\text{任意ベクトル}\,{}^t\boldsymbol{W}}\left(\begin{bmatrix} \frac{1}{l_1} & -\frac{1}{l_1} & 0 & \cdots & 0 & 0 \\ -\frac{1}{l_1} & \frac{1}{l_1}+\frac{1}{l_2} & -\frac{1}{l_2} & & \vdots & \vdots \\ 0 & -\frac{1}{l_2} & \frac{1}{l_2}+\frac{1}{l_3} & \ddots & & \\ \vdots & & & \ddots & & \\ 0 & \cdots & & \frac{1}{l_{N-1}}+\frac{1}{l_N} & -\frac{1}{l_N} & \\ 0 & \cdots & & -\frac{1}{l_N} & \frac{1}{l_N} & \end{bmatrix}\begin{bmatrix} \hat{u}_1 \\ \hat{u}_2 \\ \hat{u}_3 \\ \vdots \\ \hat{u}_N \\ \hat{u}_{N+1} \end{bmatrix}+\frac{\alpha}{2}\begin{bmatrix} l_1 \\ l_1+l_2 \\ l_2+l_3 \\ \vdots \\ l_{N-1}+l_N \\ l_N \end{bmatrix}\right)
$$

$=\boldsymbol{0}=$((*)の右辺) となる。

ここで, ${}^t\boldsymbol{W}=[\boldsymbol{w}_1, \boldsymbol{w}_2, \cdots, \boldsymbol{w}_{N+1}]$ は任意のベクトルより，この等式が恒等的に成り立つためには,

$$
\begin{bmatrix} \frac{1}{l_1} & -\frac{1}{l_1} & 0 & \cdots & 0 & 0 \\ -\frac{1}{l_1} & \frac{1}{l_1}+\frac{1}{l_2} & -\frac{1}{l_2} & & \vdots & \vdots \\ 0 & -\frac{1}{l_2} & \frac{1}{l_2}+\frac{1}{l_3} & \ddots & & \\ \vdots & & & \ddots & & \\ 0 & \cdots & & \frac{1}{l_{N-1}}+\frac{1}{l_N} & -\frac{1}{l_N} & \\ 0 & \cdots & & -\frac{1}{l_N} & \frac{1}{l_N} & \end{bmatrix}\begin{bmatrix} \hat{u}_1 \\ \hat{u}_2 \\ \hat{u}_3 \\ \vdots \\ \hat{u}_N \\ \hat{u}_{N+1} \end{bmatrix}=-\frac{\alpha}{2}\begin{bmatrix} l_1 \\ l_1+l_2 \\ l_2+l_3 \\ \vdots \\ l_{N-1}+l_N \\ l_N \end{bmatrix} \quad \cdots\cdots ①
$$

が成り立たなければならない。

しかし，①の左辺の行列の行列式 Δ は $\Delta=0$ となって，この方程式の解は一意には定まらない。

行列式の計算で，第 **2**, **3**, $\cdots$, $N+1$ 列をすべて第 **1** 列にたすと，第 **1** 列の成分はすべて **0** となるので，$\Delta=0$ となる。

ここで，境界条件 $\hat{u}_1=0$ をみたすように，①式は次のように書き換えられる。

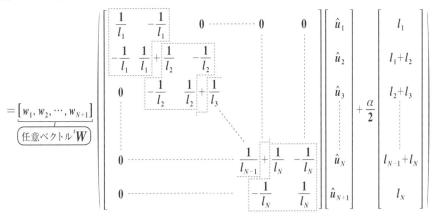

$$
\begin{bmatrix}
1 & 0 & 0 & \cdots & 0 & 0 \\
-\frac{1}{l_1} & \frac{1}{l_1}+\frac{1}{l_2} & -\frac{1}{l_2} & & & \\
0 & -\frac{1}{l_2} & \frac{1}{l_2}+\frac{1}{l_3} & & & \\
\vdots & & & \ddots & & \\
0 & \cdots & & & \frac{1}{l_{N-1}}+\frac{1}{l_N} & -\frac{1}{l_N} \\
0 & \cdots & & & -\frac{1}{l_N} & \frac{1}{l_N}
\end{bmatrix}
\begin{bmatrix}
\hat{u}_1 \\ \hat{u}_2 \\ \hat{u}_3 \\ \vdots \\ \hat{u}_N \\ \hat{u}_{N+1}
\end{bmatrix}
= -\frac{\alpha}{2}
\begin{bmatrix}
0 \\ l_1+l_2 \\ l_2+l_3 \\ \vdots \\ l_{N-1}+l_N \\ l_N
\end{bmatrix}
\quad \cdots\cdots ①'
$$

← ($\hat{u}_1=0$ より)

さらに，$x=0$ において，$u(1)=\hat{u}_1=0$ だけでなく，もう 1 つの端点 $x=L$ においても，境界条件が $\frac{du(L)}{dx}=0$ ではなく，$u(L)=0$ であるとき，$\hat{u}_{N+1}=0$ となるので，①´の第 $N+1$ 行も

$$
\begin{bmatrix}
1 & 0 & 0 & \cdots & 0 & 0 \\
-\frac{1}{l_1} & \frac{1}{l_1}+\frac{1}{l_2} & -\frac{1}{l_2} & & & \\
0 & -\frac{1}{l_2} & \frac{1}{l_2}+\frac{1}{l_3} & & & \\
\vdots & & & \ddots & & \\
0 & \cdots & & & \frac{1}{l_{N-1}}+\frac{1}{l_N} & -\frac{1}{l_N} \\
0 & 0 & \cdots & & 0 & 1
\end{bmatrix}
\begin{bmatrix}
\hat{u}_1 \\ \hat{u}_2 \\ \hat{u}_3 \\ \vdots \\ \hat{u}_N \\ \hat{u}_{N+1}
\end{bmatrix}
= -\frac{\alpha}{2}
\begin{bmatrix}
0 \\ l_1+l_2 \\ l_2+l_3 \\ \vdots \\ l_{N-1}+l_N \\ 0
\end{bmatrix}
\quad \cdots\cdots ①''
$$

← ($\hat{u}_1=0$ より)
← ($\hat{u}_{N+1}=0$ より)

とすればいいんだね。このとき，**P40** の式変形において，任意関数 $w(x)$ に対する制約条件として，$w(0)=0$ だけでなく，$w(L)=0$ も必要となることも確認しておこう。ただし，任意関数 $w(x)$ は，①´や①´´には何ら影響しないので，特に気にする必要はないんだね。

そして，①´や①´´の $N+1$ 元 1 次の連立方程式ができてしまえば，後は，この連立方程式を解くプログラムについては，**P26** で既に詳しく解説してい

るので，このプログラムを用いて，$N+1$ 個の解 $\hat{u}_1$, $\hat{u}_2$, $\hat{u}_3$, $\cdots$, $\hat{u}_{N+1}$ を導出すればいい。ただし，N の値が大きくなると，手計算では無理なので，**BASIC** プログラミングにより解くことになるんだね。

では，①´や①´´の連立方程式をプログラムで解くためのアルゴリズムについても，ここで簡単に解説しておこう。まず，要素の個数 N と定数 α と，N 個の要素の長さ l_1, l_2, l_3, $\cdots$, l_N を与える。そして，$\underline{N1}=N+1$，$N2=N+2$ とおき，

> 両端点と各要素の接続点，すなわち $x=x_1$, x_2, x_3, $\cdots$, x_{N+1} に対応する点を，これから“節点（せつてん）”(*node*) と呼ぶことにする。**N1(=N+1)** は，この節点の個数のことなんだね。

次のように，$N1$ 行 $N2$ 列の拡大係数行列 $M(N1,\ N2)$ のすべての要素をまず $\mathbf{0}$ とおく。つまり，

$$M(N1,\ N2)=\left[\begin{array}{ccccc|c} 0 & 0 & 0 & \cdots & 0 & 0 \\ 0 & 0 & 0 & \cdots & 0 & 0 \\ 0 & 0 & 0 & \cdots & 0 & 0 \\ \vdots & \vdots & \vdots & \ddots & \vdots & \vdots \\ 0 & 0 & 0 & \cdots & 0 & 0 \end{array}\right] \cdots\cdots ②$$ とする。

次に，2 行 2 列の N 個の正方行列 $A_k=\begin{bmatrix} \frac{1}{l_k} & -\frac{1}{l_k} \\ -\frac{1}{l_k} & \frac{1}{l_k} \end{bmatrix}$ $(k=1,\ 2,\ \cdots,\ N)$ と

N 個の 2 次元列ベクトル $-B_k=-\frac{\alpha}{2}\begin{bmatrix} l_k \\ l_k \end{bmatrix}$ $(k=1,\ 2,\ \cdots,\ N)$ を作り，これらを②の行列とベクトルの所定の位置に順次たしていけばいい。つまり，

(i) $k=1$ のとき，A_1 と $-B_1$ を②にたして，

$$\left[\begin{array}{cc|c} \overset{A_1}{\boxed{\begin{matrix} \frac{1}{l_1} & -\frac{1}{l_1} \\ -\frac{1}{l_1} & \frac{1}{l_1} \end{matrix}}} & \begin{matrix} 0 \cdots\cdots 0 \\ 0 \cdots\cdots 0 \end{matrix} & \overset{-B_1}{\boxed{\begin{matrix} -\frac{\alpha l_1}{2} \\ -\frac{\alpha l_1}{2} \end{matrix}}} \\ \begin{matrix} 0 & 0 \\ \vdots & \vdots \\ 0 & 0 \end{matrix} & \begin{matrix} 0 \cdots\cdots 0 \\ \vdots \quad \ddots \quad \vdots \\ 0 \cdots\cdots 0 \end{matrix} & \begin{matrix} 0 \\ \vdots \\ 0 \end{matrix} \end{array}\right] \cdots\cdots ②'$$ とし，次に，

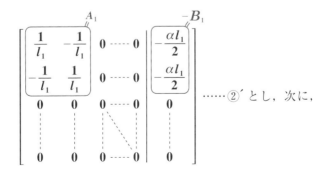

(ii) $k=2$ のとき，A_2 と $-\boldsymbol{B}_2$ を②′にたして，

$$\left[\begin{array}{ccccc|c} \dfrac{1}{l_1} & -\dfrac{1}{l_1} & 0 & \cdots\cdots & 0 & -\dfrac{\alpha l_1}{2} \\ -\dfrac{1}{l_1} & \dfrac{1}{l_1}+\dfrac{1}{l_2} & -\dfrac{1}{l_2} & & 0 & -\dfrac{\alpha l_1}{2}-\dfrac{\alpha l_2}{2} \\ 0 & -\dfrac{1}{l_2} & \dfrac{1}{l_2} & & 0 & -\dfrac{\alpha l_2}{2} \\ \vdots & \vdots & \vdots & \ddots & \vdots & \vdots \\ 0 & 0 & 0 & \cdots\cdots & 0 & 0 \end{array}\right] \quad (A_2,\ -B_2)$$

……②″ とする。

以下同様に，$k=3, 4, \cdots, N$ に対応する A_k と $-\boldsymbol{B}_k$ を順次たしていき，最後に $\hat{u}_1=0$ の条件として第1行を $[1\ 0\ 0 \cdots 0 \mid 0]$ の形にすればいいんだね。これで，拡大係数行列 $M(N1,\ N2)$ が完成するので，$N1$ 元1次連立方程式を前進消去法と後退代入法により解けばいいんだね。大丈夫？

それでは，次の例題で $N=10$ のときの問題を BASIC プログラムを作って，具体的に解いてみよう。

> 例題 7　$0 \leqq x \leqq 20$ で定義された関数 $u(x)$ が，微分方程式：
>
> $$\frac{d^2u}{dx^2}=-\frac{1}{12} \quad \cdots\cdots ① \quad \left(境界条件：u(0)=0,\ \frac{du(20)}{dx}=0\right)$$
>
> をみたすものとする。このとき，節点の x 座標 $x=0, 1, 2, 3, 4, 6, 8, 10, 12, 16, 20$ により，10個の要素に分割して，各節点における近似解 $\hat{u}_i\ (i=1, 2, \cdots, 11)$ を有限要素法による BASIC プログラムを用いて求めよ。

定数 $\alpha=-\dfrac{1}{12}$，要素の個数 $N=10$，節点の個数 $N1=N+1=11$ で，境界条件：$u(0)=\hat{u}_1=0$，$\dfrac{du(20)}{dx}=0$ をみたす関数 $u(x)\ (0 \leqq x \leqq 20)$ の各節点における近似値 $\hat{u}_k\ (k=1, 2, \cdots, 11)$ を有限要素法により求める BASIC プログラムを次に示そう。このプログラムは，40～230 行で拡大係数行列 $M(N1,\ N2)$ を完成させた後，これを基に 250～540 行で $N1$ 元1次連立方程式を解く形になっている。

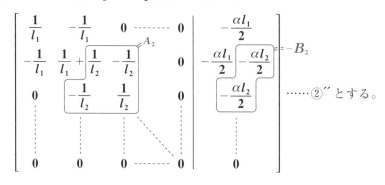

```
10 REM ------------------------------------------------
20 REM   有限要素法1次元モデル2-0
30 REM ------------------------------------------------
40 ALF=-1/12:N=10:N1=N+1:N2=N+2
50 DIM M(N1,N2),X(N1),L(N),A(2,2,N),B(2,N)
60 FOR I=1 TO N1
70 READ X(I):NEXT I:LL=X(N1)
80 FOR I=1 TO N
90 L(I)=X(I+1)-X(I):NEXT I
100 FOR I=1 TO N1:FOR J=1 TO N2
110 M(I,J)=0:NEXT J:NEXT I
120 FOR I=1 TO N
130 A(1,1,I)=1/L(I):A(2,2,I)=1/L(I)
140 A(1,2,I)=-1/L(I):A(2,1,I)=-1/L(I)
150 B(1,I)=ALF*L(I)/2:B(2,I)=ALF*L(I)/2
160 NEXT I
170 FOR I=1 TO N
180 M(I,I)=M(I,I)+A(1,1,I):M(I,I+1)=M(I,I+1)+A(1,2,I)
190 M(I+1,I)=M(I+1,I)+A(2,1,I):M(I+1,I+1)=M(I+1,I+1)
+A(2,2,I)
200 M(I,N2)=M(I,N2)-B(1,I):M(I+1,N2)=M(I+1,N2)-B(2,I)
210 NEXT I
220 M(1,1)=1
230 FOR J=2 TO N2:M(1,J)=0:NEXT J
```

- (40行) $\alpha=-\frac{1}{12}$, $N=10$, $N1=11$, $N2=12$ を代入
- (50行) **5**つの配列の宣言
- (60～70行) $x_i\ (i=1,\ 2,\ \cdots,\ N)$ のデータの読み込みと，$LL=x_{N1}$ として，全範囲の長さの代入。
- (80～90行) **10**個の要素の長さ $l_i\ (i=1,\ 2,\ \cdots,\ 10)$ を代入
- (100～110行) まず，拡大係数行列 **M(11, 12)** のすべての成分に **0** を代入して，初期化する。
- (120～160行) **10**個の**2**行**2**列の行列 $A_i\ (i=1,\ 2,\ \cdots,\ 10)$ と，**10**個の**2**次元列ベクトル $\boldsymbol{B}_i\ (i=1,\ 2,\ \cdots,\ 10)$ の成分を計算して代入する。
- (220～230行) $\hat{u}_1=0$ となるように，M**(11, 12)** の**1**行目を変更し，**P56**の①′を表す拡大係数行列を作る。

(170～210行) $A_i=\begin{bmatrix}\frac{1}{l_i} & -\frac{1}{l_i}\\ -\frac{1}{l_i} & \frac{1}{l_i}\end{bmatrix}$ と $-\boldsymbol{B}_i=-\frac{\alpha}{2}\begin{bmatrix}l_i\\ l_i\end{bmatrix}$ $(i=1,\ 2,\ \cdots,\ 10)$ を，初めにすべての成分を**0**に初期化していた拡大係数行列 **M(11, 12)** の所定の位置にたして，**P55**の①の方程式を表す拡大係数行列を作る。

```
240 REM -------- N1元1次連立方程式の解法 --------
250 EPS=10^(-6)
260 FOR K=1 TO N1:K1=K+1
270 MAX=ABS(M(K,K)):IR=K
280 IF K=N1 THEN 330
290 FOR I=K1 TO N1
300 IF ABS(M(I,K))<MAX THEN 320
310 MAX=ABS(M(I,K)):IR=I
320 NEXT I
330 IF MAX<EPS THEN 550
340 IF IR=K THEN 380
350 FOR J=K TO N2
360 SWAP M(K,J),M(IR,J)
370 NEXT J
380 W=M(K,K)
390 FOR J=K TO N2:M(K,J)=M(K,J)/W:NEXT J
400 IF K=N1 THEN 450
410 FOR I=K1 TO N1:MI=M(I,K):FOR J=K1 TO N2
420 M(I,J)=M(I,J)-MI*M(K,J)
430 NEXT J:NEXT I
440 NEXT K
450 IF N1=1 THEN 510
460 FOR K=N1-1 TO 1 STEP -1:S=M(K,N2)
470 FOR J=K+1 TO N1
480 S=S-M(K,J)*M(J,N2)
490 NEXT J:M(K,N2)=S
500 NEXT K
510 PRINT "solution"
520 FOR I=1 TO N1
530 PRINT "u";I;"=";M(I,N2)
540 NEXT I:GOTO 560
550 PRINT "no solution"
560 STOP:END
570 DATA 0,1,2,3,4,6,8,10,12,16,20
```

前進消去（250〜440行）

後退代入（460〜500行）

70行の**READ**文に対応するデータ文（570行）

10～**30** 行と **240** 行は“**REM** 文”（注釈行）でタイトル（標題）などを示すだけで，プログラムとは関係がない。

40 行で，定数 $\alpha=-\dfrac{1}{12}$，要素の個数 $\mathbf{N=10}$，節点数 $\mathbf{N1=N+1=11}$，拡大係数行列の列の数 $\mathbf{N2=N+2=12}$ を代入する。

50 行は，“**DIM** 文”で，配列を宣言し，拡大係数行列 $\underbrace{\mathbf{M(N1,\ N2)}}_{\mathbf{M(11,\ 12)}}$ や，各節点の $\boldsymbol{x}$ 座標 $\underbrace{\mathbf{X(N1)}}_{\mathbf{X(11)}}$，各要素の長さ $\underbrace{\mathbf{L(N)}}_{\mathbf{L(10)}}$，**2** 行 **2** 列の行列 $\underbrace{\mathbf{A(2,\ 2,\ N)}}_{\mathbf{A(2,\ 2,\ 10)}}$，**2** 次元列ベクトル $\underbrace{\mathbf{B(2,\ N)}}_{\mathbf{B(2,\ 10)}}$ を利用できるようにする。特に **2** 行 **2** 列の行列 $\boldsymbol{A_i}$ と **2** 次元列ベクトル $\boldsymbol{B_i}\ (\boldsymbol{i}=\mathbf{1,\ 2,\ \cdots,\ 10})$ のタグ（荷札）としての $\boldsymbol{i}$ を付ける意味で，$\mathbf{A(2,\ 2,\ I)}$，$\mathbf{B(2,\ I)}$ $(\mathbf{I=1,\ 2,\ \cdots,\ 10})$ としていることに注意しよう。

60，**70** 行の“**FOR** ～ **NEXT** 文”では，$\mathbf{I=1,\ 2,\ \cdots,\ 11}$ として，$\mathbf{X(I)}$ $(=\boldsymbol{x_i})$ の値を“**READ** 文”により，**570** 行の“**DATA** 文”から，$\boldsymbol{x_1}=\mathbf{0}$，$\boldsymbol{x_2}=\mathbf{1}$，$\boldsymbol{x_3}=\mathbf{2},\ \cdots,\ \boldsymbol{x_{11}}=\mathbf{20}$ として読み込む。

70 行の最後の文 $\mathbf{LL=X(N1)}$ により，今回対象としている $\boldsymbol{x}$ の範囲 $\mathbf{0}\leqq\boldsymbol{x}\leqq\boldsymbol{L}$ の $\boldsymbol{L}$ の値を $\boldsymbol{LL}=\boldsymbol{x_{11}}=\mathbf{20}$ として代入した。

80，**90** 行の“**FOR** ～ **NEXT** 文”により，$\mathbf{I=1,\ 2,\ \cdots,\ 10}$ として，$\mathbf{L(I)=X(I+1)-X(I)}$，すなわち各要素の長さ $\boldsymbol{l_i}$ を $\boldsymbol{l_i}=\boldsymbol{x_{i+1}}-\boldsymbol{x_i}\ (\boldsymbol{i}=\mathbf{1,\ 2,\ \cdots,\ 10})$ として代入する。

100，**110** 行の **2** つの“**FOR** ～ **NEXT** 文”により，拡大係数行列 $\mathbf{M(I,\ J)=0}$ $(\mathbf{I=1,\ 2,\ \cdots,\ N1,\ J=1,\ 2,\ \cdots,\ N2})$ として，すべての成分を **0** にして，まず初期化する。

120～**160** 行の“**FOR** ～ **NEXT** 文”により，**2** 行 **2** 列の行列 $\boldsymbol{A_i}=\begin{bmatrix}\dfrac{1}{l_i} & -\dfrac{1}{l_i}\\ -\dfrac{1}{l_i} & \dfrac{1}{l_i}\end{bmatrix}$ と **2** 次元ベクトル $\boldsymbol{B_i}=\dfrac{\alpha}{2}\begin{bmatrix}l_i\\ l_i\end{bmatrix}$ $(\boldsymbol{i}=\mathbf{1,\ 2,\ \cdots,}\ \boldsymbol{N})$ の成分を求める。

170～210 行の "**FOR ～ NEXT** 文" により，**I** = **1**, **2**, …, **N**（⑩）と変化させて，

A_i と B_i $(i = 1,\ 2,\ \cdots,\ 10)$ の各成分を，**P57, 58** で示したように，拡大係数行列 **M(N1, N2)**（⑪，⑫）の所定の位置の成分に加えていく。この操作により，拡大係数行列のすべての成分が計算される。しかし，この状態で，解 $\hat{u}_i$ $(i = 1,\ 2,\ \cdots,\ N)$ を一意に求めることはできない。ここで最後に，

220, 230 行により，境界条件：$\hat{u}_1 = 0$ をみたすように，拡大係数行列の第 **1** 行の成分を書き換えて，$[\,1\ 0\ 0\ \cdots\ 0 \mid 0\,]$ とするんだね。

これで拡大係数行列が本当に完成されて，一意に解 $\hat{u}_i$ $(i = 1,\ 2,\ \cdots,\ 11)$ を求めることのできる，$N1$ 元 **1** 次連立方程式になるんだね。したがって，この後，この連立方程式の解法に入る。

250～560 行が $N1$ 元 **1** 次連立方程式のプログラムで，これについては，**P26** 以降に詳しく解説したので，特に詳述はしない。

250～440 行で，前進消去の操作を行い，**460～500** 行で，後退代入の操作を行って，**N1** = **11** 個の解 $u_1,\ u_2,\ \cdots,\ u_{11}$ を求め，この計算結果を **510～530** 行で表示する。

このプログラムを実行 (**run**) した結果を右に示す。

今回の問題の厳密解は，$\alpha = -\dfrac{1}{12}$, $L = 20$ より，

$$u(x) = \frac{\alpha}{2}x(x - 2L)$$

$$= -\frac{1}{24}x(x - 40)$$ だね。これに

$x = 0,\ 1,\ 2,\ \cdots,\ 20$ を代入して，同じ結果であることを各自確認しよう。

プログラムの実行結果

```
solution
u 1 = 0
u 2 = 1.625
u 3 = 3.16666666666667
u 4 = 4.625
u 5 = 6
u 6 = 8.5
u 7 = 10.6666666666667
u 8 = 12.5
u 9 = 14
u 10 = 16
u 11 = 16.6666666666667
```

● 有限要素法の結果をグラフで表示しよう！

例題7の結果を，画面上にグラフで表示する方法について解説しよう。

BASIC/98で，グラフに利用できる画面上の座標を uv 座標とおくと，図1(ⅰ)に示すように，$0 \leqq u \leqq 640$，$0 \leqq v \leqq 400$ となるので，この画面(座標)の画素(ピクセル)の数は $641 \times 401 = 257041$(画素)であり，これで様々なグラフを描くことができる。ここで，注意すべき点は，たて座標の v が，最上位で0，最下位で400と，一般の座標とは逆向きになっていることだ。

図1(ⅰ) uv 座標平面

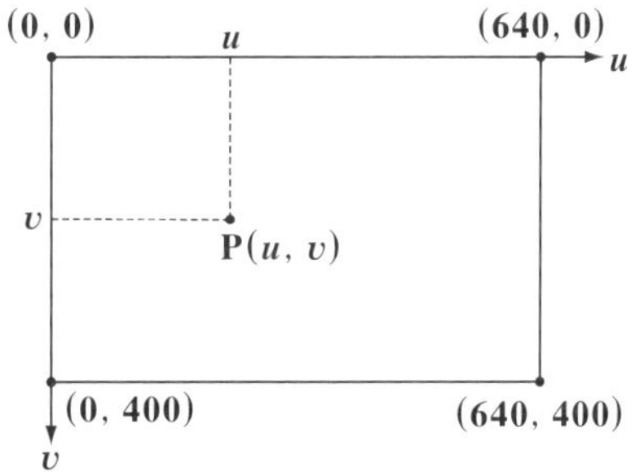

(ⅱ) uv 座標↔XY座標の変換

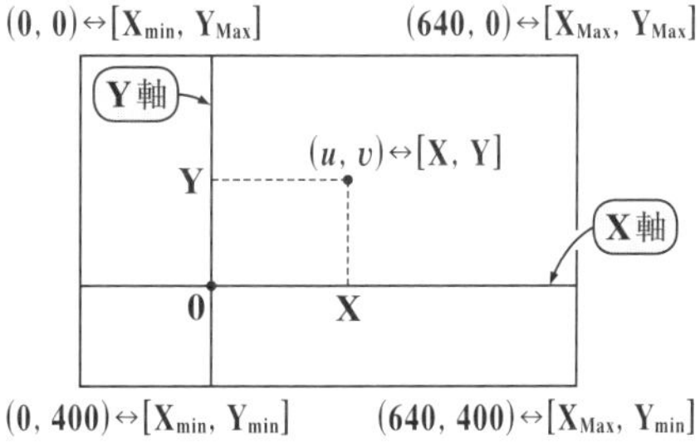

この uv 座標平面に対して，ボク達は，図1(ⅱ)に示すように，

$$\begin{cases} \cdot\text{定義域}：X_{min} \leqq X \leqq X_{Max} \\ \cdot\text{値域}\quad：Y_{min} \leqq Y \leqq Y_{Max} \end{cases}$$

におけるXY座標系を設定しなければいけないんだね。

> 画面上の座標系として，uv 座標を用いているんだけれど，この u は，例題7で解説した関数 $u(x)$ やその近似値 $\hat{u}_i$ $(i = 1, 2, \cdots)$ とは無関係であることに注意しよう。

まず最初の前提条件として，この画面内にXY座標の原点0を入れるので，定数 X_{min}，X_{Max}，Y_{min}，Y_{Max} は，$X_{min} < 0 < X_{Max}$，$Y_{min} < 0 < Y_{Max}$ として，

(X_{min}：⊖の定数，X_{Max}：⊕の定数，Y_{min}：⊖の定数，Y_{Max}：⊕の定数)

各値を入力することにする。

これら4つの値が与えられると，図1(ⅱ)に示すように，XY座標と uv 座標の変換公式：$[X, Y] \leftrightarrow (u, v)$，すなわち具体的には，(ⅰ)Xと u の変換公式と(ⅱ)Yと v の変換公式を次のように導くことができる。

(ⅰ) $\mathbf{X}$ と $\boldsymbol{u}$ の変換公式は，

$$\begin{cases} \mathbf{X}=\mathbf{X}_{\min} \text{ のとき，} u=0 \\ \mathbf{X}=\mathbf{X}_{\mathrm{Max}} \text{ のとき，} u=640 \text{ より，} \end{cases}$$

図 **2** から，

$$(\mathbf{X}_{\mathrm{Max}}-\mathbf{X}_{\min}) : 640=(\mathbf{X}-\mathbf{X}_{\min}) : u$$

よって，$(\mathbf{X}_{\mathrm{Max}}-\mathbf{X}_{\min})\cdot u=640\cdot(\mathbf{X}-\mathbf{X}_{\min})$ より，次式が導ける。

$$u=\frac{640(\mathbf{X}-\mathbf{X}_{\min})}{\mathbf{X}_{\mathrm{Max}}-\mathbf{X}_{\min}} \quad \cdots\cdots①$$

X → u への変換公式

$$\left[\mathbf{X}=\frac{(\mathbf{X}_{\mathrm{Max}}-\mathbf{X}_{\min})\cdot u}{640}+\mathbf{X}_{\min} \quad \cdots\cdots②\right]$$

u → X への変換公式

図 **2** X と u の変換

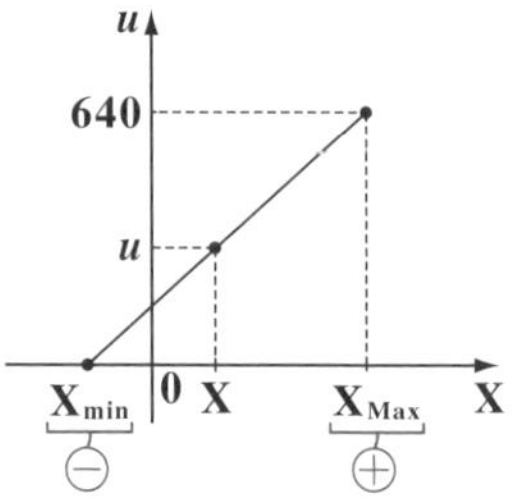

(ⅱ) $\mathbf{Y}$ と $\boldsymbol{v}$ の変換公式は，

$$\begin{cases} \mathbf{Y}=\mathbf{Y}_{\min} \text{ のとき，} v=400 \\ \mathbf{Y}=\mathbf{Y}_{\mathrm{Max}} \text{ のとき，} v=0 \text{ より，} \end{cases}$$

図 **3** から，

$$(\mathbf{Y}_{\mathrm{Max}}-\mathbf{Y}_{\min}) : 400=(\mathbf{Y}_{\mathrm{Max}}-\mathbf{Y}) : v$$

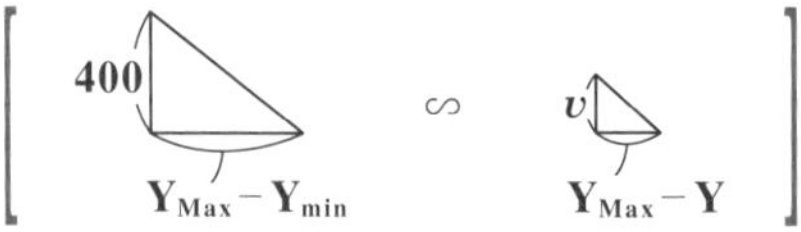

よって，$(\mathbf{Y}_{\mathrm{Max}}-\mathbf{Y}_{\min})v=400(\mathbf{Y}_{\mathrm{Max}}-\mathbf{Y})$ より，次式が導ける。

$$v=\frac{400(\mathbf{Y}_{\mathrm{Max}}-\mathbf{Y})}{\mathbf{Y}_{\mathrm{Max}}-\mathbf{Y}_{\min}} \quad \cdots\cdots③$$

Y → v への変換公式

$$\left[\mathbf{Y}=\mathbf{Y}_{\mathrm{Max}}-\frac{(\mathbf{Y}_{\mathrm{Max}}-\mathbf{Y}_{\min})v}{400} \quad \cdots\cdots④\right]$$

v → Y への変換公式

図 **3** Y と v の変換

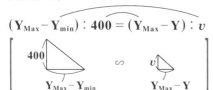

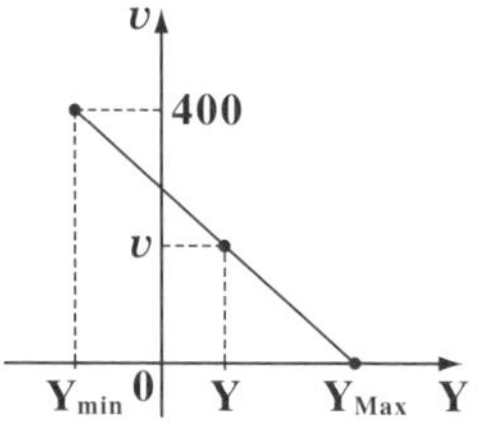

以上①，③より，uv 平面上に x 軸と y 軸を引くことができる。**BASIC**では，uv 平面上に，

(ⅰ) 点 $\mathbf{P}(u_1,\ v_1)$ をポツンと **1** 点表示するときは，

PSET (U1, V1) と書く。

(ii) 2点 $\mathbf{P}(u_1, v_1)$ と点 $\mathbf{Q}(u_2, v_2)$ を結ぶ線分を引くときは，

　LINE (U1, V1)-(U2, V2) と書き，

　この線分を破線(点線)で引くときは，

　LINE (U1, V1)-(U2, V2), , , 2 と書けばいいんだね。

それでは，x 軸と y 軸を設定するプログラムを下に示そう。

```
10 REM ------------------------------
20 REM  X軸・Y軸の設定
30 REM ------------------------------
40 CLS 3 ←(画面のクリア)
50 INPUT "xmax=";XMAX  ┐
60 INPUT "xmin=";XMIN  │←(入力文)
70 INPUT "ymax=";YMAX  │
80 INPUT "ymin=";YMIN  ┘
90 CLS 3 ←(画面のクリア)
100 DEF FNU(X)=INT(640*(X-XMIN)/(XMAX-XMIN)) ←(X→uへの変換)
110 DEF FNV(Y)=INT(400*(YMAX-Y)/(YMAX-YMIN)) ←(Y→vへの変換)
120 LINE (FNU(0),0)-(FNU(0),400) ←(Y軸を引く)
130 LINE (0,FNV(0))-(640,FNV(0)) ←(X軸を引く)
```

(u, v は整数なので，右辺は小数以下を切り捨てる INT を用いた。)

このプログラムについて解説しよう。**10**～**30** 行は注釈行だね。**40** 行でまず画面をクリアにする。そして，**50** 行～**80** 行は，**INPUT** による入力文なんだね。たとえば，**50 INPUT "xmax=";XMAX** では，プログラムを実行すると，画面上に **"xmax=?"** と表示されるので，定義域の最大値を打ち込めばいい。次に，**60** 行により画面上に **"xmin=?"** と表示されるので，定義域の最小値を打ち込めばいい。以下，**70**，**80** 行も同様だね。定義域と値域の最大値，最小値の打ち込みが終わったら，**90** 行で再び画面をクリアにする。

100，**110** 行は，関数を定義するための定義文 "**DEF FN**(関数名)(変数名)＝(変数の式)" であり，①の $u(\mathbf{X})$ と③の $v(\mathbf{Y})$ は，**BASIC** では，それぞれ **100** 行と **110** 行の形で表される。以降，**X** を u に変換したものは **FNU(X)** として，また，**Y** を v に変換したものは **FNV(Y)** として表すことができるんだね。

120 行での **FNU(0)** は，**X = 0** を表す u 座標を表すので，ここで図 4 に示すように **Y** 軸が引かれ，また，**130** 行での **FNV(0)** は **Y = 0** を表す v 座標を表すので，ここで **X** 軸が引かれることになる。
これで，**X** 軸と **Y** 軸を描くことができたんだね。

図4 X軸とY軸の設定

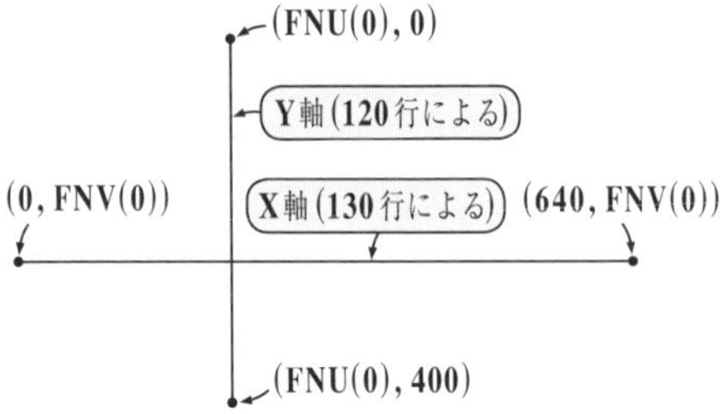

さらに，**X** 軸，**Y** 軸に目盛り幅 $\Delta\overline{\mathbf{X}}$ と $\Delta\overline{\mathbf{Y}}$，およびこれに対応する破線を引いて，よりグラフを見やすくしよう。

図5 目盛り幅 $\Delta\overline{\mathbf{X}}$，$\Delta\overline{\mathbf{Y}}$

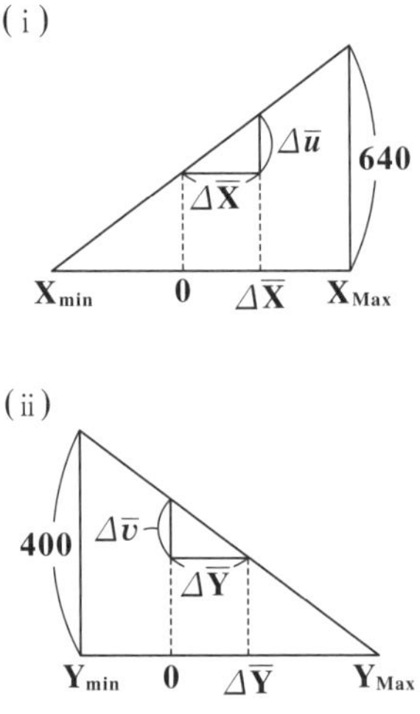

(i) **X** 軸の目盛り幅 $\Delta\overline{\mathbf{X}}$ と

($\Delta\overline{\mathbf{X}} = 1$ や $\Delta\overline{\mathbf{X}} = \pi$ などとおける。)

$\Delta\bar{u}$ の関係は，図 5(i)より，

$$\frac{\Delta\bar{u}}{\Delta\overline{\mathbf{X}}} = \frac{640}{\mathbf{X}_{Max} - \mathbf{X}_{min}}$$

$$\therefore \Delta\bar{u} = \frac{640 \cdot \Delta\overline{\mathbf{X}}}{\mathbf{X}_{Max} - \mathbf{X}_{min}}$$

(これらも整数なので，プログラムでは，これらを **I** 倍したものに，**INT** を付ける。)

(ii) **Y** 軸の目盛り幅 $\Delta\overline{\mathbf{Y}}$ と $\Delta\bar{v}$ の関係は，図 5(ii)より，

$$\frac{\Delta\bar{v}}{\Delta\overline{\mathbf{Y}}} = \frac{400}{\mathbf{Y}_{Max} - \mathbf{Y}_{min}} \qquad \therefore \Delta\bar{v} = \frac{400 \cdot \Delta\overline{\mathbf{Y}}}{\mathbf{Y}_{Max} - \mathbf{Y}_{min}}$$

プログラムでは $\Delta\overline{\mathbf{X}}$ を **DELX**，$\Delta\overline{\mathbf{Y}}$ を **DELY**，$\Delta\bar{u}$ を **DELU**，$\Delta\bar{v}$ を **DELV** と表して，**X** 軸と **Y** 軸に目盛りを付けるプログラムを次に示そう。

10～30 行は注釈行で，**40** 行でまず画面をクリアにする。

50～100 行で，$\mathbf{X}_{Max}$，$\mathbf{X}_{min}$，$\Delta\overline{\mathbf{X}}$，$\mathbf{Y}_{Max}$，$\mathbf{Y}_{min}$，$\Delta\overline{\mathbf{Y}}$ の値を代入した後，グラフの作成に入るんだね。

(今回は "**INPUT**" の入力文は使わず，それぞれの値をプログラム内で代入した。)

```
10 REM ------------------------------------------
20 REM  X軸・Y軸と目盛りの設定
30 REM ------------------------------------------
40 CLS 3
50 XMAX=22
60 XMIN=-5
70 DELX=3
80 YMAX=15
90 YMIN=-3
100 DELY=2
110 DEF FNU(X)=INT(640*(X-XMIN)/(XMAX-XMIN))
120 DEF FNV(Y)=INT(400*(YMAX-Y)/(YMAX-YMIN))
130 LINE (0,FNV(0))-(640,FNV(0))
140 LINE (FNU(0),0)-(FNU(0),400)
150 DELU=640*DELX/(XMAX-XMIN)
160 DELV=400*DELY/(YMAX-YMIN)
170 J1=INT(XMAX/DELX):J2=INT(-XMIN/DELX)
180 FOR I=-J2 TO J1
190 LINE (FNU(0)+INT(I*DELU),FNV(0)-3)-(FNU(0)+INT
(I*DELU),FNV(0)+3)
200 NEXT I
210 J1=INT(YMAX/DELY):J2=INT(-YMIN/DELY)
220 FOR I=-J2 TO J1
230 LINE (FNU(0)-3,FNV(0)-INT(I*DELV))-(FNU(0)+3,FNV
(0)-INT(I*DELV))
240 NEXT I
```

- 50〜100行：X_{Max}, X_{min}, $\varDelta\overline{X}$, Y_{Max}, Y_{min}, $\varDelta\overline{Y}$ の代入。
- 110行：u(X)の定義
- 120行：v(Y)の定義
- 130〜140行：X軸，Y軸を引く。
- 150〜160行：$\varDelta\overline{X}\to\varDelta\overline{u}$, $\varDelta\overline{Y}\to\varDelta\overline{v}$ の変換。
- 180〜200行：X軸に目盛りを付ける。
- 210〜240行：Y軸に目盛りを付ける。

110, **120** 行で，**X**→$\boldsymbol{u}$，**Y**→$\boldsymbol{v}$ への変換用に，関数 **FNU(X)** と **FNV(Y)** を定義する。

- FNU(X)：**X**の値を代入すれば，これで $\boldsymbol{u}$ の値が分かる。
- FNV(Y)：**Y**の値を代入すれば，これで $\boldsymbol{v}$ の値が分かる。

一般に，**INT**(変数，または式)とすると，これは小数部を切り捨てて整数にする。

130 行で，**X** 軸を引き，**140** 行で，**Y** 軸を引く。

150, **160** 行で，$\boldsymbol{uv}$ 座標上での目盛り幅 $\varDelta\overline{u}$(=**DELU**)と $\varDelta\overline{v}$(=**DELV**)を決定する。

170行では，2つの代入文で，X軸上でX>0のときの目盛りの個数J1と，X<0のときの目盛りの個数J2を求める。180～200行のFOR～NEXT文で，I＝−J2，−J2＋1，…，0，1，…，J1と変化させて，X軸上のJ1＋J2＋1個の目盛り(0を含む)を示すために，X軸上の各目盛りの位置にX軸より上下3画素ずつ離れた2点を結ぶ短い線分を引く。
同様に210行では，2つの代入文で，Y軸上でY>0のときの目盛りの個数J1と，Y<0のときの目盛りの個数J2を求める。220～240行のFOR～NEXT文で，I＝−J2，−J2＋1，…，0，1，…，J1と変化させて，Y軸上のJ1＋J2＋1個の目盛り(0を含む)を示すために，Y軸上の各目盛りの位置にY軸より左右3画素ずつ離れた2点を結ぶ線分を引く。

このプログラムを実行した結果を図6に示す。(矢印やX, Yおよび数値は別に書き加えたものである。)
これで，2次元平面のグラフを描くための準備が整ったんだね。

図6 X軸・Y軸と目盛りの設定

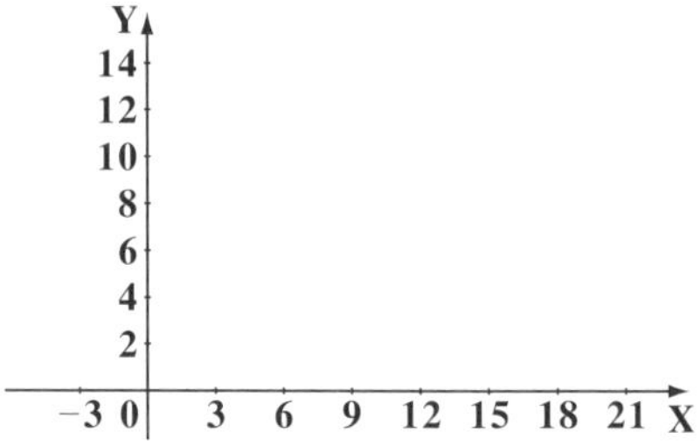

それでは，次の例題で，有限要素法による微分方程式の近似解をグラフで表してみよう。

> 例題8　$0 \leqq x \leqq 20$ で定義された関数 $u(x)$ が，微分方程式：
>
> $$\frac{d^2u}{dx^2} = -\frac{1}{12} \quad \cdots\cdots ① \quad \left(境界条件：u(0) = 0,\quad \frac{du(20)}{dx} = 0 \right)$$
>
> をみたすものとする。このとき，節点の x 座標 $x = 0, 1, 2, 3, 4, 6, 8, 10, 12, 16, 20$ により，10個の要素に分割して，各節点における近似解 $\hat{u}_i\ (i = 1,\ 2,\ \cdots,\ 11)$ を有限要素法によるBASICプログラムを用いて求め，そのグラフを，①の厳密解 $u(x) = -\dfrac{1}{24}x(x-40)$ と共に xu 座標平面上に示せ。

微分方程式と境界条件共に例題7とまったく同じ問題なので，この近似解 $\hat{u}_i\ (i = 1,\ 2,\ \cdots,\ 11)$ を求めるまでのプログラムもまったく同じなんだね。

```
10 REM --------------------------------------------------------------
20 REM    有限要素法 1 次元モデルとグラフ 2-1
30 REM --------------------------------------------------------------
```

40〜530 行 ← $\hat{u}_i\,(i = 1,\ 2,\ \cdots,\ 11)$ を求めるプログラムなので，例題 7（P59，60）のものと同じ。

```
540 NEXT I:GOTO 580
550 PRINT "no solution"
560 STOP:END
570 DATA 0,1,2,3,4,6,8,10,12,16,20
580 REM ------ グラフの作成 ------
590 CLS 3
600 XMAX=LL+2
610 XMIN=-1.5#        ← $X_{max}$，$X_{min}$，$\Delta\overline{X}$ の代入。
620 DELX=2
630 YMAX=0                                          $Y_{max}$ の決定
640 FOR I=1 TO N:IF YMAX<M(I,N2) THEN YMAX=M(I,N2)
650 NEXT I:YMAX=YMAX+1.5#
660 YMIN=-1.5#       ← $Y_{min}$，$\Delta\overline{Y}$ の代入。    $u(X)$ と $v(Y)$ の定義
670 DELY=2
680 DEF FNU(X)=INT(640*(X-XMIN)/(XMAX-XMIN))
690 DEF FNV(Y)=INT(400*(YMAX-Y)/(YMAX-YMIN))
700 LINE (0,FNV(0))-(640,FNV(0))       ← X 軸と Y 軸を引く
710 LINE (FNU(0),0)-(FNU(0),400)
720 DELU=640*DELX/(XMAX-XMIN)          ← 目盛り幅 $\Delta\overline{u}$ と $\Delta\overline{v}$ の決定
730 DELV=400*DELY/(YMAX-YMIN)
740 J1=INT(XMAX/DELX):J2=INT(-XMIN/DELX)   ← X 軸の目盛りの個数の決定
750 FOR I=-J2 TO J1
760 LINE (FNU(0)+INT(I*DELU),FNV(0)-3)-(FNU(0)+INT
(I*DELU),FNV(0)+3)
770 NEXT I
```

X 軸に目盛りを付ける。

```
780 J1=INT(YMAX/DELY):J2=INT(-YMIN/DELY)
790 FOR I=-J2 TO J1
800 LINE (FNU(0)-3,FNV(0)-INT(I*DELV))-(FNU(0)+3,FNV
(0)-INT(I*DELV))
810 NEXT I
820 FOR I=1 TO N1
830 U=FNU(X(I)):V=FNV(M(I,N2))
840 CIRCLE (U,V),4:NEXT I
850 DEF FNF(X)=ALF/2*X*(X-2*LL)
860 NU=FNU(LL)-FNU(0):NU=INT(NU):X=0
870 FOR I=0 TO NU STEP 4
880 X=I*LL/NU:Y=FNF(X)
890 PSET (FNU(X),FNV(Y))
900 NEXT I
```

(780 行) Y 軸の目盛りの個数の決定

(790～810 行) Y 軸に目盛りを付ける。

(820～840 行) uv 平面上に，$\hat{u}_i$ $(i=1,\ 2,\ \cdots,\ 11)$ の点を中心とする半径 **4** 画素の円を描く。

(850 行) 関数 $f(x)=\dfrac{\alpha}{2}x(x-2L)$ を定義する。

(860 行) $0 \leqq x \leqq L$ に対応する画素数 n_u の決定。$x=0$ を代入

(870～900 行) $u=f(x)$ のグラフを，**4** 点おきに点線として，うすく表示する。

例題 **7** と同じ境界条件で，同じ微分方程式を解くので，その有限要素法による近似解 $\hat{u}_i$ $(i=1,\ 2,\ \cdots,\ 11)$ の解法プログラム (**40**～**530** 行) は，**P59**，**P60** で示したものとまったく同じなんだね。ただし，前プログラムの **540** 行で，**GO TO 560** として，**560** 行の **STOP:END** に向かってプログラムを停止・終了するのではなく，今回のプログラムでは，**GO TO 580** として，グラフの作成プログラムに飛ぶ。

580 行は，注釈行で，**590** 行で画面をクリアにする。

600～**620** 行で，$\mathbf{X_{max}}=LL+2$，$\mathbf{X_{min}}=-1.5$，$\Delta\overline{\mathbf{X}}=2$ を代入する。

630 行で，$\mathbf{Y_{max}}=0$ として，初期値を代入し，**640**，**650** 行の **FOR** ～ **NEXT** 文により，$\hat{u}_i$ $(i=1,\ 2,\ \cdots,\ 11)$ の中の最大値を $\mathbf{Y_{max}}$ とし，さらに，これに

（これらの値は，拡大係数行列の第 **N2** 列 **M(I, N2)** にメモリされている。）

1.5 を加えたものを $\mathbf{Y_{max}}$ とする。すなわち，微分方程式の解 $u(x)$ や近似解 $\hat{u}_i$ は，グラフを作成する上では，変数 **Y** として扱っている。**660**，**670** 行で，$\mathbf{Y_{min}}=-1.5$，$\Delta\overline{\mathbf{Y}}=2$ を代入する。

680～**810** 行で，目盛り付きの **X** 軸と **Y** 軸を引く。**P67** のプログラムと同様だね。

820～**840** 行で，x_i と近似解 $\hat{u}_i$ $(=\mathbf{M(I,\ N2)})$ $(i=1,\ 2,\ \cdots,\ 11)$ を画面上の uv 座標 $(u,\ v)$ に変換し，この点を中心として，半径 **4** 画素の小さな円を描いて表示させる。一般に，

“**CIRCLE (U1, V1), R**” により，uv 平面上に中心 **(U1, V1)**，半径 **R** の

円を描ける。

850行で，厳密解を表す関数$f(x)=\frac{\alpha}{2}x(x-2L)$を，**FNF(X)**として定義する。

860行，範囲 **0≦X≦L** を uv 平面上の u の画素数**NU**として求める。**NU=INT(NU)**は，**NU**の小数部を切り捨てて，整数としたものを新たに**NU**としている。そして，**X=0**により，**X**を初期化する。

870～900行の**FOR～NEXT**文では，**FOR I=0 TO NU STEP4**により，**I=0, 4, 8, …**と変化させて，$X=\frac{I*LL}{NU}$とそのときの**Y=FNF(X)**を求め，これを座標(u, v)に変換して画面上に表示する。つまり，厳密解$u(x)=\frac{\alpha}{2}x(x-2L)$の曲線を点線で表示させることになるんだね。

それでは，このプログラムを実行(**run**)した結果のグラフを図**7**に示そう。厳密解を表す曲線上に，有限要素法による近似解$(x_i, \hat{u}_i)$ $(i=1, 2, \cdots, 11)$の**11**個の円がキレイに重なって表示されていることが分かると思う。

図**7** 例題**8**のプログラムの実行結果

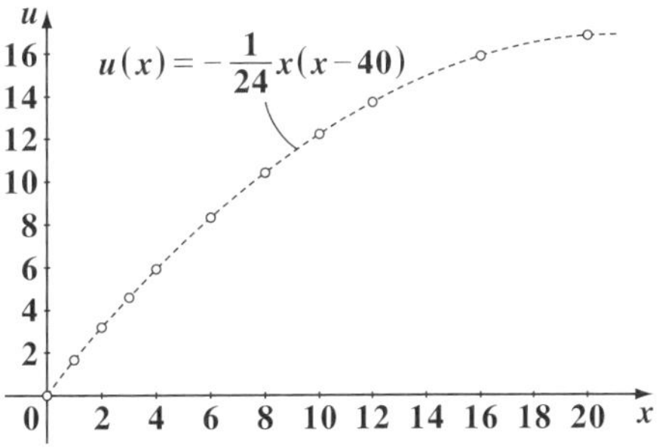

BASICプログラミングの面白さは，このようにグラフにより，ヴィジュアルに結果を確認できることなんだね。

この有限要素法による数値解析と，差分法による数値解析の違いについても解説しておこう。差分法で計算する場合，変数xの刻み幅Δxは$\frac{1}{100}$や$\frac{1}{1000}$のようにかなり小さな値で，しかも等間隔でなくてはならない。これに対して，有限要素法では，xの刻み幅Δxは，図**6**に示すように，$\Delta x=1$や**2**や**4**など，比較的大きな値でもよく，また等間隔である必要もないんだね。ただし，差分法に比べて，有限要素法による解法プログラムでは，$\hat{u}_i$ $(i=1, 2, \cdots, 11)$のときでも，拡大係数行列として**11**行**12**列の行列を処理しなければならないんだね。特に，次章以降で解説する**2**次元の有限要素モデルでは，もっと大きな行列を処理しなければならなくなる。これらのことも頭に入れておこう。

では，次の例題で，例題**8**とは境界条件のみを変えた場合の有限要素法による数値解析の問題を解いてみよう。

例題 9　$0 \leqq x \leqq 20$ で定義された関数 $u(x)$ が，微分方程式：

$$\frac{d^2u}{dx^2} = -\frac{1}{12} \cdots\cdots ①\ \left(境界条件：u(0)=0,\ u(20)=0\right)$$

をみたすものとする。このとき，節点の x 座標 $x=0, 1, 2, 3, 4, 6, 8, 10, 12, 16, 20$ により，**10** 個の要素に分割して，各節点における近似解 $\hat{u}_i\ (i=1, 2, \cdots, 11)$ を有限要素法による **BASIC** プログラムを用いて求め，そのグラフを，①の厳密解 $u(x) = -\frac{1}{24}x(x-20)$ と共に xu 座標平面上に示せ。

例題 **8** と比べて，境界条件が $\frac{du(20)}{dx} = 0$ の代わりに，$u(20)=0$ となっているんだね。このため，①の厳密解は，

$u(x) = -\frac{1}{24}x(x-20)$ となるんだね。

①より，
$u' = -\frac{1}{12}x + C_1$
$u(x) = -\frac{1}{24}x^2 + C_1x + \cancel{C_2}$
$u(0) = \boxed{C_2 = 0}$
$u(20) = \boxed{-\frac{400}{24} + 20C_1 = 0}$
$C_1 = \frac{400}{24} \times \frac{1}{20} = \frac{20}{24} = \frac{5}{6}$
$\therefore u(x) = -\frac{1}{24}x^2 + \frac{5}{6}x$
$= -\frac{1}{24}x(x-20)$

他はすべて同じ条件で，$x=0, 1, 2, \cdots, 20$ における近似解 $\hat{u}_i\ (i=1, 2, \cdots, 11)$ を有限要素法により求め，これらを厳密解と共にグラフで表示するための **BASIC** プログラムを以下に示そう。

```
10 REM ------------------------------------------------------------
20 REM  有限要素法1次元モデルとグラフ2-2
30 REM ------------------------------------------------------------
```

40～210 行 ← $\hat{u}_i\ (i=1, 2, \cdots, 11)$ を求めるプログラムで，境界条件が異なるだけなので，この部分は，例題 **7** (**P59, 60**) のものと同じ。

```
220 FOR J=1 TO N2:M(1,J)=0:M(N1,J)=0:NEXT J
230 M(1,1)=1:M(N1,N1)=1
```

$\hat{u}_1 = 0,\ \hat{u}_{11} = 0$ とする。

```
240 REM -------- N1元1次連立方程式の解法 --------
```

250～530 行 ← **N1** 元 **1** 次連立方程式を解くプログラムのこの部分も，例題 **7** (**P59, 60**) のものと同じ。

```
540 NEXT I:GOTO 580
550 PRINT "no solution"
560 STOP:END
570 DATA 0,1,2,3,4,6,8,10,12,16,20
580 REM ------- グラフの作成 -------
```

590～840行 ← $\hat{u}_i$ $(i=1, 2, \cdots, 11)$ のグラフを描くプログラムなので，この部分は，例題**8**(**P69**)のものと同じ。

```
850 DEF FNF(X)=ALF/2*X*(X-LL)
860 NU=FNU(LL)-FNU(0):NU=INT(NU):X=0
870 FOR I=0 TO NU STEP 4
880 X=I*LL/NU:Y=FNF(X)
890 PSET (FNU(X),FNV(Y))
900 NEXT I
```

220，**230**行では，境界条件より，$\hat{u}_1=0$，$\hat{u}_{11}=0$ とするために，拡大係数行列を最後に次のように修正した。

$$\left[\begin{array}{cccc|c} 1 & 0 \cdots\cdots & 0 & 0 & 0 \\ \vdots & & \vdots & & \vdots \\ 0 & 0 \cdots\cdots & 0 & 1 & 0 \end{array}\right]$$

← 第**1**行（上段）

← 第**N1**行（第**11**行）（下段）

850行では，厳密解 $u(x)=\dfrac{\alpha}{2}x(x-L)=-\dfrac{1}{24}x(x-20)$ となるように，関数 **FNF(X)** を定義した。

このプログラムを実行した結果，表示されるグラフを図**8**に示す。$\hat{u}_1=\hat{u}_{11}=0$ となっていることに注意しよう。

今回も，厳密解 $u(x)$ と，有限要素法による近似解 $\hat{u}_i$ $(i=1, 2, \cdots, 11)$ が完全に一致していることが分かって，この解法の正確さが確認できるんだね。

図**8** 例題**9**のプログラムの実行結果

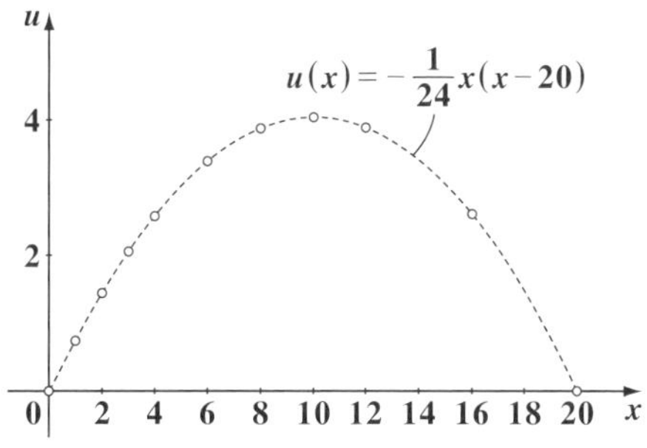

講義2 ●有限要素法の基本　公式エッセンス

1． $0 \leqq x \leqq L$ **で定義された関数** $u(x)$ **の微分方程式：**

$$\frac{d^2u}{dx^2} = \alpha \text{（負の定数）} \cdots\cdots ① \left(\text{境界条件：} u(0)=0,\ \frac{du(L)}{dx}=0\right) \text{について，}$$

(i) 厳密解：$u(x) = \dfrac{\alpha}{2}x(x-2L)$

(ii) 弱形式：$\displaystyle\int_0^L \left(\frac{dw}{dx}\cdot\frac{du}{dx} + \alpha w\right)dx = 0$ （条件 $u(0)=0$）

$(w(x)$：任意関数，$w(0)=0)$

2．①の弱形式の離散化

(i) $\displaystyle\sum_{k=1}^{N}\left\{\int_{x_k}^{x_{k+1}}\left(\frac{dw_k}{dx}\cdot\frac{d\hat{u}_k}{dx} + \alpha w_k\right)dx\right\} = 0$ （$\hat{u}_k$：近似解）

(ii) $\displaystyle\sum_{k=1}^{N} {}^t\boldsymbol{W}_k\left(A_k\hat{\boldsymbol{U}}_k + \boldsymbol{B}_k\right) = 0$

$$\left(\boldsymbol{W}_k = \begin{bmatrix} w_k \\ w_{k+1} \end{bmatrix},\ \hat{\boldsymbol{U}}_k = \begin{bmatrix} \hat{u}_k \\ \hat{u}_{k+1} \end{bmatrix},\ A_k = \frac{1}{l_k}\begin{bmatrix} 1 & -1 \\ -1 & 1 \end{bmatrix},\ \boldsymbol{B}_k = \frac{\alpha l_k}{2}\begin{bmatrix} 1 \\ 1 \end{bmatrix}\right)$$

(iii) ${}^t\boldsymbol{W} = [w_1,\ w_2,\ \cdots,\ w_{N+1}]$ は任意ベクトルであり，$\hat{u}_1 = 0$ より，
${}^t\hat{\boldsymbol{U}} = [\hat{u}_1,\ \hat{u}_2,\ \cdots,\ \hat{u}_{N+1}]$ を求めるための $N+1$ 元1次連立方程式は次のように表される。

$$\begin{bmatrix} 1 & 0 & 0 & \cdots & 0 & 0 \\ -\frac{1}{l_1} & \frac{1}{l_1}+\frac{1}{l_2} & -\frac{1}{l_2} & & & \\ 0 & -\frac{1}{l_2} & \frac{1}{l_2}+\frac{1}{l_3} & & & \\ \vdots & & & \ddots & \vdots & \vdots \\ 0 & \cdots & & & \frac{1}{l_{N-1}}+\frac{1}{l_N} & -\frac{1}{l_N} \\ 0 & \cdots & & & -\frac{1}{l_N} & \frac{1}{l_N} \end{bmatrix}\begin{bmatrix} \hat{u}_1 \\ \hat{u}_2 \\ \hat{u}_3 \\ \vdots \\ \hat{u}_N \\ \hat{u}_{N+1} \end{bmatrix} = -\frac{\alpha}{2}\begin{bmatrix} 0 \\ l_1+l_2 \\ l_2+l_3 \\ \vdots \\ l_{N-1}+l_N \\ l_N \end{bmatrix}$$

講義 Lecture 3

2次元ラプラス方程式

テーマ

▶ ラプラスの方程式と弱形式

$$\left(\begin{array}{l}\dfrac{\partial^2 z}{\partial x^2}+\dfrac{\partial^2 z}{\partial y^2}=0 \quad \left(\dfrac{\partial z}{\partial n}=\theta\ (C_1\text{上}),\ z=\phi\ (C_2\text{上})\right)\\ \displaystyle\iint_D\left(\frac{dw}{dx}\cdot\frac{d\hat{z}}{dx}+\frac{dw}{dy}\cdot\frac{d\hat{z}}{dy}\right)dx\,dy-\oint_{C_1}w\theta\,dl=0\end{array}\right)$$

▶ 有限要素法による弱形式の離散化

$$\left(\sum_{i=1}^{N_e}{}^t\boldsymbol{W}_i\boldsymbol{H}_i\hat{\boldsymbol{Z}}_i-\sum_{k=1}^{N_b'}{}^t\boldsymbol{W}_k\boldsymbol{T}_k=0\right)$$

§1. 有限要素法による2次元ラプラス方程式の解析

前回の講義では，**1**次元の簡単な**2**階微分方程式を有限要素法で解くことにより，一連の解法の手順，すなわち弱形式を離散化して多元**1**次連立方程式にもち込んで近似解を求める手法について詳しく解説したんだね。

今回の講義では，より本格的な**2**次元 "**ラプラス方程式**" (***Laplace's equation***)：$\frac{\partial^2 z}{\partial x^2}+\frac{\partial^2 z}{\partial y^2}=0$ の有限要素法による解析について詳しく教える。

ここでも，前回と同様に，この偏微分方程式の弱形式を求め，この離散化を行って，最終的には多元**1**次連立方程式に持ち込んで，これを解いて，この偏微分方程式の近似解を求めることになるんだね。ン？前回と同様だから，簡単そうだって!? 確かに，解法の流れの大枠は同じなんだけれど，具体的に考える場合，今回は**2**次元問題なので，"**ガウスの発散定理**" や文字変数を要素にもつ**3**行**3**列の逆行列の計算など…，結構様々な要素が加わってくるんだね。

しかし，今回も分かりやすく丁寧に解説するので，すべて理解できるはずだ。それでは早速講義を始めよう。

● 2次元ラプラス方程式の弱形式を求めよう！

これから，**2**次元ラプラス方程式を有限要素法により解くために，この弱形式を求めることにしよう。図**1**に示すように，xy平面上の境界線C_1とC_2で囲まれた領域Dにおいて定義された関数$z(x, y)$が次のラプラス方程式をみたすものとする。

$$\frac{\partial^2 z}{\partial x^2}+\frac{\partial^2 z}{\partial y^2}=0 \quad \cdots\cdots①$$

$$\left(\begin{array}{ll}\text{境界条件：} & \\ \frac{\partial z}{\partial n}=\theta & (C_1\text{において}) \\ z=\phi & (C_2\text{において})\end{array}\right)$$

図**1** ラプラス方程式の境界条件

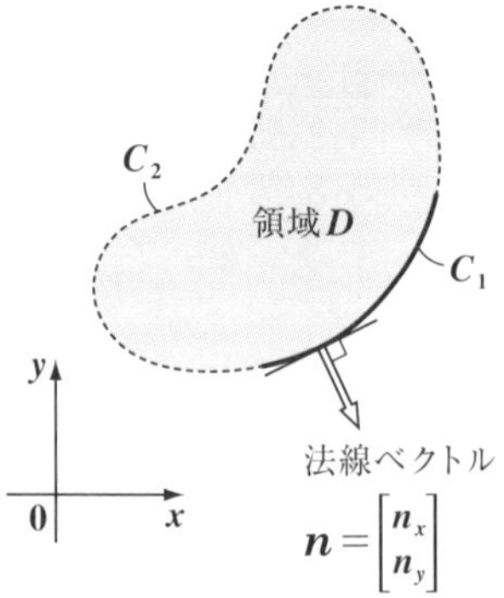

境界線 C_1 と C_2 を併せたものを C とおく。図 1 の実線で示した境界線 C_1 での境界条件：$\frac{\partial z}{\partial n} = \theta$（シータ）の左辺は，関数 $z(x, y)$ の法線方向の勾配を表し，右辺 θ は，0 などの定数でも，x と y の関数 $\theta(x, y)$ でも構わない。同じく図 1 の点線で示した境界線 C_2 での境界条件：$z = \phi$（ファイ）の右辺の ϕ も 0 などの定数でもよければ，x と y の関数 $\phi(x, y)$ でも構わないんだね。

それでは，境界線 $C(= C_1 \cup C_2)$ を含む領域 D で定義される任意関数 $w(x, y)$（ただし，C_2 上では $w(x, y) = 0$ とする。）を用いて，①のラプラス方程式の弱形式を導いてみよう。

まず，①の両辺に，任意関数 $w(x, y)$ をかけて，領域 D において面積分（2 重積分）を行うと，

$$\iint_D w\left(\frac{\partial^2 z}{\partial x^2} + \frac{\partial^2 z}{\partial y^2}\right) dxdy = 0 \quad \cdots\cdots ①' \quad (\text{ただし，} C_2 \text{ において，} w(x, y) = 0)$$

これは，ラプラシアン（ラプラス演算子）$\Delta = \frac{\partial^2}{\partial x^2} + \frac{\partial^2}{\partial y^2}$ を用いて，Δz と表してもよい。

となる。

ここで，一般に，平面ベクトル場 $\boldsymbol{f}(x, y) = [f(x, y),\ g(x, y)]$ について，閉曲線 C で囲まれた領域 D に対して，P17 で解説したように，次の“**ガウスの発散定理**”が成り立つんだね。

$$\iint_D \mathrm{div}\boldsymbol{f}\, dxdy = \oint_C \boldsymbol{f}\cdot\boldsymbol{n}\, dl \quad \cdots\cdots ②$$

（ただし，$\boldsymbol{n}$：閉曲線 C の内部から外部に向かう単位法線ベクトル）

$\boldsymbol{f} = [f,\ g,\ h]$ に対して成り立つ一般の“**ガウスの発散定理**”：
$\iiint_V \mathrm{div}\boldsymbol{f}\, dV = \iint_S \boldsymbol{f}\cdot\boldsymbol{n}\, dS \cdots\cdots (*i)$ (P16) を応用したものが，②式なんだね。

ここで，$\boldsymbol{f} = [f,\ g] = \left[w\frac{\partial z}{\partial x},\ w\frac{\partial z}{\partial y}\right]$ とおいて，②に代入すると，

$$\iint_D \underbrace{\mathrm{div}\boldsymbol{f}}_{\frac{\partial}{\partial x}\left(w\frac{\partial z}{\partial x}\right) + \frac{\partial}{\partial y}\left(w\frac{\partial z}{\partial y}\right)} dxdy = \oint_C \underbrace{\left[w\frac{\partial z}{\partial x},\ w\frac{\partial z}{\partial y}\right]}_{\boldsymbol{f}}\cdot\underbrace{[n_x,\ n_y]}_{\boldsymbol{n}} dl \text{ より，}$$

$$\iint_D \left\{ \frac{\partial}{\partial x}\left(w \frac{\partial z}{\partial x} \right) + \frac{\partial}{\partial y}\left(w \frac{\partial z}{\partial y} \right) \right\} dxdy$$

$$\frac{\partial w}{\partial x}\cdot\frac{\partial z}{\partial x} + w\cdot\frac{\partial^2 z}{\partial x^2} + \frac{\partial w}{\partial y}\cdot\frac{\partial z}{\partial y} + w\cdot\frac{\partial^2 z}{\partial y^2}$$

$$= \oint_C \left(w\frac{\partial z}{\partial x}\cdot n_x + w\frac{\partial z}{\partial y}\cdot n_y \right) dl$$

$$w\left(\frac{\partial z}{\partial x}n_x + \frac{\partial z}{\partial y}n_y \right) = w\frac{\partial z}{\partial n}$$

- $\frac{\partial^2 z}{\partial x^2} + \frac{\partial^2 z}{\partial y^2} = 0$ ……………………①
- $\iint_D w\left(\frac{\partial^2 z}{\partial x^2} + \frac{\partial^2 z}{\partial y^2} \right) dxdy = 0$ …①´

$$\begin{cases} \frac{\partial z}{\partial n} = \theta & (C_1\text{において}) \\ z = \phi & (C_2\text{において}) \\ w(x,\ y) = 0 & (C_2\text{において}) \end{cases}$$

$$\iint_D \left\{ w\left(\frac{\partial^2 z}{\partial x^2} + \frac{\partial^2 z}{\partial y^2} \right) + \left(\frac{\partial w}{\partial x}\cdot\frac{\partial z}{\partial x} + \frac{\partial w}{\partial y}\cdot\frac{\partial z}{\partial y} \right) \right\} dxdy = \oint_C w\frac{\partial z}{\partial n} dl$$

$$\iint_D w\left(\frac{\partial^2 z}{\partial x^2} + \frac{\partial^2 z}{\partial y^2} \right) dxdy + \iint_D \left(\frac{\partial w}{\partial x}\cdot\frac{\partial z}{\partial x} + \frac{\partial w}{\partial y}\cdot\frac{\partial z}{\partial y} \right) dxdy$$

zの法線方向の微分

$$\iint_D w\left(\frac{\partial^2 z}{\partial x^2} + \frac{\partial^2 z}{\partial y^2} \right) dxdy = \oint_C w\frac{\partial z}{\partial n} dl - \iint_D \left(\frac{\partial w}{\partial x}\cdot\frac{\partial z}{\partial x} + \frac{\partial w}{\partial y}\cdot\frac{\partial z}{\partial y} \right) dxdy$$

0 (①´より)

$$\oint_{C_1} w\frac{\partial z}{\partial n} dl + \oint_{C_2} w\frac{\partial z}{\partial n} dl$$

θ　　0 (C_2において)

ここで，①´より，$\iint_D w\left(\frac{\partial^2 z}{\partial x^2} + \frac{\partial^2 z}{\partial y^2} \right) dxdy = 0$，$C_1$において$\frac{\partial z}{\partial n} = \theta$，

C_2において$w(x,\ y) = 0$ より，

$0 = \oint_{C_1} w\theta dl - \iint_D \left(\frac{\partial w}{\partial x}\cdot\frac{\partial z}{\partial x} + \frac{\partial w}{\partial y}\cdot\frac{\partial z}{\partial y} \right) dxdy$　よって，

①のラプラス方程式の弱形式は，

$$\iint_D \left(\frac{\partial w}{\partial x}\cdot\frac{\partial z}{\partial x} + \frac{\partial w}{\partial y}\cdot\frac{\partial z}{\partial y} \right) dxdy - \oint_{C_1} w\theta dl = 0 \quad \cdots\cdots ③$$

(ただし，$z = \phi$ (C_2において)) となるんだね。

ここで，$z(x,\ y)$ を近似解$\hat{z}$とおくと，③は，

$$\iint_D \left(\frac{\partial w}{\partial x}\cdot\frac{\partial \hat{z}}{\partial x} + \frac{\partial w}{\partial y}\cdot\frac{\partial \hat{z}}{\partial y} \right) dxdy - \oint_{C_1} w\theta dl = 0 \quad \cdots\cdots ③'$$

(ただし，$\hat{z} = \hat{\phi}$ (C_2において)) と表される。

● 弱形式の第1項を離散化して解析しよう！

では次に，③$'$の弱形式を離散化して表すと，次のようになる。

$$\underbrace{\sum_{i=1}^{N_e}\left\{\iint_{D_i}\left(\frac{\partial w_i}{\partial x}\cdot\frac{\partial \hat{z}_i}{\partial x}+\frac{\partial w_i}{\partial y}\cdot\frac{\partial \hat{z}_i}{\partial y}\right)dxdy\right\}}_{\text{(i) 第1項}}-\underbrace{\sum_{k=1}^{N_b'}\left(\int_0^{l_k} w_k\theta_k d\xi\right)}_{\text{(ii) 第2項}}=0 \quad \cdots\cdots ③''$$

③$''$の特に第2項の変数ξの意味が，今はまだ分かりづらいと思うけれど，これについては後で詳しく解説することにして，まず，この③$''$の第1項を変形していくことにしよう。

(i) ③$''$の第1項目について，

図2に示すように，xy平面上の閉曲線Cにより囲まれる領域DはN_e個の有限な三角形の要素によって，近似的に分割することができる。

境界線Cの曲線は，三角形の辺(線分)による折れ線で表す。

図2 有限要素による分割

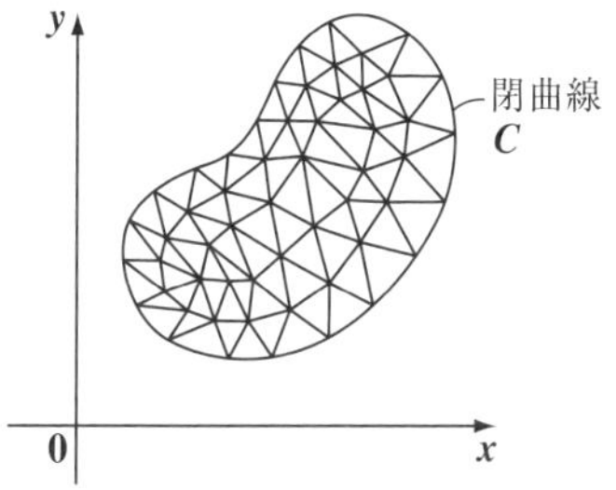

ここで，1番からN_e番までN_e個存在する三角形の要素の内，i番目の三角形の要素について考えよう。図3に示すように，このi番目の三角形のxy平面上における3つの頂点を順に$P_1(x_1, y_1)$，$P_2(x_2, y_2)$，$P_3(x_3, y_3)$とおき，さらに，各点に対応するラプラス方程式の近似解を順に$\hat{z}_1$，$\hat{z}_2$，$\hat{z}_3$とおく。

図3 i番目の要素と近似解 $\hat{z}_1$, $\hat{z}_2$, $\hat{z}_3$からなる平面

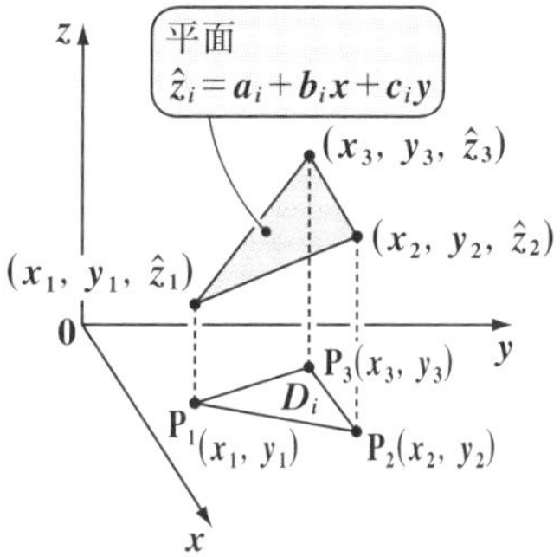

すると，xyz座標空間上で，3点$(x_1, y_1, \hat{z}_1)$，$(x_2, y_2, \hat{z}_2)$，$(x_3, y_3, \hat{z}_3)$を頂点とする三角形により，解$z(x, y)$で表される曲面の1部(領域D_i)が近似されることになる。つまり，領域D全体における$z(x, y)$で表される曲面は$i=1, 2, \cdots, N_e$によるN_e個の三角形のチップによって近似的に表されることになるんだね。

この解 $z(x, y)$ の曲面の **1** 部を近似する i 番目の三角形を通る平面の方程式を

> 弱形式の離散化方程式の **1** 項目
> $$\sum_{i=1}^{N_e}\left\{\iint_{D_i}\left(\frac{\partial w_i}{\partial x}\cdot\frac{\partial \hat{z}_i}{\partial x}+\frac{\partial w_i}{\partial y}\cdot\frac{\partial \hat{z}_i}{\partial y}\right)dxdy\right\}$$

$\hat{z}_i(x, y)=a_i+b_ix+c_iy$ ……④ (a_i, b_i, c_i：定数 $(i=1, 2, \cdots, N_e)$)

（この "N_e" の "e" は "***element***" (要素) のことなので，N_e は要素の個数を表す。）

と表すと，これは，**3** 点 $(x_1, y_1, \hat{z}_1)$，$(x_2, y_2, \hat{z}_2)$，$(x_3, y_3, \hat{z}_3)$ を通るので，これらを④に代入して

$$\begin{aligned}\hat{z}_i(x_1, y_1)&=\hat{z}_1=a_i+b_ix_1+c_iy_1\\\hat{z}_i(x_2, y_2)&=\hat{z}_2=a_i+b_ix_2+c_iy_2\\\hat{z}_i(x_3, y_3)&=\hat{z}_3=a_i+b_ix_3+c_iy_3\end{aligned}$$

となる。これから，

$$\begin{bmatrix}\hat{z}_1\\\hat{z}_2\\\hat{z}_3\end{bmatrix}=\begin{bmatrix}1&x_1&y_1\\1&x_2&y_2\\1&x_3&y_3\end{bmatrix}\begin{bmatrix}a_i\\b_i\\c_i\end{bmatrix}\quad\cdots\cdots⑤$$

となるんだね。

この⑤式の右辺の **3** 行 **3** 列の行列を

$$A=\begin{bmatrix}1&x_1&y_1\\1&x_2&y_2\\1&x_3&y_3\end{bmatrix}\quad\cdots\cdots⑥$$

とおくと，この行列式 $\Delta_i=|A|$ は，

サラスの公式を用いると，

$$\Delta_i=|A|=\begin{vmatrix}1&x_1&y_1\\1&x_2&y_2\\1&x_3&y_3\end{vmatrix}$$

$$=x_2y_3+x_1y_2+x_3y_1-x_2y_1-x_3y_2-x_1y_3$$ より，

$$\Delta_i=x_1(y_2-y_3)+x_2(y_3-y_1)+x_3(y_1-y_2)\quad\cdots\cdots⑦$$ となる。

ここで，領域 D_i を表す xy 平面上の三角形の **3** 頂点 $\mathrm{P}_1(x_1, y_1)$，$\mathrm{P}_2(x_2, y_2)$，$\mathrm{P}_3(x_3, y_3)$ を，この順に反時計まわりになるように取ることにすると，⑦の行列式 Δ_i は，必ず $\Delta_i>0$ となる。よって，行列 A は逆行列 A^{-1} をもつことが分かるんだね。この逆行列 A^{-1} を求める前に，何故 P_1，P_2，P_3 を反時計まわりに取ると，$\Delta_i>0$ となるのかについて，さらに $\Delta_i=2\times\triangle\mathrm{P}_1\mathrm{P}_2\mathrm{P}_3$，すなわち行列式 Δ_i が三角形 $\mathrm{P}_1\mathrm{P}_2\mathrm{P}_3$ の面積の **2** 倍となることについても，次の(参考)で解説しよう。

参考

図(i)に示すように，3点 $\mathbf{O}(0,\ 0)$，$\mathbf{A}(\alpha_1,\ \beta_1)$，$\mathbf{B}(\alpha_2,\ \beta_2)$ を頂点とする三角形 **OAB** について，この面積を $\triangle\mathbf{OAB}$ とおくと，高校数学の公式より，

$$\triangle\mathbf{OAB} = \frac{1}{2}|\alpha_1\beta_2 - \alpha_2\beta_1| \quad \cdots\cdots ①$$

これは，$\triangle\mathbf{OAB} = \frac{1}{2}|\overrightarrow{\mathbf{OA}}||\overrightarrow{\mathbf{OB}}|\sin\theta$

$= \frac{1}{2}\sqrt{|\overrightarrow{\mathbf{OA}}|^2 \cdot |\overrightarrow{\mathbf{OB}}|^2 - (\overrightarrow{\mathbf{OA}} \cdot \overrightarrow{\mathbf{OB}})^2}$

$(\theta = \angle\mathbf{AOB},\ 0 < \theta < \pi)$ より，導ける。

図(i) $\triangle\mathbf{OAB}$ の面積

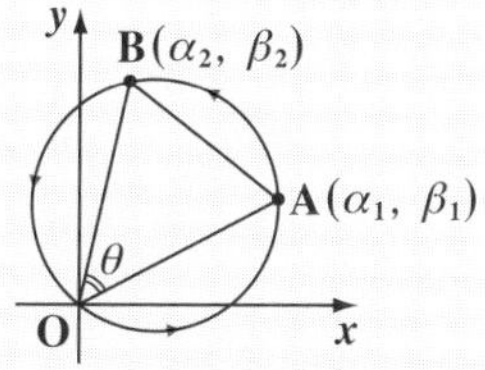

図(ii) $\triangle\mathbf{OA'B'}$ の面積

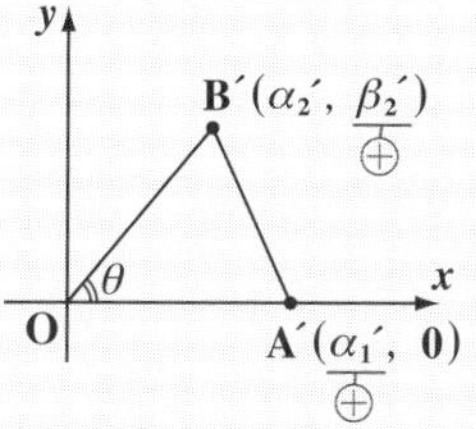

となるのは大丈夫だね。ここで，**O**, **A**, **B** を図(i)に示すように反時計まわりに取るものとすると，①の右辺の絶対値内の式は⊕(正)となるので，

$$\triangle\mathbf{OAB} = \frac{1}{2}(\underbrace{\alpha_1\beta_2 - \alpha_2\beta_1}_{\oplus}) \quad \cdots\cdots ② \text{ と表されるんだね。}$$

これは，図(ii)に示すように，$\triangle\mathbf{OAB}$ を，原点 **O** のまわりに回転して，$\triangle\mathbf{OA'B'}$ として，$\mathbf{OA'}$ が x 軸の正の部分と一致するようにして，$\mathbf{A'}(\alpha_1',\ 0)$，$\mathbf{B'}(\alpha_2',\ \beta_2')$ とおくと，当然，$\alpha_1' > 0$ かつ $0 < \theta < \pi$ より点 $\mathbf{B'}$ は $y > 0$ の領域上の点だから，その y 座標 β_2' も $\beta_2' > 0$ となる。よって，

$$\triangle\mathbf{OAB} = \triangle\mathbf{OA'B'} = \frac{1}{2}(\underbrace{\alpha_1'\beta_2'}_{\oplus} - \cancel{\alpha_2' \cdot 0}) = \frac{1}{2}\alpha_1'\beta_2' > 0 \text{ となるので，}$$

②の右辺も⊕(正)であることが分かるんだね。

したがって，xy 平面上の3点 $\mathbf{P}_1(x_1,\ y_1)$，$\mathbf{P}_2(x_2,\ y_2)$，$\mathbf{P}_3(x_3,\ y_3)$ を頂点とする三角形 $\mathbf{P}_1\mathbf{P}_2\mathbf{P}_3$ について，次の図(iii)に示すように，反時計まわりに $\mathbf{P}_1$, $\mathbf{P}_2$, $\mathbf{P}_3$ をとると，

$$\overrightarrow{P_1P_2} = \begin{bmatrix} x_2-x_1 \\ y_2-y_1 \end{bmatrix} \left(= \begin{bmatrix} \alpha_1 \\ \beta_1 \end{bmatrix} \right)$$

$$\overrightarrow{P_1P_3} = \begin{bmatrix} x_3-x_1 \\ y_3-y_1 \end{bmatrix} \left(= \begin{bmatrix} \alpha_2 \\ \beta_2 \end{bmatrix} \right)$$

であり，$\triangle P_1P_2P_3$ の面積を S とおくと，②の公式より，

$$S = \frac{1}{2}(\alpha_1\beta_2 - \alpha_2\beta_1)$$

$$= \frac{1}{2}\{\underbrace{(x_2-x_1)(y_3-y_1)-(x_3-x_1)(y_2-y_1)}\}$$

$$x_2y_3 - x_2y_1 - x_1y_3 + \cancel{x_1y_1} - x_3y_2 + x_3y_1 + x_1y_2 - \cancel{x_1y_1}$$

$$= \underbrace{x_1(y_2-y_3)+x_2(y_3-y_1)+x_3(y_1-y_2)}$$

これは行列式 $\Delta_i = |A|$ と等しい。

図(iii) 三角形 $P_1P_2P_3$ の面積

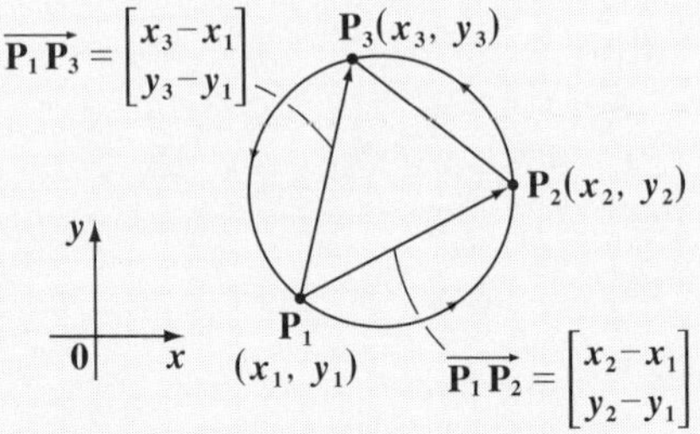

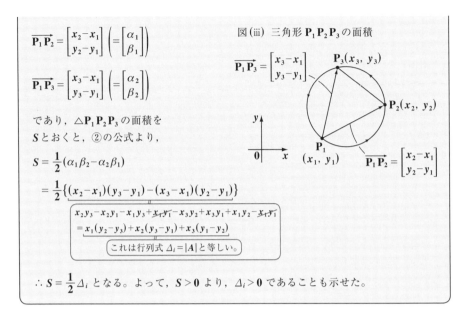

$\therefore S = \frac{1}{2}\Delta_i$ となる。よって，$S>0$ より，$\Delta_i>0$ であることも示せた。

よって，行列 A の行列式 $\Delta_i > 0$ より，A は逆行列 A^{-1} をもつ。A は 3 行 3 列の行列だけれど，成分に文字を含むので，その逆行列 A^{-1} は，次のような"**余因子**(よいんし)"(***cofactor***) で表された公式を利用して求めることにする。

$$\begin{bmatrix} \hat{z}_1 \\ \hat{z}_2 \\ \hat{z}_3 \end{bmatrix} = \begin{bmatrix} 1 & x_1 & y_1 \\ 1 & x_2 & y_2 \\ 1 & x_3 & y_3 \end{bmatrix} \begin{bmatrix} a_i \\ b_i \\ c_i \end{bmatrix} \quad \cdots\cdots ⑤$$

$A = \begin{bmatrix} 1 & x_1 & y_1 \\ 1 & x_2 & y_2 \\ 1 & x_3 & y_3 \end{bmatrix}$ の行列式 Δ_i は，

$$\Delta_i = x_1(y_2-y_3)+x_2(y_3-y_1) + x_3(y_1-y_2)(>0) \quad \cdots\cdots ⑦$$

$$A^{-1} = \frac{1}{|A|}\begin{bmatrix} A_{11} & A_{21} & A_{31} \\ A_{12} & A_{22} & A_{32} \\ A_{13} & A_{23} & A_{33} \end{bmatrix} \quad \cdots\cdots (*)$$

余因子 A_{ij} は，元の行列の第 i 行と第 j 行を除いた行列の行列式に $(-1)^{i+j}$ をかけたものなんだね。

$$|A| = \Delta_i = x_1(y_2-y_3)+x_2(y_3-y_1)+x_3(y_1-y_2)$$

$$A_{11} = (-1)^{1+1}\begin{vmatrix} 1 & x_1 & y_1 \\ 1 & x_2 & y_2 \\ 1 & x_3 & y_3 \end{vmatrix} = \begin{vmatrix} x_2 & y_2 \\ x_3 & y_3 \end{vmatrix} = x_2y_3 - x_3y_2$$

以下同様に，

$$A_{12}=(-1)^{1+2}\begin{vmatrix}1&x_1&y_1\\1&x_2&y_2\\1&x_3&y_3\end{vmatrix}=-\begin{vmatrix}1&y_2\\1&y_3\end{vmatrix}=-(y_3-y_2)=y_2-y_3$$

$$A_{13}=(-1)^{1+3}\begin{vmatrix}1&x_1&y_1\\1&x_2&y_2\\1&x_3&y_3\end{vmatrix}=\begin{vmatrix}1&x_2\\1&x_3\end{vmatrix}=x_3-x_2$$

$$A_{21}=(-1)^{2+1}\begin{vmatrix}1&x_1&y_1\\1&x_2&y_2\\1&x_3&y_3\end{vmatrix}=-\begin{vmatrix}x_1&y_1\\x_3&y_3\end{vmatrix}=-(x_1y_3-x_3y_1)=x_3y_1-x_1y_3$$

$$A_{22}=(-1)^{2+2}\begin{vmatrix}1&x_1&y_1\\1&x_2&y_2\\1&x_3&y_3\end{vmatrix}=\begin{vmatrix}1&y_1\\1&y_3\end{vmatrix}=y_3-y_1$$

$$A_{23}=(-1)^{2+3}\begin{vmatrix}1&x_1&y_1\\1&x_2&y_2\\1&x_3&y_3\end{vmatrix}=-\begin{vmatrix}1&x_1\\1&x_3\end{vmatrix}=-(x_3-x_1)=x_1-x_3$$

$$A_{31}=(-1)^{3+1}\begin{vmatrix}1&x_1&y_1\\1&x_2&y_2\\1&x_3&y_3\end{vmatrix}=\begin{vmatrix}x_1&y_1\\x_2&y_2\end{vmatrix}=x_1y_2-x_2y_1$$

$$A_{32}=(-1)^{3+2}\begin{vmatrix}1&x_1&y_1\\1&x_2&y_2\\1&x_3&y_3\end{vmatrix}=-\begin{vmatrix}1&y_1\\1&y_2\end{vmatrix}=-(y_2-y_1)=y_1-y_2$$

$$A_{33}=(-1)^{3+3}\begin{vmatrix}1&x_1&y_1\\1&x_2&y_2\\1&x_3&y_3\end{vmatrix}=\begin{vmatrix}1&x_1\\1&x_2\end{vmatrix}=x_2-x_1$$

以上を(*)の公式に代入して，A の逆行列 A^{-1} は，

$$A^{-1}=\frac{1}{\Delta_i}\begin{bmatrix}x_2y_3-x_3y_2&x_3y_1-x_1y_3&x_1y_2-x_2y_1\\y_2-y_3&y_3-y_1&y_1-y_2\\x_3-x_2&x_1-x_3&x_2-x_1\end{bmatrix}\quad\cdots\cdots⑧$$

各成分の配置が転置行列のように
$$A^{-1}=\frac{1}{\Delta_i}\begin{bmatrix}A_{11}&A_{21}&A_{31}\\A_{12}&A_{22}&A_{32}\\A_{13}&A_{23}&A_{33}\end{bmatrix}$$
となっていることに注意しよう！

$(\Delta_i=x_1(y_2-y_3)+x_2(y_3-y_1)+x_3(y_1-y_2))$ となるんだね。

(*)の公式の意味についてご存知ない方は，「**線形代数キャンパス・ゼミ**」(マセマ)で学習して下さい。

ここで，$A^{-1}=\begin{bmatrix} A_1 & A_2 & A_3 \\ B_1 & B_2 & B_3 \\ C_1 & C_2 & C_3 \end{bmatrix}$ ……⑧´とおく。

$$= \frac{1}{\Delta_i}\begin{bmatrix} x_2y_3-x_3y_2 & x_3y_1-x_1y_3 & x_1y_2-x_2y_1 \\ y_2-y_3 & y_3-y_1 & y_1-y_2 \\ x_3-x_2 & x_1-x_3 & x_2-x_1 \end{bmatrix}$$ (⑧より)

$\hat{z}_i=a_i+b_ix+c_iy$ ……………④

$\begin{bmatrix} \hat{z}_1 \\ \hat{z}_2 \\ \hat{z}_3 \end{bmatrix}=A\begin{bmatrix} a_i \\ b_i \\ c_i \end{bmatrix}$ ……………⑤

$A=\begin{bmatrix} 1 & x_1 & y_1 \\ 1 & x_2 & y_2 \\ 1 & x_3 & y_3 \end{bmatrix}$ ……………⑥

$\Delta_i=x_1(y_2-y_3)+x_2(y_3-y_1)+x_3(y_1-y_2)(>0)$ ……⑦

三角形の領域 D_i $(i=1,\ 2,\ \cdots,\ N_e)$ における z の近似解（平面）

$\hat{z}_i=a_i+b_ix+c_iy$ ……④ より，

$$\hat{z}_i(x,\ y)=[1,\ x,\ y]\begin{bmatrix} a_i \\ b_i \\ c_i \end{bmatrix} \quad \cdots\cdots④'$$ となる。

⑤の両辺に左から A^{-1} をかけて，

$$\begin{bmatrix} a_i \\ b_i \\ c_i \end{bmatrix}=A^{-1}\begin{bmatrix} \hat{z}_1 \\ \hat{z}_2 \\ \hat{z}_3 \end{bmatrix}=\begin{bmatrix} A_1 & A_2 & A_3 \\ B_1 & B_2 & B_3 \\ C_1 & C_2 & C_3 \end{bmatrix}\begin{bmatrix} \hat{z}_1 \\ \hat{z}_2 \\ \hat{z}_3 \end{bmatrix} \quad \cdots\cdots⑤'$$ となる。

⑤´を④´に代入して，

$$\hat{z}_i(x,\ y)=[1,\ x,\ y]\begin{bmatrix} A_1 & A_2 & A_3 \\ B_1 & B_2 & B_3 \\ C_1 & C_2 & C_3 \end{bmatrix}\begin{bmatrix} \hat{z}_1 \\ \hat{z}_2 \\ \hat{z}_3 \end{bmatrix}$$ となるので，

$[A_1+B_1x+C_1y,\ A_2+B_2x+C_2y,\ A_3+B_3x+C_3y]={}^t\boldsymbol{N}_i$ とおく。

$N_1(x,\ y)$　$N_2(x,\ y)$　$N_3(x,\ y)$ とおく。

$$\hat{z}_i(x,\ y)={}^t\boldsymbol{N}_i\cdot\hat{\boldsymbol{Z}}_i \quad \cdots\cdots⑨$$ となる。

x と y の関数ベクトル

3頂点の z の近似値からなる定ベクトル

領域 D_i 内の座標 $(x,\ y)$ を代入すると，z の近似値 $\hat{z}_i$ となるので，$\hat{z}_i$ はスカラーだね。

$$\left(\text{ただし，} \boldsymbol{N}_i=\begin{bmatrix} A_1+B_1x+C_1y \\ A_2+B_2x+C_2y \\ A_3+B_3x+C_3y \end{bmatrix},\ \hat{\boldsymbol{Z}}_i=\begin{bmatrix} \hat{z}_1 \\ \hat{z}_2 \\ \hat{z}_3 \end{bmatrix}\right)$$

行列 A の行列式 Δ_i や逆行列 A^{-1} の解説でかなり手間取ったけれど，これからいよいよ弱形式の第1項 $\sum_{i=1}^{N_e}\left\{\iint_{D_i}\left(\frac{\partial w_i}{\partial x}\cdot\frac{\partial \hat{z}_i}{\partial x}+\frac{\partial w_i}{\partial y}\cdot\frac{\partial \hat{z}_i}{\partial y}\right)dxdy\right\}$ の

$\underline{\underline{\dfrac{\partial \hat{z}_i}{\partial x}}}$ と $\underline{\underline{\dfrac{\partial \hat{z}_i}{\partial y}}}$ の計算に入ろう。⑨を用いると，

$$\cdot\ \frac{\partial \hat{z}_i}{\partial x}=\frac{\partial}{\partial x}\Big(\underbrace{{}^t\boldsymbol{N}_i}_{x\cdot y\text{の関数ベクトル}}\underbrace{\hat{\boldsymbol{Z}}_i}_{\text{定ベクトル}}\Big)=\frac{\partial}{\partial x}\Big(\underbrace{{}^t\boldsymbol{N}_i}_{[A_1+B_1x+C_1y,\ A_2+B_2x+C_2y,\ A_3+B_3x+C_3y]}\Big)\cdot\hat{\boldsymbol{Z}}_i$$

$$=\Big[\underbrace{\frac{\partial}{\partial x}(A_1+B_1x+C_1y)}_{B_1},\ \underbrace{\frac{\partial}{\partial x}(A_2+B_2x+C_2y)}_{B_2},\ \underbrace{\frac{\partial}{\partial x}(A_3+B_3x+C_3y)}_{B_3}\Big]\cdot\hat{\boldsymbol{Z}}_i$$

$$=\underbrace{[B_1,\ B_2,\ B_3]}_{\text{これを}{}^t\boldsymbol{B}\text{とおく}}\cdot\hat{\boldsymbol{Z}}_i={}^t\boldsymbol{B}\cdot\hat{\boldsymbol{Z}}_i\ \cdots\cdots⑩$$ となり，同様に，

$$\cdot\ \frac{\partial \hat{z}_i}{\partial y}=\frac{\partial}{\partial y}\Big({}^t\boldsymbol{N}_i\cdot\hat{\boldsymbol{Z}}_i\Big)=\frac{\partial}{\partial y}\Big({}^t\boldsymbol{N}_i\Big)\cdot\hat{\boldsymbol{Z}}_i$$

$$=\Big[\underbrace{\frac{\partial}{\partial y}(A_1+B_1x+C_1y)}_{C_1},\ \underbrace{\frac{\partial}{\partial y}(A_2+B_2x+C_2y)}_{C_2},\ \underbrace{\frac{\partial}{\partial y}(A_3+B_3x+C_3y)}_{C_3}\Big]\cdot\hat{\boldsymbol{Z}}_i$$

$$=\underbrace{[C_1,\ C_2,\ C_3]}_{\text{これを}{}^t\boldsymbol{C}\text{とおく}}\cdot\hat{\boldsymbol{Z}}_i={}^t\boldsymbol{C}\cdot\hat{\boldsymbol{Z}}_i\ \cdots\cdots⑪$$ となる。

以上の結果をまとめると，

$\dfrac{\partial \hat{z}_i}{\partial x}={}^t\boldsymbol{B}\cdot\hat{\boldsymbol{Z}}_i$ ……⑩，$\dfrac{\partial \hat{z}_i}{\partial y}={}^t\boldsymbol{C}\cdot\hat{\boldsymbol{Z}}_i$ ……⑪ となるんだね。

(ただし，${}^t\boldsymbol{B}=[B_1,\ B_2,\ B_3]$，${}^t\boldsymbol{C}=[C_1,\ C_2,\ C_3]$)

そして，⑩，⑪の右辺を計算すると，スカラー(または，**1** 行 **1** 列の行列)になることにも気を付けよう。

では次，弱形式の第 **1** 項の中の任意関数 w_i の偏微分 $\dfrac{\partial w_i}{\partial x}$ と $\dfrac{\partial w_i}{\partial y}$ についても解説しておこう。w_i も，xy 平面上の **3** 点 P_1，P_2，P_3 でできる三角形の領域 D_i における近似式(平面の式)として，

$$w_i=\alpha_i+\beta_i x+\gamma_i y=[1,\ x,\ y]\begin{bmatrix}\alpha_i\\ \beta_i\\ \gamma_i\end{bmatrix}\ \cdots\cdots⑫$$ とおき，また，**3** 点 P_1，P_2，P_3 における w_i の値を順に w_1，w_2，w_3 とおくと，

$$\begin{cases} w_1 = \alpha_i + \beta_i x_1 + \gamma_i y_1 \\ w_2 = \alpha_i + \beta_i x_2 + \gamma_i y_2 \\ w_3 = \alpha_i + \beta_i x_3 + \gamma_i y_3 \end{cases}$$ より，

$$\begin{bmatrix} w_1 \\ w_2 \\ w_3 \end{bmatrix} = \underbrace{\begin{bmatrix} 1 & x_1 & y_1 \\ 1 & x_2 & y_2 \\ 1 & x_3 & y_3 \end{bmatrix}}_{A} \begin{bmatrix} \alpha_i \\ \beta_i \\ \gamma_i \end{bmatrix} \cdots\cdots ⑬$$ となる。

> 離散化した弱形式の第 **1** 項
> $$\sum_{i=1}^{N_e} \left\{ \iint_{D_i} \left(\frac{\partial w_i}{\partial x} \cdot \frac{\partial \hat{z}_i}{\partial x} + \frac{\partial w_i}{\partial y} \cdot \frac{\partial \hat{z}_i}{\partial y} \right) dxdy \right\}$$
> $$\frac{\partial \hat{z}_i}{\partial x} = {}^t\boldsymbol{B} \cdot \hat{\boldsymbol{Z}}_i \cdots\cdots ⑩$$
> $$\frac{\partial \hat{z}_i}{\partial y} = {}^t\boldsymbol{C} \cdot \hat{\boldsymbol{Z}}_i \cdots\cdots ⑪$$

$A = \begin{bmatrix} 1 & x_1 & y_1 \\ 1 & x_2 & y_2 \\ 1 & x_3 & y_3 \end{bmatrix}$ の逆行列 $A^{-1} = \begin{bmatrix} A_1 & A_2 & A_3 \\ B_1 & B_2 & B_3 \\ C_1 & C_2 & C_3 \end{bmatrix}$ を⑬の両辺に左からかけて，

$$\begin{bmatrix} \alpha_i \\ \beta_i \\ \gamma_i \end{bmatrix} = \begin{bmatrix} A_1 & A_2 & A_3 \\ B_1 & B_2 & B_3 \\ C_1 & C_2 & C_3 \end{bmatrix} \begin{bmatrix} w_1 \\ w_2 \\ w_3 \end{bmatrix} \cdots\cdots ⑬'$$ となる。これを

$$w_i = [1,\ x,\ y] \begin{bmatrix} \alpha_i \\ \beta_i \\ \gamma_i \end{bmatrix} \cdots\cdots ⑫$$ に代入すると，

$$w_i = \underbrace{[1,\ x,\ y] \begin{bmatrix} A_1 & A_2 & A_3 \\ B_1 & B_2 & B_3 \\ C_1 & C_2 & C_3 \end{bmatrix}}_{[A_1+B_1x+C_1y,\ A_2+B_2x+C_2y,\ A_3+B_3x+C_3y] = {}^t\boldsymbol{N}_i} \begin{bmatrix} w_1 \\ w_2 \\ w_3 \end{bmatrix} = {}^t\boldsymbol{N}_i \boldsymbol{W}_i$$ となって，

$\hat{z}_i$ と同様の式：$w_i = {}^t\boldsymbol{N}_i \boldsymbol{W}_i$ ……⑭ $\left({}^t\boldsymbol{W}_i = [w_1,\ w_2,\ w_3]\right)$ が導ける。

よって，w_i の偏微分 $\frac{\partial w_i}{\partial x}$，$\frac{\partial w_i}{\partial y}$ も $\frac{\partial \hat{z}_i}{\partial x}$，$\frac{\partial \hat{z}_i}{\partial y}$ と同様に

$$\frac{\partial w_i}{\partial x} = {}^t\boldsymbol{B}\, \boldsymbol{W}_i \cdots\cdots ⑮,\quad \frac{\partial w_i}{\partial y} = {}^t\boldsymbol{C}\, \boldsymbol{W}_i \cdots\cdots ⑯$$ となるんだね。

> ⑮，⑯もスカラー（**1** 行 **1** 列の行列）になる。

$\left(\text{ただし，} {}^t\boldsymbol{B} = [B_1,\ B_2,\ B_3],\ {}^t\boldsymbol{C} = [C_1,\ C_2,\ C_3]\right)$

よって，⑩，⑪，⑮，⑯を離散化した弱形式の第 **1** 項に代入すると，

$$\sum_{i=1}^{N_e} \left\{ \iint_{D_i} \left(\underbrace{{}^t\boldsymbol{B}\boldsymbol{W}_i}_{{}^t({}^t\boldsymbol{B}\boldsymbol{W}_i) = {}^t\boldsymbol{W}_i\boldsymbol{B}} \cdot {}^t\boldsymbol{B}\hat{\boldsymbol{Z}}_i + \underbrace{{}^t\boldsymbol{C}\boldsymbol{W}_i}_{{}^t({}^t\boldsymbol{C}\boldsymbol{W}_i) = {}^t\boldsymbol{W}_i\boldsymbol{C}} \cdot {}^t\boldsymbol{C}\hat{\boldsymbol{Z}}_i \right) dxdy \right\} \cdots\cdots ⑰$$ となる。

ここで，${}^t\boldsymbol{B}\cdot\boldsymbol{W}_i$ はスカラー(**1** 行 **1** 列の行列)より，この転置行列をとっても変化しない。よって，${}^t\boldsymbol{B}\cdot\boldsymbol{W}_i={}^t\left({}^t\boldsymbol{B}\boldsymbol{W}_i\right)={}^t\boldsymbol{W}_i\cdot{}^t\left({}^t\boldsymbol{B}\right)={}^t\boldsymbol{W}_i\cdot\boldsymbol{B}$ となる。

同様に，${}^t\boldsymbol{C}\cdot\boldsymbol{W}_i$ もスカラー(**1** 行 **1** 列の行列)より，

${}^t\boldsymbol{C}\cdot\boldsymbol{W}_i={}^t\left({}^t\boldsymbol{C}\cdot\boldsymbol{W}_i\right)={}^t\boldsymbol{W}_i\cdot{}^t\left({}^t\boldsymbol{C}\right)={}^t\boldsymbol{W}_i\cdot\boldsymbol{C}$ となる。これを⑰に代入すると，

$$\sum_{i=1}^{N_e}\left\{\iint_{D_i}\underbrace{\left({}^t\boldsymbol{W}_i\cdot\boldsymbol{B}\cdot{}^t\boldsymbol{B}\hat{\boldsymbol{Z}}_i+{}^t\boldsymbol{W}_i\cdot\boldsymbol{C}\cdot{}^t\boldsymbol{C}\cdot\hat{\boldsymbol{Z}}_i\right)}_{{}^t\boldsymbol{W}_i\left(\boldsymbol{B}\cdot{}^t\boldsymbol{B}+\boldsymbol{C}\cdot{}^t\boldsymbol{C}\right)\hat{\boldsymbol{Z}}_i}dxdy\right\}$$

$$=\sum_{i=1}^{N_e}\left[\underbrace{{}^t\boldsymbol{W}_i}_{\text{定ベクトル}}\cdot\left\{\iint_{D_i}\underbrace{\left(\boldsymbol{B}\cdot{}^t\boldsymbol{B}+\boldsymbol{C}\cdot{}^t\boldsymbol{C}\right)}_{\text{定行列}}dxdy\right\}\underbrace{\hat{\boldsymbol{Z}}_i}_{\text{定ベクトル}}\right]$$

$$=\sum_{i=1}^{N_e}{}^t\boldsymbol{W}_i\cdot\left(\boldsymbol{B}\cdot{}^t\boldsymbol{B}+\boldsymbol{C}\cdot{}^t\boldsymbol{C}\right)\underbrace{\left\{\iint_{D_i}dxdy\right\}}_{(\triangle \mathrm{P}_1\mathrm{P}_2\mathrm{P}_3\text{の面積})=\frac{1}{2}\Delta_i=\frac{1}{2}|A|}\cdot\hat{\boldsymbol{Z}}_i$$

$$=\sum_{i=1}^{N_e}{}^t\boldsymbol{W}_i\cdot\underbrace{\frac{\Delta_i}{2}\left(\boldsymbol{B}\cdot{}^t\boldsymbol{B}+\boldsymbol{C}\cdot{}^t\boldsymbol{C}\right)}_{\boldsymbol{H}_i\text{とおく}}\cdot\hat{\boldsymbol{Z}}_i$$

$$\boldsymbol{B}\cdot{}^t\boldsymbol{B}=\begin{bmatrix}B_1\\B_2\\B_3\end{bmatrix}[B_1,\ B_2,\ B_3]=\begin{bmatrix}B_1B_1 & B_1B_2 & B_1B_3\\B_2B_1 & B_2B_2 & B_2B_3\\B_3B_1 & B_3B_2 & B_3B_3\end{bmatrix}$$

$\boldsymbol{C}\cdot{}^t\boldsymbol{C}$ も同様に **3** 行 **3** 列の行列となる。

よって，$\boldsymbol{H}_i$ は **3** 行 **3** 列の行列。

$$=\sum_{i=1}^{N_e}\underbrace{{}^t\boldsymbol{W}_i\cdot\boldsymbol{H}_i\hat{\boldsymbol{Z}}_i}\ \cdots\cdots⑱$$ となって，第 **1** 項の変形が終了する。

$$[\bigcirc\ \bigcirc\ \bigcirc]\begin{bmatrix}\bigcirc&\bigcirc&\bigcirc\\\bigcirc&\bigcirc&\bigcirc\\\bigcirc&\bigcirc&\bigcirc\end{bmatrix}\begin{bmatrix}\bigcirc\\\bigcirc\\\bigcirc\end{bmatrix}=[\bigcirc\ \bigcirc\ \bigcirc]\begin{bmatrix}\bigcirc\\\bigcirc\\\bigcirc\end{bmatrix}=[\bigcirc]\ (\text{スカラー})$$

ただし，$\boldsymbol{H}_i=\frac{\Delta_i}{2}\left(\boldsymbol{B}\cdot{}^t\boldsymbol{B}+\boldsymbol{C}\cdot{}^t\boldsymbol{C}\right)=\frac{\Delta_i}{2}\begin{bmatrix}B_1B_1+C_1C_1 & B_1B_2+C_1C_2 & B_1B_3+C_1C_3\\B_2B_1+C_2C_1 & B_2B_2+C_2C_2 & B_2B_3+C_2C_3\\B_3B_1+C_3C_1 & B_3B_2+C_3C_2 & B_3B_3+C_3C_3\end{bmatrix}$

${}^t\boldsymbol{W}_i=[w_1,\ w_2,\ w_3]$，$\hat{\boldsymbol{Z}}_i=\begin{bmatrix}\hat{z}_1\\\hat{z}_2\\\hat{z}_3\end{bmatrix}$ であり，また，

${}^t\boldsymbol{B}=[B_1,\ B_2,\ B_3]=\frac{1}{\Delta_i}[y_2-y_3,\ y_3-y_1,\ y_1-y_2]$

${}^t\boldsymbol{C}=[C_1,\ C_2,\ C_3]=\frac{1}{\Delta_i}[x_3-x_2,\ x_1-x_3,\ x_2-x_1]$ である。

● 弱形式の第 2 項も離散化して解析しよう！

では次に，離散化された弱形式：

$$\underbrace{\sum_{i=1}^{N_e}\left\{\iint_{D_i}\left(\frac{\partial w_i}{\partial x}\cdot\frac{\partial \hat{z}_i}{\partial x}+\frac{\partial w_i}{\partial y}\cdot\frac{\partial \hat{z}_i}{\partial y}\right)dxdy\right\}}_{\text{(i) 第1項}}-\underbrace{\sum_{k=1}^{N_b'}\left(\int_0^{l_k} w_k\theta_k\, d\zeta\right)}_{\text{(ii) 第2項}}=0 \quad\cdots\cdots③''$$

（第1項）$= \displaystyle\sum_{i=1}^{N_e} {}^t W_i H_i \cdot \hat{Z}_i$ ……⑱

の第 **2** 項を変形して簡潔にまとめてみよう。

(ii) ③''の第 **2** 項目について，

まず，C_1の境界線の要素 (線分)

（$\dfrac{\partial z}{\partial n}=\theta$ となる境界線）

の個数を N_b' とする。

（N_b' の "*b*" は *boundary* (境界線) の頭文字である。）

図 **4** 境界における有限要素

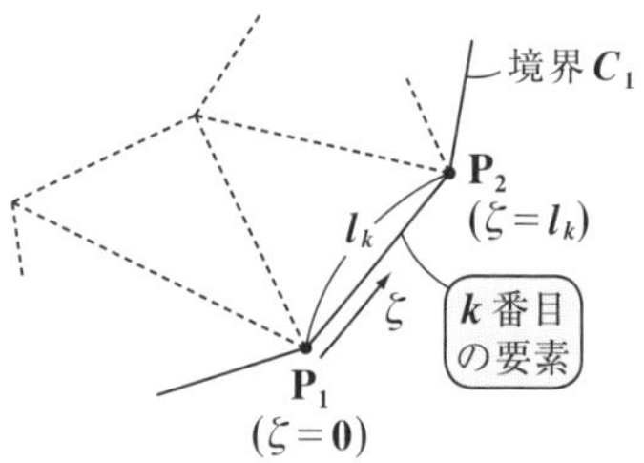

図 **4** に示すように，**1**, **2**, ⋯ , k, ⋯ , N_b' のうち k 番目の境界要素の線分 $P_1P_2(=l_k$(長さ)) について，P_1 を原点とし，P_2 に向かう ζ（ゼータ）軸を設定し，変数 ζ は $0\leqq\zeta\leqq l_k$ の範囲を動き，$\zeta=0$ のとき，P_1 の位置を，また，$\zeta=l_k$ のとき，P_2 の位置を表すものとする。ここで，θ は近似的に ζ の **1** 次式として，

$$\theta_k(\zeta)=a_k+b_k\zeta=[1,\ \zeta]\begin{bmatrix}a_k\\b_k\end{bmatrix} \quad\cdots\cdots①$$ と表されるものとする。

また，$\zeta=0\ (P_1)$ における θ を θ_1 とし，$\zeta=l_k\ (P_2)$ における θ を θ_2 とおくと，①より，

$$\begin{cases}\theta_1=a_k+b_k\cdot 0\\ \theta_2=a_k+b_k\cdot l_k\end{cases}$$

よって，$\begin{bmatrix}\theta_1\\\theta_2\end{bmatrix}=\begin{bmatrix}1&0\\1&l_k\end{bmatrix}\begin{bmatrix}a_k\\b_k\end{bmatrix}$ ……② となる。

②の両辺に，$\begin{bmatrix}1&0\\1&l_k\end{bmatrix}^{-1}=\dfrac{1}{l_k}\begin{bmatrix}l_k&0\\-1&1\end{bmatrix}$ を左からかけると，

（$\begin{bmatrix}a&b\\c&d\end{bmatrix}^{-1}=\dfrac{1}{\varDelta}\begin{bmatrix}d&-b\\-c&a\end{bmatrix}$ $(\varDelta=ad-bc)$）

$$\begin{bmatrix}a_k\\b_k\end{bmatrix}=\frac{1}{l_k}\begin{bmatrix}l_k&0\\-1&1\end{bmatrix}\begin{bmatrix}\theta_1\\\theta_2\end{bmatrix} \quad\cdots\cdots②'$$ となる。

②'を①に代入すると，

$$\theta_k(\zeta)=[\mathbf{1},\ \zeta]\cdot\frac{\mathbf{1}}{l_k}\begin{bmatrix} l_k & \mathbf{0} \\ -\mathbf{1} & \mathbf{1} \end{bmatrix}\begin{bmatrix} \theta_1 \\ \theta_2 \end{bmatrix}$$

$$=\frac{\mathbf{1}}{l_k}[l_k-\zeta,\ \zeta]\begin{bmatrix} \theta_1 \\ \theta_2 \end{bmatrix}=\underbrace{\left[\frac{l_k-\zeta}{l_k},\ \frac{\zeta}{l_k}\right]}_{{}^t\boldsymbol{L}_k}\underbrace{\begin{bmatrix} \theta_1 \\ \theta_2 \end{bmatrix}}_{\boldsymbol{\Theta}_k}$$

ここで，${}^t\boldsymbol{L}_k=\left[\frac{l_k-\zeta}{l_k},\ \frac{\zeta}{l_k}\right]$，$\boldsymbol{\Theta}_k=\begin{bmatrix} \theta_1 \\ \theta_2 \end{bmatrix}$ とおくと，

$\theta_k={}^t\boldsymbol{L}_k\cdot\boldsymbol{\Theta}_k$ ……③ となる。← これは，スカラー(1行1列の行列)

任意関数 w_k も，要素(線分) $\mathbf{P}_1\mathbf{P}_2$ において，近似的に ζ の1次式とおくと，

$w_k(\zeta)=\alpha_k+\beta_k\zeta=[\mathbf{1},\ \zeta]\begin{bmatrix} \alpha_k \\ \beta_k \end{bmatrix}$ ……④ となる。

また，$\zeta=\mathbf{0}$ のとき $w_k(\mathbf{0})=w_1$，$\zeta=l_k$ のとき，$w_k(l_k)=w_2$ とおくと，

$\begin{cases} w_1=\alpha_k+\beta_k\cdot\mathbf{0} \\ w_2=\alpha_k+\beta_k\cdot l_k \end{cases}$ より，$\begin{bmatrix} w_1 \\ w_2 \end{bmatrix}=\begin{bmatrix} \mathbf{1} & \mathbf{0} \\ \mathbf{1} & l_k \end{bmatrix}\begin{bmatrix} \alpha_k \\ \beta_k \end{bmatrix}$ よって，

$\begin{bmatrix} \alpha_k \\ \beta_k \end{bmatrix}=\frac{\mathbf{1}}{l_k}\begin{bmatrix} l_k & \mathbf{0} \\ -\mathbf{1} & \mathbf{1} \end{bmatrix}\begin{bmatrix} w_1 \\ w_2 \end{bmatrix}$ ……⑤ となる。⑤を④に代入して，まとめると，

同様に，$w_k(\zeta)=[\mathbf{1},\ \zeta]\cdot\frac{\mathbf{1}}{l_k}\begin{bmatrix} l_k & \mathbf{0} \\ -\mathbf{1} & \mathbf{1} \end{bmatrix}\begin{bmatrix} w_1 \\ w_2 \end{bmatrix}={}^t\boldsymbol{L}_k\cdot\boldsymbol{W}_k$ ……⑥ となる。← これは，スカラー(1行1列の行列)

$\left(\text{ただし，}{}^t\boldsymbol{L}_k=\left[\frac{l_k-\zeta}{l_k},\ \frac{\zeta}{l_k}\right],\ \boldsymbol{W}_k=\begin{bmatrix} w_1 \\ w_2 \end{bmatrix}\right)$

ここで，⑥の ${}^t\boldsymbol{L}_k\boldsymbol{W}_k$ は，1行1列の行列(スカラー)より，この転置行列をとっても変化しないので，

${}^t\boldsymbol{L}_k\boldsymbol{W}_k={}^t\left({}^t\boldsymbol{L}_k\boldsymbol{W}_k\right)={}^t\boldsymbol{W}_k{}^t\left({}^t\boldsymbol{L}_k\right)={}^t\boldsymbol{W}_k\boldsymbol{L}_k$ ……⑥′ となる。

以上より，③，⑥(および⑥′)を，離散化された弱形式③″の第2項に代入すると，

$$\sum_{k=1}^{N_b'}\left(\int_0^{l_k}w_k\theta_k\,d\zeta\right)=\sum_{k=1}^{N_b'}\left(\int_0^{l_k}\underbrace{{}^t\boldsymbol{L}_k\cdot\boldsymbol{W}_k}_{{}^t\boldsymbol{W}_k\cdot\boldsymbol{L}_k\ (⑥'\text{より})}\cdot{}^t\boldsymbol{L}_k\cdot\boldsymbol{\Theta}_k\,d\zeta\right)$$

$$=\sum_{k=1}^{N_b'}\left\{\underbrace{{}^t\boldsymbol{W}_k}_{\text{定ベクトル}}\left(\underbrace{\int_0^{l_k}\boldsymbol{L}_k\cdot{}^t\boldsymbol{L}_k\,d\zeta}_{\text{変数}\zeta\text{の2行2列の行列}}\right)\underbrace{\boldsymbol{\Theta}_k}_{\text{定ベクトル}}\right\}\ \text{より，}$$

$$\sum_{k=1}^{N_b'}\left(\int_0^{l_k} w_k\theta_k d\zeta\right)$$

$$=\sum_{k=1}^{N_b'}\left\{{}^t\boldsymbol{W}_k\left(\int_0^{l_k}\underbrace{\boldsymbol{L}_k\cdot{}^t\boldsymbol{L}_k}\,d\zeta\right)\boldsymbol{\Theta}_k\right\}$$

$$\frac{1}{l_k^2}\begin{bmatrix} l_k-\zeta \\ \zeta \end{bmatrix}[l_k-\zeta,\ \zeta]$$
$$=\frac{1}{l_k^2}\begin{bmatrix}(l_k-\zeta)^2 & \zeta(l_k-\zeta)\\ \zeta(l_k-\zeta) & \zeta^2\end{bmatrix}$$

$${}^t\boldsymbol{W}_k=[w_1,\ w_2]$$
$${}^t\boldsymbol{L}_k=\frac{1}{l_k}[l_k-\zeta,\ \zeta]$$
$$\boldsymbol{\Theta}_k=\begin{bmatrix}\theta_1\\ \theta_2\end{bmatrix}$$

$$=\sum_{k=1}^{N_b'}\left\{{}^t\boldsymbol{W}_k\cdot\frac{1}{l_k^2}\begin{bmatrix}\overset{㋐}{\int_0^{l_k}}(l_k-\zeta)^2d\zeta & \overset{㋑}{\int_0^{l_k}}\zeta(l_k-\zeta)d\zeta\\ \overset{㋑}{\int_0^{l_k}}\zeta(l_k-\zeta)d\zeta & \overset{㋒}{\int_0^{l_k}}\zeta^2d\zeta\end{bmatrix}\boldsymbol{\Theta}_k\right\}$$

㋐ $\int_0^{l_k}(\zeta-l_k)^2d\zeta=\frac{1}{3}\left[(\zeta-l_k)^3\right]_0^{l_k}=\frac{1}{3}\{0^2-(-l_k)^3\}=\frac{1}{3}l_k^3$

㋑ $\int_0^{l_k}(l_k\zeta-\zeta^2)d\zeta=\left[\frac{1}{2}l_k\zeta^2-\frac{1}{3}\zeta^3\right]_0^{l_k}=\frac{1}{2}l_k^3-\frac{1}{3}l_k^3=\frac{1}{6}l_k^3$

㋒ $\int_0^{l_k}\zeta^2d\zeta=\frac{1}{3}\left[\zeta^3\right]_0^{l_k}=\frac{1}{3}l_k^3$

$$=\sum_{k=1}^{N_b'}\left\{{}^t\boldsymbol{W}_k\cdot\underbrace{\frac{1}{l_k^2}\begin{bmatrix}\frac{1}{3}l_k^3 & \frac{1}{6}l_k^3\\ \frac{1}{6}l_k^3 & \frac{1}{3}l_k^3\end{bmatrix}\boldsymbol{\Theta}_k}\right\}$$

$\frac{l_k}{6}\begin{bmatrix}2&1\\1&2\end{bmatrix}\boldsymbol{\Theta}_k=\boldsymbol{T}_k$とおく。

$\therefore$ (第**2**項) $=\sum_{k=1}^{N_b'}\left(\int_0^{l_k}w_k\theta_k d\zeta\right)=\sum_{k=1}^{N_b'}{}^t\boldsymbol{W}_k\cdot\boldsymbol{T}_k$ ……⑦ となる。

(ただし, $\boldsymbol{T}_k=\frac{l_k}{6}\begin{bmatrix}2&1\\1&2\end{bmatrix}\boldsymbol{\Theta}_k=\frac{l_k}{6}\begin{bmatrix}2\theta_1+\theta_2\\ \theta_1+2\theta_2\end{bmatrix}$)

⑦も③″(**P88**)に代入してまとめよう。(ここで, 領域 D に存在する全節点の個数を N_n とおく。)

N_n の "n" は *node* (節点) の頭文字である。

(i) 第 **1** 項　　(ii) 第 **2** 項

$$\sum_{i=1}^{N_e} {}^t\boldsymbol{W}_i \boldsymbol{H}_i \hat{\boldsymbol{Z}}_i - \sum_{k=1}^{N_b'} {}^t\boldsymbol{W}_k \boldsymbol{T}_k = \boldsymbol{0} \quad \cdots\cdots ⑧$$ となる。

$$[\circ\ \circ\ \circ]\begin{bmatrix}\circ & \circ & \circ\\ \circ & \circ & \circ\\ \circ & \circ & \circ\end{bmatrix}\begin{bmatrix}\circ\\ \circ\\ \circ\end{bmatrix} \qquad [\circ\ \circ]\begin{bmatrix}\circ\\ \circ\end{bmatrix}$$

⑧の第**1**項と第**2**項は同じスカラー(数値または，**1**つの式)だけれども，かけ算するベクトルや行列の型も異なり，第**1**項の $\sum$ 計算の $i=1, 2, \cdots, N_e$ は三角形の要素に対応し，第**2**項の $\sum$ 計算の $k=1, 2, \cdots, N_b'$ は境界線 C_1 の線分の要素に対応するので，これらは**1**対**1**に対応していない。

しかし，ここで，節点数 N_n に対応する N_n 行 N_n 列の行列 $\boldsymbol{M}$ と，N_n 行の列ベクトル $\boldsymbol{T}$ を用意して，これらの成分をまずすべて**0**に初期化した後，⑧の $\sum$ 計算により，これらを $\boldsymbol{M}$ や $\boldsymbol{T}$ の所定の位置の成分に加える操作を行うと，⑧は，

$${}^t\boldsymbol{W} \cdot \left(\boldsymbol{M} \cdot \hat{\boldsymbol{Z}} - \boldsymbol{T}\right) = \boldsymbol{0} \quad \cdots\cdots ⑧'$$ となる。

${}^t\boldsymbol{W} = [w_1, w_2, \cdots, w_{N_n}]$（任意ベクトル）

$\boldsymbol{M}$：N_n 行 N_n 列の行列

$\hat{\boldsymbol{Z}}$：N_n 行の列ベクトル

$\boldsymbol{T}$：N_n 行の列ベクトル

ここで，${}^t\boldsymbol{W}$ は，**1** 行 N_n 列の任意行ベクトルなので，⑧′が恒等的に成り立つためには，

$$\boldsymbol{M} \cdot \hat{\boldsymbol{Z}} = \boldsymbol{T} \quad \cdots\cdots ⑨，\text{すなわち，} \begin{bmatrix} m_{11} & \cdots\cdots\cdots & m_{1N_n} \\ \vdots & & \vdots \\ \vdots & & \vdots \\ m_{N_n1} & \cdots\cdots\cdots & m_{N_nN_n} \end{bmatrix} \begin{bmatrix} \hat{z}_1 \\ \vdots \\ \vdots \\ \hat{z}_{N_n} \end{bmatrix} = \begin{bmatrix} t_1 \\ \vdots \\ \vdots \\ t_{N_n} \end{bmatrix} \quad \cdots\cdots ⑨'$$

となる。ここで，最後に境界条件として，境界線 C_2 において，たとえば $\hat{z}_j = \phi_j$ であるときは，⑨′を書き換えて，

$$\begin{bmatrix} m_{11} & \cdots & m_{1j} & \cdots & m_{1N_n} \\ \vdots & & \vdots & & \vdots \\ 0 & & 1 & & 0 \\ \vdots & & \vdots & & \vdots \\ m_{N_n1} & \cdots & m_{N_nj} & \cdots & m_{N_nN_n} \end{bmatrix} \begin{bmatrix} \hat{z}_1 \\ \vdots \\ \hat{z}_j \\ \vdots \\ \hat{z}_{N_n} \end{bmatrix} = \begin{bmatrix} t_1 \\ \vdots \\ \phi_j \\ \vdots \\ t_{N_n} \end{bmatrix} \leftarrow \text{第}\,j\,\text{行}$$

（第 j 列）

とするんだね。

§2. ラプラス方程式の有限要素法解析プログラム

前回までの講義で，N_n元1次連立方程式を組み立てるところまでは解説した。そして，この連立方程式は，次の拡大係数行列，すなわちN_n行N_n+1列の行列：

$$\left[\begin{array}{cccc|c} m_{11} & m_{12} & \cdots\cdots & m_{1N_n} & t_1 \\ m_{21} & m_{22} & & m_{2N_n} & t_2 \\ \vdots & \vdots & & \vdots & \vdots \\ \vdots & \vdots & & \vdots & \vdots \\ m_{N_n1} & m_{N_n2} & \cdots\cdots & m_{N_nN_n} & t_{N_n} \end{array}\right]$$

の形にして解くプログラムを**P26**で示した。

（第N_n+1列）

この近似解$\hat{z}_i(i=1,\ 2,\ \cdots,\ N_n)$は，この第$N_n+1$列に置き換えて記憶されるんだね。しかし，まだ，ほとんどの読者の方がどのように，この拡大係数行列の各成分を決めればよいのか？ピンときていないと思う。このような問題は，実際に自分でこれを解くプログラム(有限要素法プログラム)を作ってみて，初めて本当にマスターすることができるからなんだね。

今回の講義では，例題を具体的に解くことにより，2次元のラプラス方程式を解くための有限要素法のプログラムを示そう。さらに，この解析結果を3次元のグラフとして示すプログラムについても解説しよう。

今回の講義で，有限要素法のかなり本格的なプログラムをマスターできるはずだ。

● 2次元のラプラス方程式を有限要素法で解いてみよう！

それでは，早速次の2次元ラプラス方程式を有限要素法を使った解析プログラムにより解いてみよう。

例題10　領域$D(0 \leqq x \leqq 4,\ 0 \leqq y \leqq 4)$で定義された関数$z(x,\ y)$が，次の偏微分方程式(2次元のラプラス方程式)をみたすものとする。

$$\frac{\partial^2 z}{\partial x^2}+\frac{\partial^2 z}{\partial y^2}=0 \quad \cdots\cdots①$$

（境界条件：$z(x,\ 0)=z(4,\ y)=z(x,\ 4)=0$であり，かつ

$$z(0,\ y)=\begin{cases} y & (0 \leqq y \leqq 3) \\ 12-3y & (3 < y \leqq 4) \end{cases}$$ とする。）

領域 D を右図に示すように，節点の個数 $N_n = 25$，有限な三角形の要素の個数 $N_e = 32$，境界線上の節点の個数 $N_b = 16$ となるように分割して，各節点における①の近似解 $z_i\,(i = 1,\ 2,\ \cdots,\ 25)$ を有限要素法による **BASIC** プログラムを用いて求めよ。

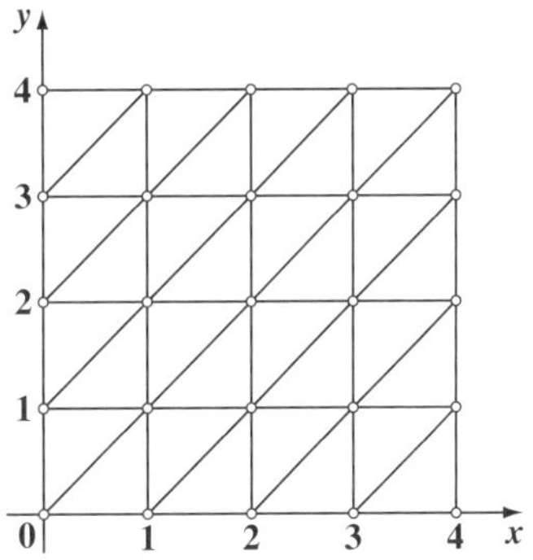

有限要素法を利用する場合，まず，**25** 個の節点と **32** 個の三角形の要素に番号を付ける必要があるんだね。図(i)に示すように，節点は①，②，③，…，㉕と番号を付け，また三角形の要素には **(1)**，**(2)**，**(3)**，…，**(32)** として番号を付けた。

図(i) 節点と要素の番号付け

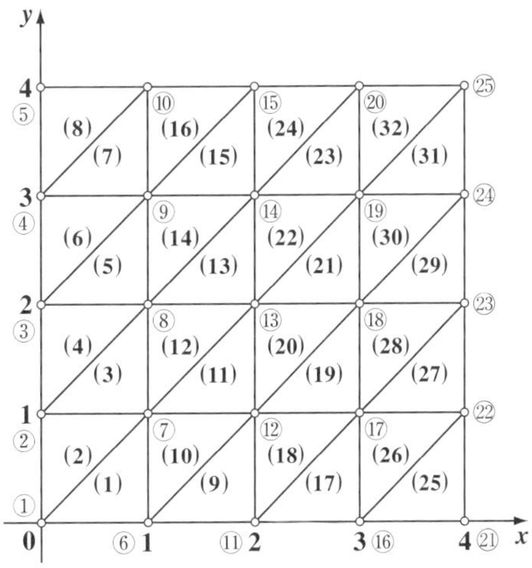

このように，番号を付けることにより，たとえば，**(1)** の三角形の要素の頂点(節点)は，①，⑥，⑦であり，節点

（この順番は，反時計まわりにとる必要がある。他の要素についても同様だね。）

①の座標は **(0, 0)**（X_1, Y_1），⑥の節点の座標は **(1, 0)**（X_2, Y_2），そして，⑦の節点の座標は **(1, 1)**（X_3, Y_3）であることが分かるんだね。これをすべての要素，すべての節点について明示するために，まず次のような **2** つの表を作る必要があるんだね。

表(i) $N_e = 32$ 個の三角形要素の **3** つの節点 (頂点)

要素 No. J	IP(1, J)	IP(2, J)	IP(3, J)	要素 No. J	IP(1, J)	IP(2, J)	IP(3, J)	要素 No. J	IP(1, J)	IP(2, J)	IP(3, J)
1	1	6	7	13	8	13	14	25	16	21	22
2	1	7	2	14	8	14	9	26	16	22	17
3	2	7	8	15	9	14	15	27	17	22	23
4	2	8	3	16	9	15	10	28	17	23	18
5	3	8	9	17	11	16	17	29	18	23	24
6	3	9	4	18	11	17	12	30	18	24	19
7	4	9	10	19	12	17	18	31	19	24	25
8	4	10	5	20	12	18	13	32	19	25	20
9	6	11	12	21	13	18	19				
10	6	12	7	22	13	19	14				
11	7	12	13	23	14	19	20				
12	7	13	8	24	14	20	15				

表(ii) $N_n = 25$ 個の節点の座標 (**X, Y**)

節点 No. I	X(I)	Y(I)	節点 No. I	X(I)	Y(I)	節点 No. I	X(I)	Y(I)
1	0	0	11	2	0	21	4	0
2	0	1	12	2	1	22	4	1
3	0	2	13	2	2	23	4	2
4	0	3	14	2	3	24	4	3
5	0	4	15	2	4	25	4	4
6	1	0	16	3	0			
7	1	1	17	3	1			
8	1	2	18	3	2			
9	1	3	19	3	3			
10	1	4	20	3	4			

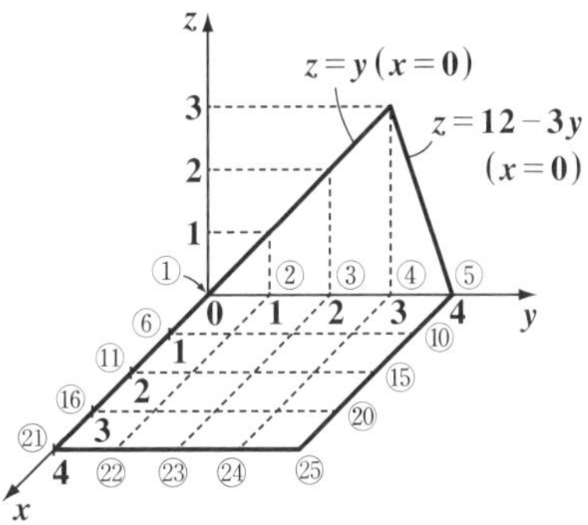

次に，今回の問題の境界条件は，右図に示すように，境界線上の点の値がすべて与えられているので，**P76**で解説したように，境界線はすべてC_2タイプの境界線で，$N_b = 16$個の節点に対して，zの値が$z_i = \phi_i\,(i = 1,\ 2,\ \cdots,\ 16)$のように固定されるんだね。

このデータについても，iを**ID**として，ϕ_iを**FAD(I)**として，次の表(iii)に示しておこう。

表(iii) $N_b = 16$個のC_2タイプの境界線上の節点のϕ_iのデータ

境界点 No.	節点No. ID	ϕ_i FAD(I)	境界点 No.	節点No. ID	ϕ_i FAD(I)	境界点 No.	節点No. ID	ϕ_i FAD(I)
1	1	0	7	10	0	13	22	0
2	2	1	8	11	0	14	23	0
3	3	2	9	15	0	15	24	0
4	4	3	10	16	0	16	25	0
5	5	0	11	20	0			
6	6	0	12	21	0			

このように，今回の問題では，C_1タイプの境界線$\left(\frac{\partial z}{\partial n} = \theta\right)$は存在しないので，$N_b' = 0$だから，離散化した弱形式を変形した方程式の第**2**項は考えなくてよい。つまり，

$$\sum_{i=1}^{N_e} {}^t\boldsymbol{W}_i \boldsymbol{H}_i \hat{\boldsymbol{Z}}_i - \cancel{\sum_{k=1}^{N_b'} {}^t\boldsymbol{W}_k \boldsymbol{T}_k} = \boldsymbol{0} \quad \cdots\cdots ⑧ \text{ より，}$$

$M\hat{\boldsymbol{Z}} = \cancel{\boldsymbol{T}}$ ……⑨　　∴ $M\hat{\boldsymbol{Z}} = \boldsymbol{0}$ ……⑨′ となる。

よって，全成分を**0**として，初期化したNN行NN列の行列Mの所定の位置に，$\boldsymbol{H}_i = \frac{\Delta_i}{2}\left(\boldsymbol{B}\cdot{}^t\boldsymbol{B} + \boldsymbol{C}\cdot{}^t\boldsymbol{C}\right)$の成分をたして，$M$を完成させた後，$z_i = \phi_i\,(i = 1,\ 2,\ \cdots,\ \underbrace{N_b}_{16})$となるように，⑨′の方程式を書き換えて，これを解いて，$\hat{z}_i$を求めればよい。

では，例題**10**のラプラス方程式を解くための有限要素法のプログラムを示す。

```
10 REM ------------------------------------------------------------
20 REM  有限要素法2次元ラプラス方程式3-0
30 REM ------------------------------------------------------------
40 NN=25:NE=32:NN1=NN+1:NB=16
50 DIM M(NN,NN1),IP(3,NE),X(NN),Y(NN),Z(NN),ID(NB),
FAD(NB)
60 FOR I=1 TO 3:FOR J=1 TO NE
70 READ IP(I,J):NEXT J:NEXT I
80 FOR I=1 TO NN:READ X(I):NEXT I
90 FOR I=1 TO NN:READ Y(I):NEXT I
100 FOR I=1 TO NB:READ ID(I):NEXT I
110 FOR I=1 TO NB:READ FAD(I):NEXT I
120 FOR I=1 TO NN:FOR J=1 TO NN1
130 M(I,J)=0:NEXT J:NEXT I
140 FOR K=1 TO NE
150 I1=IP(1,K):I2=IP(2,K):I3=IP(3,K)
160 X1=X(I1):X2=X(I2):X3=X(I3)
170 Y1=Y(I1):Y2=Y(I2):Y3=Y(I3)
180 DET=X1*(Y2-Y3)+X2*(Y3-Y1)+X3*(Y1-Y2)
190 B1=(Y2-Y3)/DET:B2=(Y3-Y1)/DET:B3=(Y1-Y2)/DET
200 C1=(X3-X2)/DET:C2=(X1-X3)/DET:C3=(X2-X1)/DET
210 M(I1,I1)=M(I1,I1)+(B1*B1+C1*C1)*DET/2
220 M(I1,I2)=M(I1,I2)+(B1*B2+C1*C2)*DET/2
230 M(I1,I3)=M(I1,I3)+(B1*B3+C1*C3)*DET/2
240 M(I2,I1)=M(I2,I1)+(B2*B1+C2*C1)*DET/2
250 M(I2,I2)=M(I2,I2)+(B2*B2+C2*C2)*DET/2
260 M(I2,I3)=M(I2,I3)+(B2*B3+C2*C3)*DET/2
270 M(I3,I1)=M(I3,I1)+(B3*B1+C3*C1)*DET/2
280 M(I3,I2)=M(I3,I2)+(B3*B2+C3*C2)*DET/2
290 M(I3,I3)=M(I3,I3)+(B3*B3+C3*C3)*DET/2
300 NEXT K
```

配列の宣言（50）

NN, NE, NN1, NBの値を代入（40）

IP(1, J), IP(2, J), IP(3, J) (J=1, 2,…, NE)のデータの読み込み（60–70）

X(I), Y(I) (I=1, 2, …, NN)のデータの読み込み（80–90）

ID(I), FAD(I) (I=1, 2,…, NB)のデータの読み込み（100–110）

M(I, J)=0 (I=1, 2, …, NN, J=1, 2, …, NN1)として，**M(I, J)**を初期化する。（120–130）

拡大係数行列**M(NN, NN1)**の成分を決定（140–300）

```
310 FOR I=1 TO NB
320 IDR=ID(I)
330 FOR J=1 TO NN
340 M(IDR,J)=0:NEXT J
350 M(IDR,IDR)=1
360 M(IDR,NN1)=FAD(I):NEXT I
370 DATA 1,1,2,2,3,3,4,4,6,6,7,7,8,8,9,9,11,11,12,12,
13,13,14,14,16,16,17,17,18,18,19,19
380 DATA 6,7,7,8,8,9,9,10,11,12,12,13,13,14,14,15,16,
17,17,18,18,19,19,20,21,22,22,23,23,24,24,25
390 DATA 7,2,8,3,9,4,10,5,12,7,13,8,14,9,15,10,17,12,
18,13,19,14,20,15,22,17,23,18,24,19,25,20
400 DATA 0,0,0,0,0,1,1,1,1,1,2,2,2,2,2,3,3,3,3,3,4,4,4,
4,4
410 DATA 0,1,2,3,4,0,1,2,3,4,0,1,2,3,4,0,1,2,3,4,0,1,2,
3,4
420 DATA 1,2,3,4,5,6,10,11,15,16,20,21,22,23,24,25
430 DATA 0,1,2,3,0,0,0,0,0,0,0,0,0,0,0,0
440 REM ------- NN元1次方程式の解法 --------
450 EPS=10^(-6)
460 FOR K=1 TO NN:K1=K+1
470 MAX=ABS(M(K,K)):IR=K
480 IF K=NN THEN 530
490 FOR I=K1 TO NN
500 IF ABS(M(I,K))<MAX THEN 520
510 MAX=ABS(M(I,K)):IR=I
520 NEXT I
530 IF MAX<EPS THEN 760
540 IF IR=K THEN 580
550 FOR J=K TO NN1
560 SWAP M(K,J),M(IR,J)
570 NEXT J
580 W=M(K,K)
590 FOR J=K TO NN1:M(K,J)=M(K,J)/W:NEXT J
600 IF K=N THEN 650
```

(310–360) C_2タイプの境界線上で $z_i=\phi_i$ ($i=1, 2, \cdots, NB$) となるように **M(NN, NN1)** を修正

(450–600) **NN**元**1**次連立方程式の解法

```
610 FOR I=K1 TO NN:MI=M(I,K):FOR J=K1 TO NN1
620 M(I,J)=M(I,J)-MI*M(K,J)
630 NEXT J:NEXT I
640 NEXT K
650 IF N=1 THEN 710
660 FOR K=NN-1 TO 1 STEP -1:S=M(K,NN1)
670 FOR J=K+1 TO NN
680 S=S-M(K,J)*M(J,NN1)
690 NEXT J:M(K,NN1)=S
700 NEXT K
710 PRINT "solution"
720 FOR I=1 TO NN
730 IF ABS(M(I,NN1))<10^(-6) THEN M(I,NN1)=0
740 PRINT "z";I;"=";M(I,NN1)
750 NEXT I:GOTO 770
760 PRINT "no solution"
770 STOP:END
```

（710〜750行：近似解 z_i $(i=1, 2, \cdots, \mathrm{NN})$ を表示）

（760, 770行："*no solution*"（解なし）を表示して停止・終了）

10〜**30**行は，注釈行であり，**40**行で，節点の数 **NN** = **25** と，三角形の要素の個数 **NE** = **32** と，**NN1** = **NN** + **1**(= **26**) と，C_2 タイプの境界線上の節点の個数 **NB** = **16** を代入する。

50行で，配列の宣言をし，行列 **M(NN, NN1)**，**IP(3, NE)** と，ベクトル **X(NN)**，**Y(NN)**，**ID(NB)**，**FAD(NB)** を利用できるようにする。

- **M(NN, NN1)**：拡大係数行列
- **IP(3, NE)**：三角形の要素の節点の番号
- **X(NN)**：各節点の x 座標
- **Y(NN)**：各節点の y 座標
- **ID(NB)**：C_2 タイプの境界線上の節点の番号
- **FAD(NB)**：C_2 タイプの境界線上の節点に対応する $z_i = \phi_i$ の値

60, **70**行の**2**つの**FOR**〜**NEXT**文により，各 **I** = **1**, **2**, **3** に対して，**J** = **1**, **2**, …, **NE** と変化させて，各三角形要素の頂点（節点）の番号を **IP(I, J)** として，**370**, **380**, **390**行の **DATA** 文から **READ** 文により読み込む。このデータは表(i)(**P94**)で示したものだね。

80, **90** 行の **2** つの **FOR ～ NEXT** 文により，**NN = 25** 個のすべての節点の x 座標 **X(I)** と y 座標 **Y(I)** を **READ** 文により，**400**, **410** 行の **DATA** 文から読み取る。これらのデータは，表 (ii) (**P94**) で示したものなんだね。

100, **110** 行の **2** つの **FOR～NEXT** 文により，C_2 タイプの境界線上の **NB = 16** 個の節点の番号を **ID(I)** として，また，そのときの z 座標を **FAD(I)** として，**READ** 文により，**420**, **430** 行の **DATA** 文から読み取る。これらのデータは，表 (iii) (**P95**) で示したものだ。以上で必要なデータの入力はすべて終わったんだね。

120, **130** 行の **2** 重の **FOR ～ NEXT** 文により，**NN** 行 **NN1** 列の拡大係数行列 **M(I, J)** (**I = 1, 2, …, NN, J = 1, 2, …, NN1**) のすべての成分に **0** を代入して初期化する。

140～300 行の大きな **FOR ～ NEXT** 文により，**K = 1, 2, …, NE** と変化させて，**NE** 個のすべての三角形の要素に対して，H_k ($k = 1, 2, \cdots, N_e$) の計算を行った後，これらを拡大係数行列の所定の成分にたしていく。

ここで，具体的に，たとえば，$k = 1$ のとき，すなわち要素 (1) の処理について解説しておこう。**150** 行で，

I1 = IP(1, 1) = 1 → 節点①

I2 = IP(2, 1) = 6 → 節点⑥

I3 = IP(3, 1) = 7 → 節点⑦

節点番号が①，⑥，⑦と分かり，

160, **170** 行で，それぞれの節点の座標が $(X_1, Y_1) = (0, 0)$, $(X_2, Y_2) = (1, 0)$, $(X_3, Y_3) = (1, 1)$ となる。

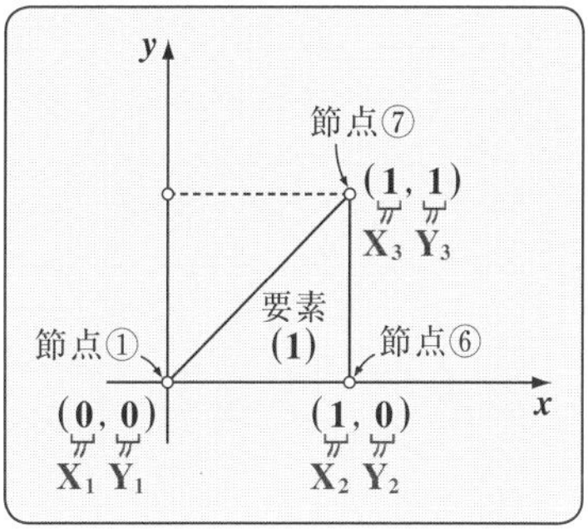

180 行で，行列 $A = \begin{bmatrix} 1 & X_1 & Y_1 \\ 1 & X_2 & Y_2 \\ 1 & X_3 & Y_3 \end{bmatrix}$ の行列式 **DET** $(= \Delta_1 = |A|)$ を求め，（$k=1$）

190 行で，$B_1 = \dfrac{Y_2 - Y_3}{\Delta_1}$, $B_2 = \dfrac{Y_3 - Y_1}{\Delta_1}$, $B_3 = \dfrac{Y_1 - Y_2}{\Delta_1}$ を求め，

200 行で，$C_1 = \dfrac{X_3 - X_2}{\Delta_1}$, $C_2 = \dfrac{X_1 - X_3}{\Delta_1}$, $C_3 = \dfrac{X_2 - X_1}{\Delta_1}$ を求める。

では，**210～290** 行で行う操作について解説しよう。

ここで， $H_1 = \dfrac{\Delta_1}{2}\bigl(B \cdot {}^tB + C \cdot {}^tC\bigr)$

$\boxed{k=1}$

$$\begin{bmatrix} B_1 \\ B_2 \\ B_3 \end{bmatrix}[B_1,\ B_2,\ B_3]$$ $$\begin{bmatrix} C_1 \\ C_2 \\ C_3 \end{bmatrix}[C_1,\ C_2,\ C_3]$$

$$= \begin{bmatrix} B_1B_1 & B_1B_2 & B_1B_3 \\ B_2B_1 & B_2B_2 & B_2B_3 \\ B_3B_1 & B_3B_2 & B_3B_3 \end{bmatrix}$$ $$= \begin{bmatrix} C_1C_1 & C_1C_2 & C_1C_3 \\ C_2C_1 & C_2C_2 & C_2C_3 \\ C_3C_1 & C_3C_2 & C_3C_3 \end{bmatrix}$$

$$= \frac{\Delta_1}{2}\begin{bmatrix} B_1B_1+C_1C_1 & B_1B_2+C_1C_2 & B_1B_3+C_1C_3 \\ B_2B_1+C_2C_1 & B_2B_2+C_2C_2 & B_2B_3+C_2C_3 \\ B_3B_1+C_3C_1 & B_3B_2+C_3C_2 & B_3B_3+C_3C_3 \end{bmatrix}$$

$$= \begin{bmatrix} H_{11} & H_{12} & H_{13} \\ H_{21} & H_{22} & H_{23} \\ H_{31} & H_{32} & H_{33} \end{bmatrix} \begin{matrix} \leftarrow ①行 \\ \leftarrow ⑥行 \\ \leftarrow ⑦行 \end{matrix} \quad とおくと，$$

$\underset{①列}{\uparrow}\ \underset{⑥列}{\uparrow}\ \underset{⑦列}{\uparrow}$

この (1) の要素は，3つの節点①，⑥，⑦を頂点とする三角形なので，この H_1 の各成分は，次のように全体の拡大係数行列 $\mathbf{M(NN,\ NN1)}\ (= \mathbf{M(25,\ 26)})$ の中の所定の成分にたされることになる。

$$\begin{bmatrix} m_{11}+H_{11} & \cdots\cdots & m_{16}+H_{12} & m_{17}+H_{13} & \cdots\cdots & m_{1N_n} & \Big| & 0 \\ \vdots & & \vdots & \vdots & & \vdots & \Big| & \vdots \\ m_{61}+H_{21} & \cdots\cdots & m_{66}+H_{22} & m_{67}+H_{23} & & m_{6N_n} & \Big| & 0 \\ m_{71}+H_{31} & \cdots\cdots & m_{76}+H_{32} & m_{77}+H_{33} & & m_{7N_n} & \Big| & 0 \\ \vdots & & \vdots & \vdots & & \vdots & \Big| & \vdots \\ m_{N_n1} & \cdots\cdots & m_{N_n6} & m_{N_n7} & \cdots\cdots & m_{N_nN_n} & \Big| & 0 \end{bmatrix} \begin{matrix} \leftarrow ①行 \\ \\ \leftarrow ⑥行 \\ \leftarrow ⑦行 \\ \\ \\ \end{matrix}$$

$\underset{①列}{\uparrow}\qquad \underset{⑥列}{\uparrow}\quad \underset{⑦列}{\uparrow}$

以下同様に，$k = 2,\ 3,\ \cdots,\ N_e\,(=32)$ のときの $H_2,\ H_3,\ \cdots,\ H_{N_e}$ の3行3列 の行列を計算し，これらの成分を全体の拡大係数行列 $\mathbf{M(25,\ 26)}$ の中の所 定の位置の成分にたしていく操作を行うんだね。

310～**360** 行の **2** 重の **NEXT** 文により，**I** = **1**，**2**，…，N_b(= **16**) と変化させて，C_2 タイプの境界線上の節点の番号を，**IDR** = **ID(I)** として，まず **IDR** に代入する。次に，**330**，**340** 行の **FOR** ～ **NEXT** 文により，**J** = **1**，**2**，…，**NN**(= **25**) と変化させて，拡大係数行列 **M(25**，**26)** の第 **26** 列を除いて，第 **IDR** 行にすべて **0** を代入する。次に **350** 行で，**M(IDR**，**IDR)** = **1** として，拡大係数行列の第 **IDR** 行第 **IDR** 列の成分に **1** を代入し，最後に **360** 行の **M(IDR**，**NN1)** = **FAD(I)** により，拡大係数行列の第 **IDR** 行第 $\underbrace{\textbf{NN1}}_{26}$ 列に **FAD(I)** (= ϕ_i) を代入する。つまり，この操作は，C_2 タイプの境界線上の節点について，$z_i = \phi_i$ (i = **1**，**2**，…，N_b) とするためのものなんだね。この操作も，具体例を示しておくと，**I** = **3** のとき，$z_3 = \phi_3 = 2$ より，拡大係数行列は次のように書き換えられる。

$$
\left[\begin{array}{ccccc|c}
m_{11} & m_{12} & m_{13} & \cdots & m_{1N_n} & t_1 \\
m_{21} & m_{22} & m_{23} & \cdots & m_{2N_n} & t_2 \\
0 & 0 & 1 & \cdots & 0 & 2 \\
\vdots & \vdots & \vdots & & \vdots & \vdots \\
m_{N_n1} & m_{N_n2} & m_{N_n3} & \cdots & m_{N_nN_n} & t_{N_n}
\end{array}\right]
$$

←(3行)

↑(3列)

これにより，$z_3 = 2$ となるんだね。他の境界線上の節点における z_i の値も同様に決定されることになる。

これで，拡大係数行列 **M(NN**，**NN1)** (= **M(25**，**26)**) は完成したので，この後は，**440**～**770** 行において，**25** 元 **1** 次の連立方程式を解くことになる。もちろん，境界線上の **16** 個の節点における z_i の値は既に決定しているので，実質的には残りの z_i の **9** 元 **1** 次の連立方程式になるわけだけれど，ここはコンピュータの計算力からみて，そのまま **25** 元 **1** 次の連立方程式として一挙に z_i の近似解 $\hat{z}_i$ (i = **1**，**2**，…，**25**) を求めて構わない。これらの解は，拡大係数行列の第 **26** 列に保存されるので，最終的には **740** 行の **PRINT** 文によって，これらを **Z1** = **0**，**Z2** = **1**，**Z3** = **2**，…，**Z25** = **0** の形で画面上に表示されることになるんだね。

それでは，このプログラムの実行結果を次に示そう。

```
z 1 = 0
z 2 = 1
z 3 = 2
z 4 = 3
z 5 = 0
z 6 = 0
z 7 = .589285714285714
z 8 = 1.05357142857143
z 9 = 1.125
z 10 = 0
z 11 = 0
z 12 = .303571428571429
z 13 = .5
z 14 = .446428571428572
z 15 = 0
z 16 = 0
z 17 = .125
z 18 = .196428571428571
z 19 = .160714285714286
z 20 = 0
z 21 = 0
z 22 = 0
z 23 = 0
z 24 = 0
z 25 = 0
```

これで，**2**次元ラプラス方程式も，有限要素法を使って解くことができたわけだけれど，**2**次元ラプラス方程式の厳密解を $z=f(x,\ y)$ とおくと，これは"**調和関数**"と呼ばれる，なだらかで美しい曲面を描くことが知られている。従って，この近似解についても**3**次元のグラフを描いて，その曲面を有限要素法的に描いてみることにしよう。

● まず、xyz 座標系を描くことから始めよう！

右図に示すように，まず，**BASIC** の uv 座標平面 $(0 \leqq u \leqq 640,\ 0 \leqq v \leqq 400)$ 上に，**OXYZ** 座標系を描き，各軸の目盛り幅 $\Delta\overline{X}$, $\Delta\overline{Y}$, $\Delta\overline{Z}$ 毎に短い目盛り線を入れることにする。

uv 座標系の原点を O_0 とおき，uv 座標の点は $(u,\ v)=(320,\ 210)$ のように（　）で示す。これと区別するために，xyz 座標系の点は $[X,\ Y,\ Z]=[0,\ 4,\ 0]$ のように［　］で表示することにする。

図1　XYZ座標系

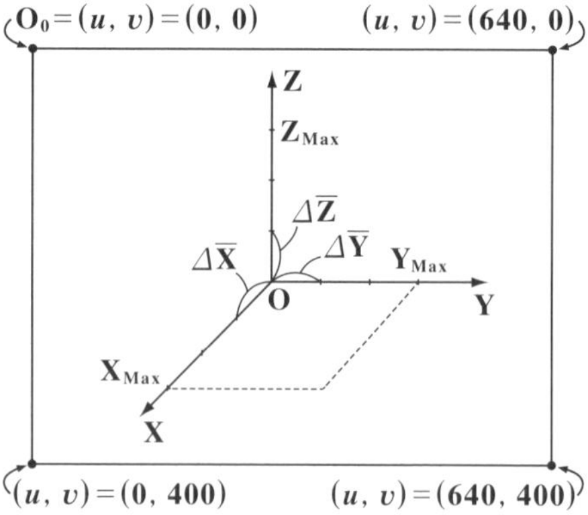

$\mathbf{XYZ}$ 座標系のグラフは，それぞれの座標軸に対する最大値 $\mathbf{X}_{\mathbf{Max}}$，$\mathbf{Y}_{\mathbf{Max}}$，$\mathbf{Z}_{\mathbf{Max}}$ を定め，$0 \leqq \mathbf{X} \leqq \mathbf{X}_{\mathbf{Max}}$，$0 \leqq \mathbf{Y} \leqq \mathbf{Y}_{\mathbf{Max}}$，$0 \leqq \mathbf{Z} \leqq \mathbf{Z}_{\mathbf{Max}}$ の範囲で表示することにする。では，まず，各座標軸を設定しよう。

(i) $\mathbf{X}$ 軸と $\mathbf{X}_{\mathbf{Max}}$ と目盛り幅 $\Delta\overline{\mathbf{X}}$ について，

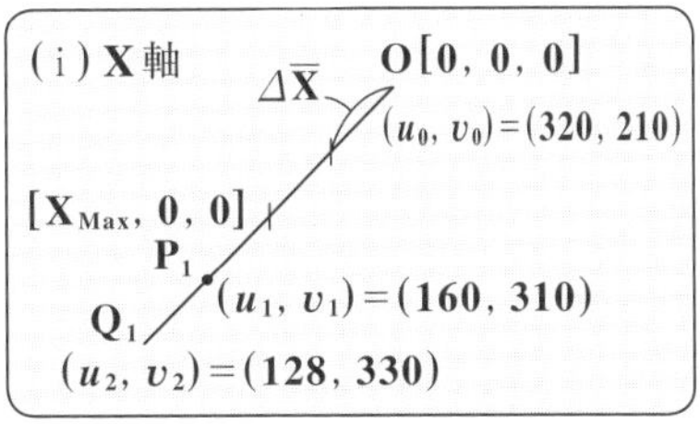

$(u_2, v_2)-(u_0, v_0)=(-192, 120)=\overrightarrow{OQ_1}$
$(u_1, v_1)-(u_0, v_0)=(-160, 100)=\overrightarrow{OP_1}$ とおくと，$\overrightarrow{OP_1} /\!/ \overrightarrow{OQ_1}$ であることが分かる。

右図に示すように，$\mathbf{XYZ}$ 座標の原点 $\mathbf{O}[0, 0, 0]$ は，uv 平面上の点 $(u_0, v_0)=(320, 210)$ にとり，これと点 $\mathbf{Q}_1(u_2, v_2)=(128, 330)$ を結んで $\mathbf{X}$ 軸とする。$\mathbf{X}$ 軸上の点 $\mathbf{P}_1[\mathbf{X}_{\mathbf{Max}}, 0, 0]$ は点 $(u_1, v_1)=(160, 310)$ にとる。次に，目盛り幅 $\Delta\overline{\mathbf{X}}$ を用いて，$\mathbf{Int}\left(\mathbf{X}_{\mathbf{Max}}/\Delta\overline{\mathbf{X}}\right)$ を求めると $\mathbf{OP}_1$ 間にとる目盛りの個数が分かる。$\mathbf{X}$ 軸の上下に 3 画素ずつ取って，短い線分により，目盛りをつけることにする。

(ii) $\mathbf{Y}$ 軸と $\mathbf{Y}_{\mathbf{Max}}$ と目盛り幅 $\Delta\overline{\mathbf{Y}}$ について，

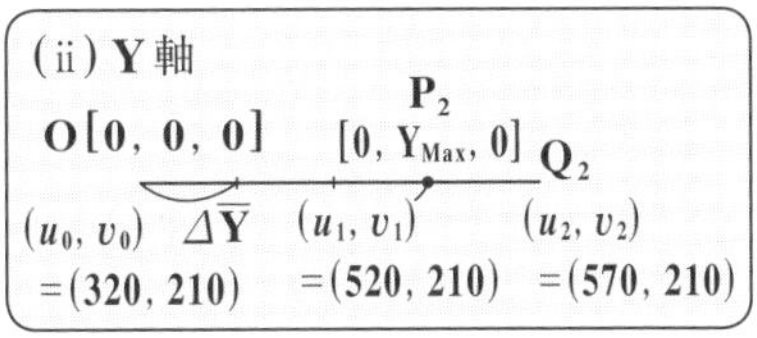

右図に示すように，$\mathbf{XYZ}$ 座標の原点 $\mathbf{O}((u_0, v_0)=(320, 210))$ から，uv 平面上の点 $\mathbf{Q}_2((u_2, v_2)=(570, 210))$ まで引いた線分 $\mathbf{OQ}_2$ を $\mathbf{Y}$ 軸とする。$\mathbf{Y}$ 軸上の点 $\mathbf{P}_2[0, \mathbf{Y}_{\mathbf{Max}}, 0]$ は点 $(u_1, v_1)=(520, 210)$ にとる。次に，目盛り幅 $\Delta\overline{\mathbf{Y}}$ を用いて，$\mathbf{Int}\left(\mathbf{Y}_{\mathbf{Max}}/\Delta\overline{\mathbf{Y}}\right)$ を求めると $\mathbf{OP}_2$ 間にとる目盛りの個数が分かる。$\mathbf{Y}$ 軸の上下に 3 画素ずつ取って，目盛りをつける。

(iii) $\mathbf{Z}$ 軸と $\mathbf{Z}_{\mathbf{Max}}$ と目盛り幅 $\Delta\overline{\mathbf{Z}}$ について，

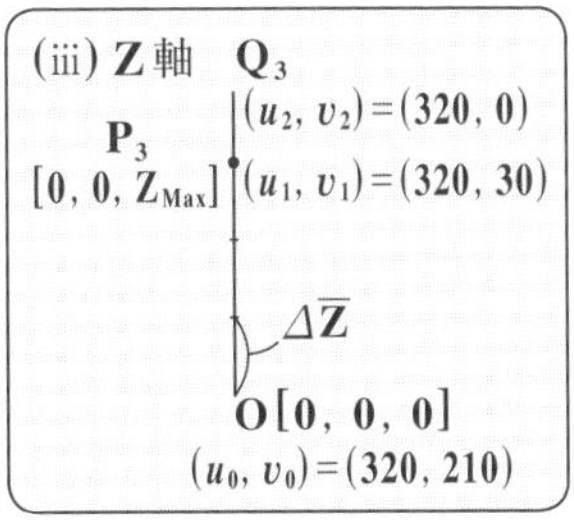

右図に示すように，$\mathbf{XYZ}$ 座標の原点 $\mathbf{O}((u_0, v_0)=(320, 210))$ から，$\mathbf{Q}_3((u_2, v_2)=(320, 0))$ まで引いたものを $\mathbf{Z}$ 軸とする。$\mathbf{Z}$ 軸上の点 $\mathbf{P}_3[0, 0, \mathbf{Z}_{\mathbf{Max}}]$ は点 $(u_1, v_1)=(320, 30)$ にとる。同様に，目盛り幅 $\Delta\overline{\mathbf{Z}}$ を用いて，$\mathbf{Int}\left(\mathbf{Z}_{\mathbf{Max}}/\Delta\overline{\mathbf{Z}}\right)$ から目盛りの個数を調べ，$\mathbf{Z}$ 軸の左右に 3 画素ずつ短い線分を引いて目盛りをつける。

● 点R[X, Y, Z]と、点(u, v)との関係式を導こう！

それでは，図2に示すように，**OXYZ**座標系における任意の点**R[X, Y, Z]**と，uv平面上の点(u, v)との関係式を求めてみよう。

図2 点R[X, Y, Z]→(u, v)への変換公式

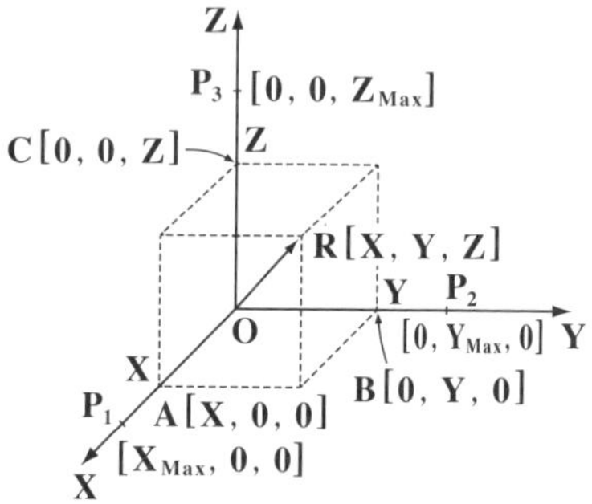

図2より，まず**OXYZ**座標系で考えると，$\overrightarrow{OR}$は，

$$\overrightarrow{OR} = \overrightarrow{OA} + \overrightarrow{OB} + \overrightarrow{OC} \cdots\cdots①$$

$$\overrightarrow{OA} = \frac{X}{X_{Max}}\overrightarrow{OP_1},\quad \overrightarrow{OB} = \frac{Y}{Y_{Max}}\overrightarrow{OP_2},\quad \overrightarrow{OC} = \frac{Z}{Z_{Max}}\overrightarrow{OP_3}$$

となる。ここで，

$$\overrightarrow{OA} = \frac{X}{X_{Max}}\overrightarrow{OP_1} \cdots②,\quad \overrightarrow{OB} = \frac{Y}{Y_{Max}}\overrightarrow{OP_2} \cdots③,\quad \overrightarrow{OC} = \frac{Z}{Z_{Max}}\overrightarrow{OP_3} \cdots④$$ となる。

$\overrightarrow{OP_1} = (u_1 - u_0,\ v_1 - v_0) = (-160,\ 100)$
O $(u_0, v_0) = (320, 210)$
$P_1(u_1, v_1) = (160, 310)$

$\overrightarrow{OP_2} = (u_1 - u_0,\ v_1 - v_0) = (200,\ 0)$
O $(u_0, v_0) = (320, 210)$
P_2 $(u_1, v_1) = (520, 210)$

$\overrightarrow{OP_3} = (u_1 - u_0,\ v_1 - v_0) = (0,\ -180)$
P_3 $(u_1, v_1) = (320, 30)$
O $(u_0, v_0) = (320, 210)$

ここで，$\overrightarrow{OP_1}$，$\overrightarrow{OP_2}$，$\overrightarrow{OP_3}$をuv座標系の成分表示で表すと，

$\overrightarrow{OP_1} = (-160, 100) \cdots②'$，$\overrightarrow{OP_2} = (200, 0) \cdots③'$，$\overrightarrow{OP_3} = (0, -180) \cdots④'$となる。

②'を②に，③'を③に，④'を④に代入した後，これらを①に代入すると，$\overrightarrow{OR}$は，

$$\overrightarrow{OR} = \frac{X}{X_{Max}}(-160,\ 100) + \frac{Y}{Y_{Max}}(200,\ 0) + \frac{Z}{Z_{Max}}(0,\ -180)$$

$$= \left(-\frac{160X}{X_{Max}} + \frac{200Y}{Y_{Max}},\ \frac{100X}{X_{Max}} - \frac{180Z}{Z_{Max}}\right) \cdots\cdots⑤$$ となる。

ここで，uv平面上の点**R**の位置ベクトルは，uv平面の原点$O_0(0,\ 0)$を基準点とするベクトルである。よって，求める$\overrightarrow{O_0R}$は，

$$\overrightarrow{O_0R} = \underbrace{\overrightarrow{O_0O}}_{(320,\ 210)} + \underbrace{\overrightarrow{OR}}_{⑤より} = (320,\ 210) + \left(-\frac{160X}{X_{Max}} + \frac{200Y}{Y_{Max}},\ \frac{100X}{X_{Max}} - \frac{180Z}{Z_{Max}}\right)$$

$$\therefore \overrightarrow{O_0R} = (u,\ v) = \left(320 - \frac{160X}{X_{Max}} + \frac{200Y}{Y_{Max}},\ 210 + \frac{100X}{X_{Max}} - \frac{180Z}{Z_{Max}}\right) \quad \cdots\cdots ⑥$$

⑥より，XYZ座標系の任意の点 R[X, Y, Z] は，uv 座標系の点 R(u, v) に次式により，変換される。

$$u(X,\ Y) = 320 - \frac{160X}{X_{Max}} + \frac{200Y}{Y_{Max}} \quad \cdots\cdots ⑦$$ ← uは，XとYから求まる。

$$v(X,\ Z) = 210 + \frac{100X}{X_{Max}} - \frac{180Z}{Z_{Max}} \quad \cdots\cdots ⑧$$ ← vは，XとZから求まる。

したがって，⑦, ⑧はBASICプログラム上では，関数FNU(X, Y), FNV(X, Z)として，次のように定義すればいいんだね。

```
DEF FNU(X, Y)=320−160*X/XMAX+200*Y/YMAX
DEF FNV(X, Z)=210+100*X/XMAX−180*Z/ZMAX
```

それでは，⑦, ⑧を検算しておこう。

(Ⅰ) $P_1[\underbrace{X_{Max}}_{X},\ \underbrace{0}_{Y},\ \underbrace{0}_{Z}]$ のとき，

⑦より，$u(X_{Max},\ 0) = 320 - \frac{160 \cdot X_{Max}}{X_{Max}} + \frac{200 \cdot 0}{Y_{Max}} = 320 - 160 = 160$

⑧より，$v(X_{Max},\ 0) = 210 + \frac{100 \cdot X_{Max}}{X_{Max}} - \frac{180 \cdot 0}{Z_{Max}} = 210 + 100 = 310$

$\therefore P_1 = (160,\ 310)$ が導けた。

(Ⅱ) $P_3[0,\ 0,\ Z_{Max}]$ のとき，

⑦より，$u(0,\ 0) = 320 - \frac{160 \cdot 0}{X_{Max}} + \frac{200 \cdot 0}{Y_{Max}} = 320$

⑧より，$v(0,\ Z_{Max}) = 210 + \frac{100 \cdot 0}{X_{Max}} - \frac{180 \cdot Z_{Max}}{Z_{Max}} = 210 - 180 = 30$

$\therefore P_3 = (320,\ 30)$ が導けるんだね。大丈夫？

では，準備も整ったので，早速3次元座標系を具体的に描いてみよう。

● 3次元座標系を描いてみよう！

0 ≦ **X** ≦ $\mathbf{X}_{\mathbf{Max}}$，**0** ≦ **Y** ≦ $\mathbf{Y}_{\mathbf{Max}}$，**0** ≦ **Z** ≦ $\mathbf{Z}_{\mathbf{Max}}$ の範囲で，**3** 次元のグラフが描けるような座標系を，**BASIC**プログラムにより描いてみよう。

```
10 REM -------------------------
20 REM  3次元座標系
30 REM -------------------------
40 XMAX=4:DELX=1
50 YMAX=4:DELY=1
60 ZMAX=4:DELZ=1
70 CLS 3
80 DEF FNU(X,Y)=320-160*X/XMAX+200*Y/YMAX
90 DEF FNV(X,Z)=210+100*X/XMAX-180*Z/ZMAX
100 LINE (320,210)-(320,0)
110 LINE (320,210)-(128,330)
120 LINE (320,210)-(570,210)
130 LINE (160,310)-(360,310),,,2
140 LINE (520,210)-(360,310),,,2
150 N=INT(XMAX/DELX)
160 FOR I=1 TO N
170 LINE (FNU(I*DELX,0),FNV(I*DELX,0)-3)-
(FNU(I*DELX,0),FNV(I*DELX,0)+3)
180 NEXT I
190 N=INT(YMAX/DELY)
200 FOR I=1 TO N
210 LINE (FNU(0,I*DELY),FNV(0,0)-3)-(FNU(0,
I*DELY),FNV(0,0)+3)
220 NEXT I
230 N=INT(ZMAX/DELZ)
240 FOR I=1 TO N
250 LINE (FNU(0,0)-3,FNV(0,I*DELZ))-(FNU(0,
0)+3,FNV(0,I*DELZ))
260 NEXT I
```

- 40〜60：$\mathbf{X}_{\mathbf{max}}$，$\Delta\overline{\mathbf{X}}$，$\mathbf{Y}_{\mathbf{max}}$，$\Delta\overline{\mathbf{Y}}$，$\mathbf{Z}_{\mathbf{max}}$，$\Delta\overline{\mathbf{Z}}$ の代入。
- 80〜90：[X, Y, Z]→(*u*, *v*)への変換
- 100〜140：**Z**軸，**X**軸，**Y**軸と**2**本の破線を引く。
- 150：**X** 軸上の目盛りの個数**N**
- 160〜180：**X** 軸上の目盛りに短線を引く。
- 190：**Y** 軸上の目盛りの個数**N**
- 200〜220：**Y** 軸上の目盛りに短線を引く。
- 230：**Z** 軸上の目盛りの個数**N**
- 240〜260：**Z** 軸上の目盛りに短線を引く。

40〜60行で，X_{Max}，Y_{Max}，Z_{Max}を代入して，主に$0 \leqq X \leqq 4$，$0 \leqq Y \leqq 4$，$0 \leqq Z \leqq 4$のグラフを描く。各軸の目盛り幅は，$\Delta\overline{X}=1$，$\Delta\overline{Y}=1$，$\Delta\overline{Z}=1$とした。70行で画面をクリアにする。

80, 90行は，XYZ座標系の点$[X, Y, Z]$を画面上のuv座標系の点(u, v)に変換する関数$fnu(X, Y)$と$fnv(X, Z)$を定義した。100行でZ軸を，

（X, Yからuが決まる。）（X, Zからvが決まる。）

110行でX軸，そして，120行でY軸を実線で引く。130行で，$[X_{Max}, 0, 0]$を通りY軸に平行な破線を，140行で，$[0, Y_{Max}, 0]$を通りX軸に平行な破線を引く。

150行で，X軸にとる目盛りの個数$N(=4)$を求め，160〜180行のFOR〜NEXT(I)文により，X軸上の各目盛$[i\cdot\Delta\overline{X}, 0, 0]$$(i=1, 2, 3, 4)$（4 = N）は，$uv$平面上の点として，

$\left(fnu(i\cdot\Delta\overline{X}, 0), fnv(i\cdot\Delta\overline{X}, 0)\right)$（第1の0 = Y，第2の0 = Z）として特定できるので，このv座標$fnv(i\cdot\Delta\overline{X}, 0)$を$\pm 3$だけずらした2点$\left(fnu(i\cdot\Delta\overline{X}, 0), fnv(i\cdot\Delta\overline{X}, 0)-3\right)$と$\left(fnu(i\cdot\Delta\overline{X}, 0), fnv(i\cdot\Delta\overline{X}, 0)+3\right)$を結べば，X軸上の目盛$[i\cdot\Delta\overline{X}, 0, 0]$$(i=1, 2, 3, 4)$に上下3画素ずつの短い目盛り線を引くことができるんだね。以下，Y軸，Z軸の目盛りについても，同様に短線を引くことにしよう。

190行で，Y軸にとる目盛りの個数$N(=4)$を求め，200〜220行のFOR〜NEXT(I)文により，Y軸上の各目盛$[0, i\cdot\Delta\overline{Y}, 0]$$(i=1, 2, 3, 4)$（4 = N）の上下に3画素ずつの短い縦線を引く。

230行で，Z軸にとる目盛りの個数$N(=4)$を求め，240〜260行のFOR〜NEXT(I)文により，Z軸上の各目盛$[0, 0, i\cdot\Delta\overline{Z}]$$(i=1, 2, 3, 4)$（4 = N）の左右に3画素ずつの短い横線を引くことができる。

以上で，XYZ座標系を作るプログラムの意味と働きもすべてご理解頂けたと思う。

それでは，このプログラムを実行(run)して，XYZ座標系を描いてみることにしよう。これで，有限要素法で求めた擬似的な曲面を描くための座標系が完成したんだね。

XYZ座標系の図を図3に示す。矢印と X, Y, Z の文字および数字は後で加えたものである。$X_{Max} = 4$, $\Delta\overline{X} = 1$ より, X 軸上の目盛りは 1, 2, 3, 4 で, それぞれ縦に短い線が付いていることが分かるね。Y 軸, Z 軸についても, 同様だね。

図3 XYZ座標系の出力結果

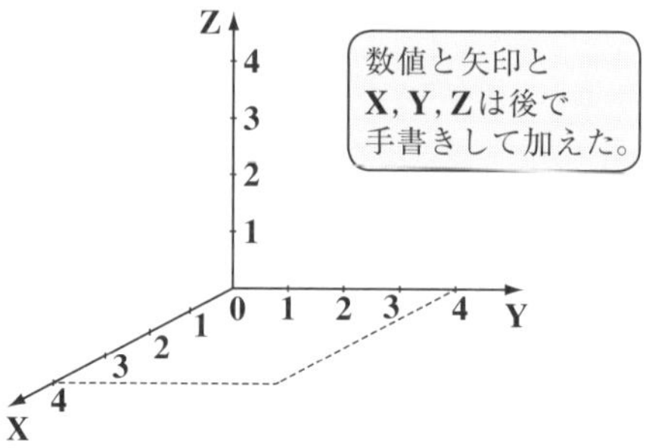

● 2次元ラプラス方程式の有限要素法による解のグラフを描こう!

それでは, 次の例題で, 2次元ラプラス方程式を有限要素法で解いた近似解のグラフを XYZ座標空間上に描いてみよう。

例題 11　領域 $D(0 \leqq x \leqq 4,\ 0 \leqq y \leqq 4)$ で定義された関数 $z(x,\ y)$ が, 次の偏微分方程式 (2 次元のラプラス方程式) をみたすものとする。

$$\frac{\partial^2 z}{\partial x^2} + \frac{\partial^2 z}{\partial y^2} = 0 \quad \cdots\cdots ①$$

(境界条件 : $z(x,\ 0) = z(4,\ y) = z(x,\ 4) = 0$ であり, かつ

$$z(0,\ y) = \begin{cases} y & (0 \leqq y \leqq 3) \\ 12 - 3y & (3 < y \leqq 4) \end{cases}$$ とする。)

領域 D を右図に示すように, 節点の個数 $N_n = 25$, 有限な三角形の要素の個数 $N_e = 32$, 境界線上の節点の個数 $N_b = 16$ となるように分割して, 各節点における①の近似解 $\hat{z}_i\ (i = 1,\ 2,\ \cdots,\ 25)$ を有限要素法による BASICプログラムで解いて, その結果を XYZ 座標空間上に描け。

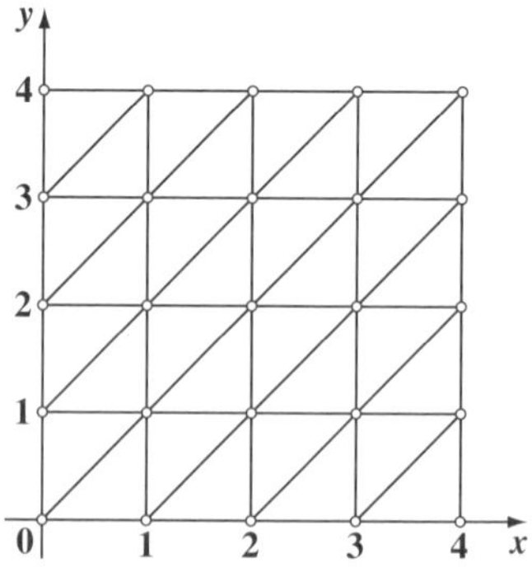

近似解 $\hat{z}_i$(i = **1**, **2**, …, NN)のグラフを作成すること以外，例題**10**とまったく同じ問題なので，$\hat{z}_i$を求めるまでの**BASIC**プログラムは，ほとんど省略して示す。

```
10 REM ---------------------------------------------------------------
20 REM  有限要素法2次元ラプラス方程式とグラフ3-1
30 REM ---------------------------------------------------------------
```

40～430行 ← 拡大係数行列 **M(NN, NN1)(=M(25, 26))** を作るプログラムは，**P96**, **97** のものとまったく同じなので省略する。

```
440 REM -------- NN元1次方程式の解法 --------
```

450～740行 ← **NN**元**1**次連立方程式の解法プログラムは，**P96**, **97** のものとまったく同じなので省略する。

```
750 NEXT I:GOTO 790
760 PRINT "no solution"
770 STOP:END
780 REM -------- グラフの作成 --------
790 XMAX=4:DELX=1
800 YMAX=4:DELY=1
810 ZMAX=4:DELZ=1
820 CLS 3
830 DEF FNU(X,Y)=320-160*X/XMAX+200*Y/YMAX
840 DEF FNV(X,Z)=210+100*X/XMAX-180*Z/ZMAX
850 LINE (320,210)-(320,0)
860 LINE (320,210)-(128,330)
870 LINE (320,210)-(570,210)
880 LINE (160,310)-(360,310),,,2
890 LINE (520,210)-(360,310),,,2
900 N=INT(XMAX/DELX)
910 FOR I=1 TO N
920 LINE (FNU(I*DELX,0),FNV(I*DELX,0)-3)-(FNU(I*DELX,
0),FNV(I*DELX,0)+3)
930 NEXT I
940 N=INT(YMAX/DELY)
```

XYZ座標系の作成 (790～940行)

```
950 FOR I=1 TO N
960 LINE (FNU(0,I*DELY),FNV(0,0)-3)-(FNU(0,
I*DELY),FNV(0,0)+3)
970 NEXT I
980 N=INT(ZMAX/DELZ)
990 FOR I=1 TO N
1000 LINE (FNU(0,0)-3,FNV(0,I*DELZ))-(FNU(0,
0)+3,FNV(0,I*DELZ))
1010 NEXT I
1020 FOR I=1 TO NN:Z(I)=M(I,NN1):NEXT I
1030 FOR K=1 TO NE
1040 I1=IP(1,K):I2=IP(2,K):I3=IP(3,K)
1050 X1=X(I1):X2=X(I2):X3=X(I3)
1060 Y1=Y(I1):Y2=Y(I2):Y3=Y(I3)
1070 Z1=Z(I1):Z2=Z(I2):Z3=Z(I3)
1080 LINE (FNU(X1,Y1),FNV(X1,Z1))-(FNU(X2,
Y2),FNV(X2,Z2))
1090 LINE (FNU(X2,Y2),FNV(X2,Z2))-(FNU(X3,
Y3),FNV(X3,Z3))
1100 LINE (FNU(X3,Y3),FNV(X3,Z3))-(FNU(X1,
Y1),FNV(X1,Z1))
1110 NEXT K
```

XYZ座標系の作成（950〜1010）

近似解を**Z(I)**に代入（1020）

K番目の三角形要素の節点番号（1040）

3つの節点の座標 (x_1, y_1, z_1), (x_2, y_2, z_2), (x_3, y_3, z_3) の代入（1050〜1070）

k番目の要素の三角形を描く（1080〜1100）

N_e 個の三角形で曲面を表す（1030〜1110）

10〜30行は注釈行で，タイトルを表す。

40〜430行では，節点の数**NN＝25**，要素の数**NE＝32**，C_2タイプの境界線上の節点の数**NB＝16**を基に，各データの入力と計算処理を行って，拡大係数行列**M(NN，NN1)(＝M(25，26))**のすべての成分を決定する。この部分のプログラムは，**P96，97**のものとまったく同じである。

440行は注釈行であり，**NN**元**1**次の連立方程式の解法に入る。

450〜740行で，この連立方程式を解いて，近似解 z_i $(i=1, 2, 3, \cdots, NN)$ を求める。この部分のプログラムは，**P97，98**で示したものと同じなので省略する。

750行の**GOTO**文で，**770**行の**STOP：END**文に飛ぶのではなく，今回は**790**行に飛んで，グラフの作成作業に入る。

780行は注釈行で，“グラフ作成”の標題を示す。

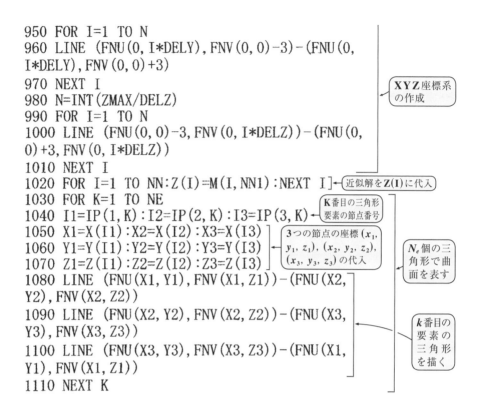

790～**810** 行で，$X_{Max} = 4$，$\Delta\overline{X} = 1$，$Y_{Max} = 4$，$\Delta\overline{Y} = 1$，$Z_{Max} = 4$，$\Delta\overline{Z} = 1$ を代入して，
820～**1010** 行で，**XYZ** 座標系を作成する。この部分のプログラムは，**P106** で示したものと同じである。
1020 行の **FOR**～**NEXT** 文により，**I** = **1**, **2**, …, **NN**(=**25**) と変化させて各節点の近似解の値を **Z**(**I**) (**I** = **1**, **2**, …, **NN**) に代入する。
1030～**1110** 行の **FOR**～**NEXT** 文により，**K** = **1**, **2**, …, **NE**(=**32**) と変化させて，**1050**～**1070** 行で，**K** 番目の要素 (三角形) の **XYZ** 座標空間上における **3** つの頂点の座標 (**X1**, **Y1**, **Z1**), (**X2**, **Y2**, **Z2**), (**X3**, **Y3**, **Z3**) の値を代入する。そして，**1080**～**1100** 行において，これら **3** 頂点を結ぶ線分 (三角形の **3** 辺) を引くんだね。そして，**NE**(=**32**) 枚の三角形を **XYZ** 座標空間上に描くことにより，**2** 次元ラプラス方程式の解である調和関数が表す曲面を，有限要素法的な三角形の集合体のグラフとして表示するんだね。

それでは，今回のプログラムを実行 (**run**) した結果描かれるグラフを右図に示す。三角形の要素により，近似的に示された曲面ではあるけれど，調和関数のなだらかな曲面がよく表されていることが，ご理解頂けたと思う。

例題 **11** のプログラムの実行結果

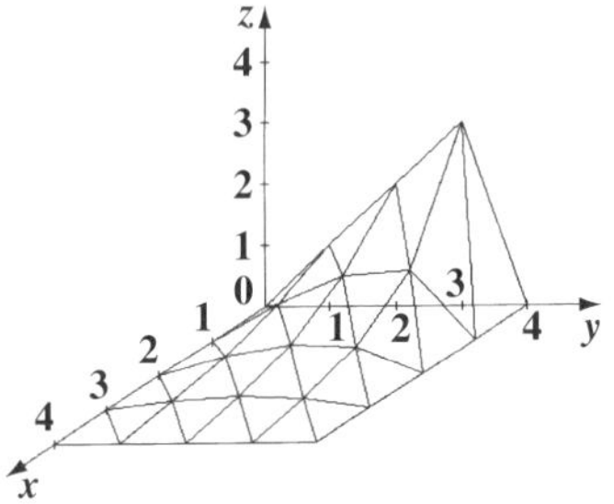

今回の問題では，境界線が正方形でキレイな形をしていたが，有限要素法で **2** 次元ラプラス方程式を解く場合，その境界線の形状は，三角形や台形，および凹凸があるような不規則のものでも構わない。さらに，三角形の辺 (線分) での近似とはなるが，曲線の境界線であっても，ほぼその曲線を再現することができる。また，三角形の要素の大きさも適宜変化させても構わないんだね。

それでは，次の例題では，同じく C_2 タイプの境界線ではあるけれど，その形状が不規則な形状である場合の **2** 次元ラプラス方程式の近似解を有限要素法により求め，そのグラフを描いてみることにしよう。既にプログラムは完成しているので，プログラムに読み込むデータのみを変更すればいいんだね。

例題 **12**　領域 $D(0 \leqq x \leqq 6,\ 0 \leqq y \leqq 4,\ y \leqq -x+7)$ で定義された関数 $z(x,\ y)$ が，次の偏微分方程式（**2** 次元のラプラス方程式）をみたすものとする。

$$\frac{\partial^2 z}{\partial x^2}+\frac{\partial^2 z}{\partial y^2}=0 \quad \cdots\cdots ①$$

境界条件：$z(x,\ 0)=\begin{cases} 0 & (0 \leqq x \leqq 1) \\ x-1 & (1 < x \leqq 3) \\ 2 & (3 < x \leqq 4) \\ -x+6 & (4 < x \leqq 6) \end{cases}$

$$z(0,\ y)=\begin{cases} y & (0 \leqq y \leqq 2) \\ -y+4 & (2 < y \leqq 4) \end{cases}$$

それ以外の境界線上の点の z 座標はすべて $z=0$ である。

領域 D を右図に示すように，節点の個数 $N_n=29$，有限な三角形の要素の個数 $N_e=39$，境界線上の節点の個数 $N_b=17$ となるように分割して，各節点における①の近似解 $\hat{z}_i\ (i=1,\ 2,\ \cdots,\ 29)$ を有限要素法による **BASIC** プログラムで解いて，その結果を **XYZ** 座標空間上に描け。

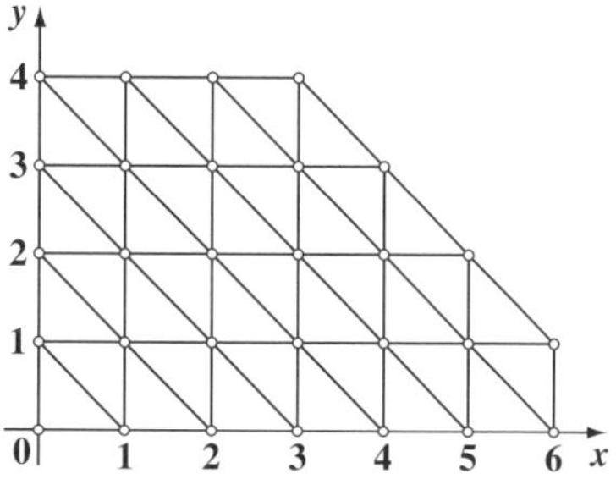

まず，領域 D を節点の個数 $N_n=29$，有限な要素の個数 $N_e=39$ となるように分割して，図(ⅰ)に示すように，それぞれの節点と要素に番号を付加する。

次に，表(ⅰ)に示すように，**39** 個の各有限な三角形の要素の **3** つの節点（頂点）の番号を反時計まわりに取る。

さらに，**29** 個の各節点の座標 **(X，Y)** を表(ⅱ)に示す。最後に，C_2 タイプの境界線上にある **17** 個の節点の z 座標を **FAD(I)** **(I = 1, 2, ⋯ , 17)** として，表(ⅲ)に示す。

図(i) 節点と要素の番号

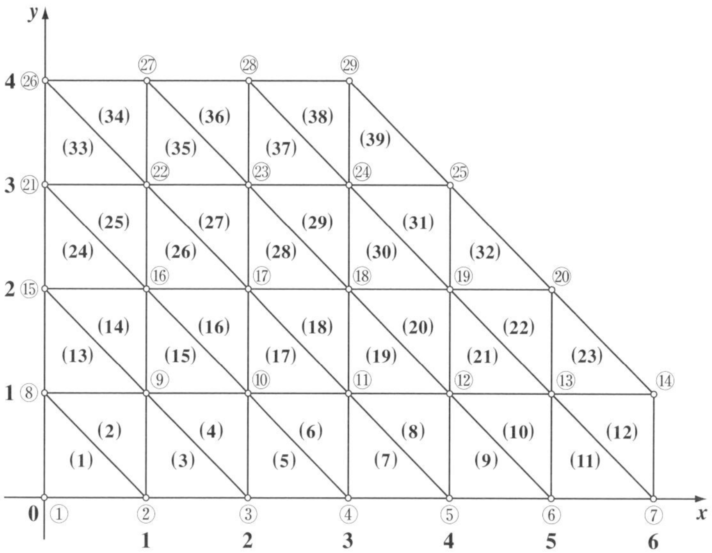

表(i) $N_e = 39$ 個の三角形要素の 3 つの節点 (頂点)

要素No. J	IP(1, J)	IP(2, J)	IP(3, J)	要素No. J	IP(1, J)	IP(2, J)	IP(3, J)	要素No. J	IP(1, J)	IP(2, J)	IP(3, J)
1	1	2	8	14	9	16	15	27	17	23	22
2	2	9	8	15	9	10	16	28	17	18	23
3	2	3	9	16	10	17	16	29	18	24	23
4	3	10	9	17	10	11	17	30	18	19	24
5	3	4	10	18	11	18	17	31	19	25	24
6	4	11	10	19	11	12	18	32	19	20	25
7	4	5	11	20	12	19	18	33	21	22	26
8	5	12	11	21	12	13	19	34	22	27	26
9	5	6	12	22	13	20	19	35	22	23	27
10	6	13	12	23	13	14	20	36	23	28	27
11	6	7	13	24	15	16	21	37	23	24	28
12	7	14	13	25	16	22	21	38	24	29	28
13	8	9	15	26	16	17	22	39	24	25	29

表(ii) $N_n = 29$ 個の節点の座標 (X, Y)

節点No. I	X(I)	Y(I)	節点No. I	X(I)	Y(I)	節点No. I	X(I)	Y(I)
1	0	0	11	3	1	21	0	3
2	1	0	12	4	1	22	1	3
3	2	0	13	5	1	23	2	3
4	3	0	14	6	1	24	3	3
5	4	0	15	0	2	25	4	3
6	5	0	16	1	2	26	0	4
7	6	0	17	2	2	27	1	4
8	0	1	18	3	2	28	2	4
9	1	1	19	4	2	29	3	4
10	2	1	20	5	2			

表(iii) $N_b = 17$ 個の C_2 タイプの境界線上の節点の ϕ_i のデータ

境界点 No.	節点No. ID	ϕ_i FAD(I)	境界点 No.	節点No. ID	ϕ_i FAD(I)	境界点 No.	節点No. ID	ϕ_i FAD(I)
1	1	0	7	7	0	13	27	0
2	2	0	8	14	0	14	26	0
3	3	1	9	20	0	15	21	1
4	4	2	10	25	0	16	15	2
5	5	2	11	29	0	17	8	1
6	6	1	12	28	0			

表(iii)は右図に示す，C_2 タイプの境界条件を基にして作成している。

それでは，以上のデータを基にして，2次元ラプラス方程式を有限

C_2 タイプの境界条件

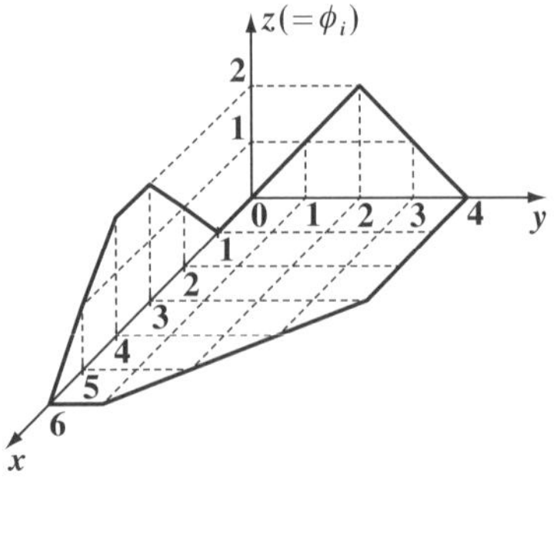

要素法により解く **BASIC** プログラムを以下に示そう。

```
10 REM ------------------------------------------------------------
20 REM  有限要素法2次元ラプラス方程式とグラフ3-2
30 REM ------------------------------------------------------------
40 NN=29:NE=39:NN1=NN+1:NB=17
50 DIM M(NN,NN1),IP(3,NE),X(NN),Y(NN),Z(NN),ID(NB),
FAD(NB)
60 FOR I=1 TO 3:FOR J=1 TO NE
70 READ IP(I,J):NEXT J:NEXT I
80 FOR I=1 TO NN:READ X(I):NEXT I
90 FOR I=1 TO NN:READ Y(I):NEXT I
100 FOR I=1 TO NB:READ ID(I):NEXT I
110 FOR I=1 TO NB:READ FAD(I):NEXT I
```

（60〜70行）IP(1, J), IP(2, J), IP(3, J) (J=1, 2, …, NE) のデータの読み込み

（80〜90行）X(I)とY(I) (I=1, 2, …, NN) のデータの読み込み

（100〜110行）境界線上の節点の番号ID(I)とその点のϕ_iの値の読み込み

120〜360行 ← 拡大係数行列 **M(NN, NN1)(=M(29, 30))** を作るプログラムは，**P96, 97** のものと同じである。

```
370 DATA 1,2,2,3,3,4,4,5,5,6,6,7,8,9,9,10,10,11,11,
12,12,13,13,15,16,16,17,17,18,18,19,19,21,22,22,23,
23,24,24
380 DATA 2,9,3,10,4,11,5,12,6,13,7,14,9,16,10,17,11,
18,12,19,13,20,14,16,22,17,23,18,24,19,25,20,22,27,
23,28,24,29,25
390 DATA 8,8,9,9,10,10,11,11,12,12,13,13,15,15,16,16,
17,17,18,18,19,19,20,21,21,22,22,23,23,24,24,25,26,
26,27,27,28,28,29
400 DATA 0,1,2,3,4,5,6,0,1,2,3,4,5,6,0,1,2,3,4,5,0,
1,2,3,4,0,1,2,3
410 DATA 0,0,0,0,0,0,0,1,1,1,1,1,1,1,2,2,2,2,2,2,3,
3,3,3,3,4,4,4,4
420 DATA 1,2,3,4,5,6,7,14,20,25,29,28,27,26,21,15,8
430 DATA 0,0,1,2,2,1,0,0,0,0,0,0,0,0,1,2,1
440 REM -------- NN元1次方程式の解法 --------
```

（370行）IP(1, J)のデータ

（380行）IP(2, J)のデータ

（390行）IP(3, J)のデータ

（400〜410行）X(I)とY(I)のデータ

（420〜430行）境界線上の節点の番号とその点でのϕ_iの値

450〜730行 ← NN元1次連立方程式を解くプログラムは，**P97, 98** のものと同じである。

```
740 LPRINT "z";I;"=";M(I,NN1)
750 NEXT I:GOTO 790
760 LPRINT "no solution"
770 STOP:END
780 REM -------- グラフの作成 --------
790 XMAX=6:DELX=1
800 YMAX=4:DELY=1
810 ZMAX=3:DELZ=1
```

(790〜810: $\mathbf{X_{Max}=6}$, $\mathbf{\Delta\overline{X}=1}$, $\mathbf{Y_{Max}=4}$, $\mathbf{\Delta\overline{Y}=1}$, $\mathbf{Z_{Max}=3}$, $\mathbf{\Delta\overline{Z}=1}$ の代入。)

820〜1110 行 ← **XYZ** 座標系を作り，z_k $(\boldsymbol{k}=\mathbf{1},\ \mathbf{2},\ \cdots,\ \boldsymbol{NN})$ のグラフを作成するプログラムは，**P109, 110** のものとまったく同じである。

データの作成が大変だけれども，逆に言えば，データさえ間違いなく作成すれば，プログラムは完成しているので，すぐに結果を出力できるんだね。

60〜110 行の **FOR〜NEXT** 文と **READ** 文により，必要なデータを，**370〜430** 行の **DATA** 文から読み取る。

740 行で，近似解 z_i $(\boldsymbol{i}=\mathbf{1},\ \mathbf{2},\ \cdots,\ \boldsymbol{NN})$ の値を **LPRINT** 文により，プリンターに打ち出すことができる。ちなみに，**PRINT** 文はモニターの画面上に表示する命令文なんだね。

790〜810 行では，**XYZ** 座標系で，$\mathbf{0 \leqq X \leqq 6}$，$\mathbf{0 \leqq Y \leqq 4}$，$\mathbf{0 \leqq Z \leqq 2}$ に対応させて，$\mathbf{X_{Max}=6}$，$\mathbf{Y_{Max}=4}$，$\mathbf{Z_{Max}=3}$ とした。後は，**XYZ** 座標系を作成し，有限要素法で求めた近似解 $\hat{z}_i$ $(\boldsymbol{i}=\mathbf{1},\ \mathbf{2},\ \cdots,\ \mathbf{29})$ を基にして，三角形の要素の集合体として，擬似的な曲面を描くことになるんだね。

それでは，このプログラムを実行 **(run)** することにより，まず各節点における z_i の値を z**1**, z**2**, $\cdots$,z**29** として，プリンターに出力した結果を次に示す。さらに，このプログラムの実行により，モニターに出力された擬似的な曲面のグラフもその下に示そう。このように，デジタルなデータでも，グラフによりヴィジュアルに確認できる。少し複雑な形状ではあるけれど，調和関数 $z(x,\ y)$ の描く美しい曲面をよく表していることがご理解頂けると思う。

有限要素法により解析された**2**次元ラプラス方程式の近似解

```
z 1 = 0
z 2 = 0
z 3 = 1
z 4 = 2
z 5 = 2
z 6 = 1
z 7 = 0
z 8 = 1
z 9 = .730235349371184
z 10 = .902144758127642
z 11 = 1.13838386473934
z 12 = 1.01366174398581
z 13 = .503415435996451
z 14 = 0
z 15 = 2
z 16 = 1.01879663935709
z 17 = .739959818400042
z 18 = .637728956843918
z 19 = .412847675207431
z 20 = 0
z 21 = 1
z 22 = .604991389657152
z 23 = .401168919271513
z 24 = .259724469028858
z 25 = 0
z 26 = 0
z 27 = 0
z 28 = 0
z 29 = 0
```

一般に，今回の問題のように不規則な境界条件の下で，**2**次元ラプラス方程式をフーリエ解析により解析的に解くことは非常に難しい。しかし，**BASIC**プログラムにより，有限要素法を用いて解けば，このように近似解ではあるけれど，容易に結果を得ることが出来るんだね。

有限要素法解析の面白さを十分にご堪能頂けたと思う。

例題**12**のプログラムの実行結果

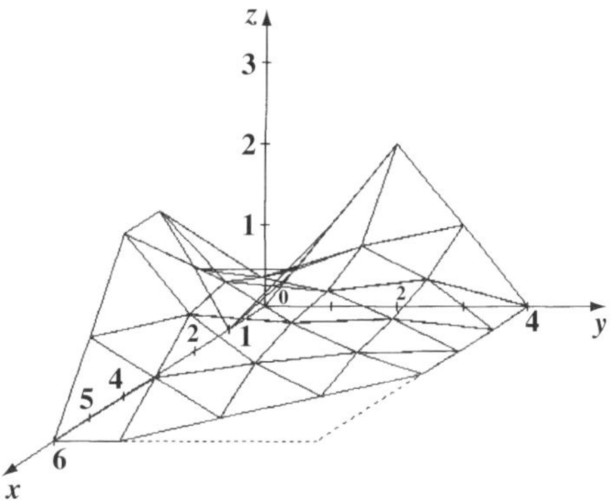

講義３ ●２次元ラプラス方程式　公式エッセンス

1．2次元ラプラス方程式と弱形式

$$\frac{\partial^2 z}{\partial x^2}+\frac{\partial^2 z}{\partial y^2}=0 \quad \left(境界条件：\frac{\partial z}{\partial n}=\theta\,(C_1 において),\ z=\phi\,(C_2 において)\right)$$

の弱形式は次のようになる。

$$\iint_D\left(\frac{\partial w}{\partial x}\cdot\frac{\partial z}{\partial x}+\frac{\partial w}{\partial y}\cdot\frac{\partial z}{\partial y}\right)dxdy-\oint_{C_1} w\theta\, dl=0 \quad (w：任意関数)$$

2．2次元ラプラス方程式の弱形式の離散化

(1) $\displaystyle\sum_{i=1}^{N_e}\left\{\iint_{D_i}\left(\frac{\partial w_i}{\partial x}\cdot\frac{\partial \hat{z}_i}{\partial x}+\frac{\partial w_i}{\partial y}\cdot\frac{\partial \hat{z}_i}{\partial y}\right)dxdy\right\}-\sum_{k=1}^{N_b'}\left(\int_0^{l_k} w_k\theta_k\, d\zeta\right)=0$

(2) $\displaystyle\sum_{i=1}^{N_e}{}^t\boldsymbol{W}_i\boldsymbol{H}_i\hat{\boldsymbol{Z}}_i-\sum_{k=1}^{N_b'}{}^t\boldsymbol{W}_k\boldsymbol{T}_k=0$

(3) ${}^t\boldsymbol{W}\left(\boldsymbol{M}\hat{\boldsymbol{Z}}-\boldsymbol{T}\right)=0$ より，$\boldsymbol{M}\hat{\boldsymbol{Z}}=\boldsymbol{T}$ ……①

①に，C_2 での境界条件：$z=\phi$ による修正を加えて，連立1次方程式を解いて，2次元ラプラス方程式の近似解 $\hat{z}_i$ を求める。

3．*xyz* 座標系の作成

右図に示すように，BASICの画面（*uv* 座標系）に，XYZ空間座標系を描く場合，

点 [X，Y，Z] → 点 (*u*，*v*)

への変換公式は，

$\cdot\, u(\mathrm{X},\mathrm{Y})=320-\dfrac{160\mathrm{X}}{\mathrm{X_{Max}}}+\dfrac{200\mathrm{Y}}{\mathrm{Y_{Max}}}$

$\mathrm{O_0}=(u,v)=(0,0)$　　$(u,v)=(640,0)$

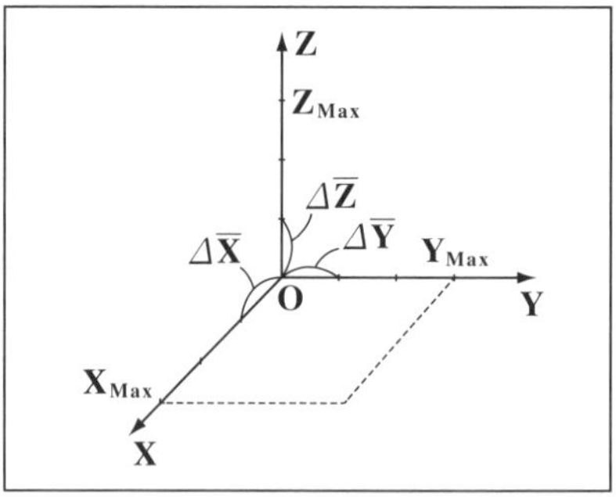

$(u,v)=(0,400)$　　$(u,v)=(640,400)$

$\cdot\, v(\mathrm{X},\mathrm{Z})=210+\dfrac{100\mathrm{X}}{\mathrm{X_{Max}}}-\dfrac{180\mathrm{Z}}{\mathrm{Z_{Max}}}$ となる。

（ただし，$0\leqq \mathrm{X}\leqq \mathrm{X_{Max}}$，$0\leqq \mathrm{Y}\leqq \mathrm{Y_{Max}}$，$0\leqq \mathrm{Z}\leqq \mathrm{Z_{Max}}$ とする。）

講 義
Lecture
4

1次元熱伝導方程式

テーマ

▶ 1次元熱伝導方程式と弱形式

$$\left(\begin{array}{l} \dfrac{\partial z}{\partial t} - C\dfrac{\partial^2 z}{\partial x^2} = 0 \quad \left(z(0,\ t) = 0,\ \dfrac{\partial z(L,\ t)}{\partial x} = 0\right) \\ \displaystyle\int_0^L \left(w\frac{\partial z}{\partial t} + C\frac{\partial w}{\partial x}\cdot\frac{\partial z}{\partial x}\right)dx = 0 \quad (z(0,\ t) = 0) \end{array}\right)$$

▶ 有限要素法による弱形式の離散化

$$\left(\sum_{k=1}^{N} {}^t W_k \left(\frac{l_k}{6}\begin{bmatrix} 2 & 1 \\ 1 & 2 \end{bmatrix}\frac{\partial Z_k}{\partial t} + \frac{C}{l_k}\begin{bmatrix} 1 & -1 \\ -1 & 1 \end{bmatrix} Z_k\right) = 0\right)$$

§1. 1次元熱伝導方程式の有限要素解析の基礎理論

さァ，これから，1次元熱伝導方程式：$\frac{\partial z}{\partial t}=C\frac{\partial^2 z}{\partial x^2}$を有限要素法により解いて，その近似解を求めてみよう。2変数関数$z(x,\ t)$の2階の偏微分方程式だから，前回の2次元ラプラス方程式の解法とほぼ同じだと思っておられる方も多いと思う。しかし，前回の2次元ラプラス方程式では，独立変数がxとyであったため，時刻の要素を含んでいない"**静的**(せいてき)"(*static*)な解を求める問題だったんだね。これに対して，今回の1次元熱伝導方程式では，独立変数がxとtで，時刻tを含む問題なので，これは温度を表す関数$z(x,\ t)$が経時変化する"**動的**(どうてき)"(*dynamic*)な問題になるんだね。

したがって，有限要素法による解析の中にも，時刻tの要素を考慮しないといけないので，より高度で複雑な処理が必要となるんだね。今回の問題でも，行列による処理を行うんだけれど，動的なモデルであるため，逆行列の計算も必要になる。よって，ここでは，逆行列を求める**BASIC**プログラムについても解説しよう。

今回も盛りだく山の内容だけれど，また分かりやすく解説していくつもりだ。

● 1次元熱伝導方程式の弱形式を求めよう！

まず，$0 \leqq x \leqq L$で定義された温度関数$z(x,\ t)$について，1次元熱伝導方程式とその境界条件を下に示そう。

$$\frac{\partial z}{\partial t}=C\cdot\frac{\partial^2 z}{\partial x^2}\ \cdots\cdots①\ \ (0<x<L,\ t \geqq 0)$$

$\left(\text{境界条件}：z(0,\ t)=0,\ \ \frac{\partial z(L,\ t)}{\partial x}=0\right)$ ←(放熱条件と断熱条件)

(初期条件：$z(x,\ 0)=f(x)$) ←(時刻$t=0$における温度の初期分布)

①のzは温度を表し，ここでは位置xと時刻tの2変数関数なので，$z(x,\ t)$ $(0 \leqq x \leqq L,\ t \geqq 0)$と表してもいい。$C$は，温度伝導率と呼ばれる正の定数なんだね。

この①式は，$0 \leqq x \leqq L$の範囲に存在する1次元の棒状の物体の温度分布の$t \geqq 0$における経時変化を決定する偏微分方程式なんだね。

図1 1次元熱伝導方程式

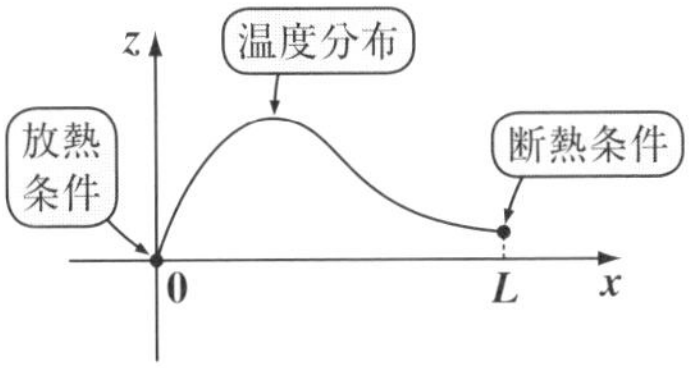

図1に $0 \leqq x \leqq L$ における温度分布の様子を示す。

境界条件：$z(\underbrace{0}_{x},\ t)=0$

は，常に $x=0$ の端点では温度 $z=0$ に保たれているので，正の温度分布をもつ物体は，この点において熱を流出させることになる。よって，これを“**放熱条件**（ほうねつじょうけん）”と呼ぶ。これに対して境界条件：$\frac{\partial z(L,\ t)}{\partial x}=0$ は，常に $x=L$ の端点において，温度勾配が 0 となることを示しているので，ここから熱が流出することはない。よって，これを“**断熱条件**（だんねつじょうけん）”と呼ぶんだね。

これらの境界条件の下，①の方程式を解いて，温度分布 $z(x,\ t)$ が，$t=0$ での初期分布 $z(x,\ 0)=f(x)$ から，どのように経時変化していくかを，調べることができる。

今回は，この①の方程式を解析的に解くのではなく，有限要素法を用いた数値解析により，この温度 $z(x,\ t)$ の近似解を求めることにしよう。

それでは，これから，$w(0,\ t)=0$ の条件はみたすが，それ以外は任意の値を取り得る任意関数 $w(x,\ t)$ を用いて，①の1次元熱伝導方程式の弱形式を導くことにしよう。

①より，$\frac{\partial z}{\partial t}-C\cdot\frac{\partial^2 z}{\partial x^2}=0$ ……①´

①´の両辺に任意関数 $w(x,\ t)$（ただし，$w(0,\ t)=0$）をかけて，x の積分区間 $[0,\ L]$ で定積分すると，

$$\int_0^L w\left(\frac{\partial z}{\partial t}-C\cdot\frac{\partial^2 z}{\partial x^2}\right)dx=0$$

$$\underbrace{\int_0^L w\frac{\partial z}{\partial t}\,dx}_{㋑}-C\underbrace{\int_0^L w\frac{\partial^2 z}{\partial x^2}dx}_{㋐}=0 \quad \cdots\cdots②$$ となる。

②の2つの定積分を㋐，㋑とおいて，それぞれさらに変形していこう。

(i) まず，②の㋐について，部分積分法を用いて変形すると，

$$\int_0^L w\frac{\partial^2 z}{\partial x^2}dx$$

$$=\int_0^L w\left(\frac{\partial z}{\partial x}\right)'dx$$

$$=\left[w(x,\ t)\cdot\frac{\partial z(x,\ t)}{\partial x}\right]_0^L-\int_0^L\frac{\partial w}{\partial x}\cdot\frac{\partial z}{\partial x}dx$$

$$=w(L,\ t)\cdot\frac{\partial z(L,\ t)}{\partial x}-w(0,\ t)\cdot\frac{\partial z(0,\ t)}{\partial x}$$

$\frac{\partial z(L,\ t)}{\partial x}=0$ (境界条件)，$w(0,\ t)=0$ (任意関数 $w(x,\ t)$ の条件)

$$=-\int_0^L\frac{\partial w}{\partial x}\cdot\frac{\partial z}{\partial x}dx\ \cdots\cdots③$$ となる。

$$\underbrace{\int_0^L w\frac{\partial z}{\partial t}dx}_{㋑}-C\underbrace{\int_0^L w\frac{\partial^2 z}{\partial x^2}dx}_{㋐}=0\ \cdots\cdots②$$

境界条件：$z(0,\ t)=0$，$\frac{\partial z(L,\ t)}{\partial x}=0$

$w(0,\ t)=0$

部分積分法

$$\int_0^L f\cdot g'dx=[f\cdot g]_0^L-\int_0^L f'\cdot g\,dx$$

$x=L$ での境界条件が，$z(L,\ t)=0$ (放熱条件) であるとき，任意関数 $w(x,\ t)$ には，もう 1 つの条件：$w(L,\ t)=0$ が加わると覚えておけばいい。

(ii) 次に，②の㋑については，t での偏微分なので，現時点では，このままでいい。

よって，③を②に代入して，まとめると，①の 1 次元熱伝導方程式の弱形式が次のように導ける。

$$\int_0^L\left(w\frac{\partial z}{\partial t}+C\frac{\partial w}{\partial x}\cdot\frac{\partial z}{\partial x}\right)dx=0\ \cdots\cdots④$$

(および，境界条件：$z(0,\ t)=0$)

● さらに，弱形式を離散化しよう！

では次に，④の弱形式を離散化しよう。図 2 に示すように，$z(x,\ t)$ の定義域

有限要素法の近似解だけど，今回は "^" は付けない。

図 2　N 個の要素に分割

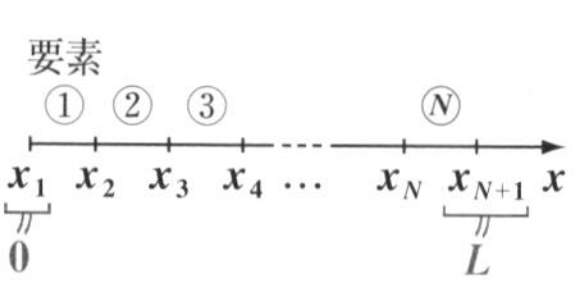

$0\leqq x\leqq L$ を節点 x_1，x_2，…，x_N，x_{N+1} により，①，②，…，Ⓝの N 個の有限な要素に分割し，k 番目 $(k=1,\ 2,\ \cdots,\ N)$ の要素ⓚ $(x_k\leqq x\leqq x_{k+1})$ における，

図3 要素ⓚにおける $z_k(x, t)$

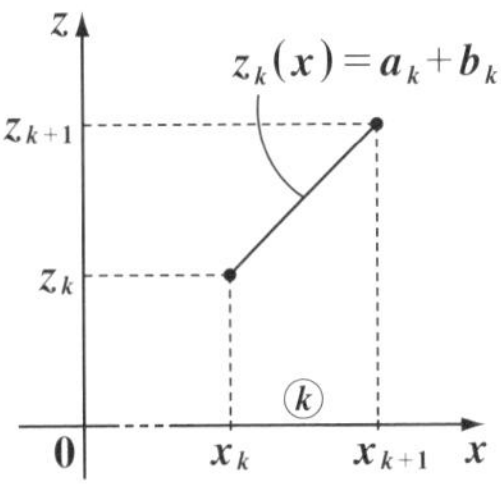

z の近似関数 z_k を

$z_k(x) = a_k + b_k x$ ……⑤ ← 直線近似

（この時点では，t は一定であるものと考えて，x のみの関数として表す。）

とおく。同様に任意関数 $w(x)$ も要素ⓚにおけるものを

$w_k(x) = c_k + d_k x$ ……⑥ とおく。 ← 直線近似

(ただし，a_k，b_k，c_k，d_k：定数)

すると，④の弱形式の定積分も，各有限な N 個の要素における定積分の総和として次のように離散化して表すことができるんだね。

$$\sum_{k=1}^{N}\left\{\int_{x_k}^{x_{k+1}}\left(w_k\cdot\frac{\partial z_k}{\partial t}+C\cdot\frac{\partial w_k}{\partial x}\cdot\frac{\partial z_k}{\partial x}\right)dx\right\}=0 \quad \cdots\cdots ④'$$

ここで，図3に示すように，

$$\begin{cases} z_k(x_k) = a_k + b_k x_k = z_k \\ z_{k+1}(x_{k+1}) = a_k + b_k x_{k+1} = z_{k+1} \end{cases}$$ とおくと，

$\begin{bmatrix} 1 & x_k \\ 1 & x_{k+1} \end{bmatrix}\begin{bmatrix} a_k \\ b_k \end{bmatrix} = \begin{bmatrix} z_k \\ z_{k+1} \end{bmatrix}$ となり，この両辺に $\begin{bmatrix} 1 & x_k \\ 1 & x_{k+1} \end{bmatrix}^{-1}$ を左からかけると，

（$\begin{bmatrix} 1 & x_k \\ 1 & x_{k+1} \end{bmatrix}^{-1} = \dfrac{1}{l_k}\begin{bmatrix} x_{k+1} & -x_k \\ -1 & 1 \end{bmatrix}$ $(l_k = x_{k+1} - x_k)$）

（公式：$\begin{bmatrix} a & b \\ c & d \end{bmatrix}^{-1} = \dfrac{1}{\Delta}\begin{bmatrix} d & -b \\ -c & a \end{bmatrix}$ $(\Delta = ad - bc)$）

$$\begin{bmatrix} a_k \\ b_k \end{bmatrix} = \frac{1}{l_k}\begin{bmatrix} x_{k+1} & -x_k \\ -1 & 1 \end{bmatrix}\begin{bmatrix} z_k \\ z_{k+1} \end{bmatrix} \quad \cdots\cdots ⑦$$

$(x_{k+1} - x_k = l_k$ (要素ⓚの長さ)) となる。ここで，

$z_k(x) = [1,\ x]\begin{bmatrix} a_k \\ b_k \end{bmatrix}$ ……⑤′ として，

⑤′ に⑦を代入すると，

$$z_k(x) = [1,\ x]\cdot\frac{1}{l_k}\begin{bmatrix} x_{k+1} & -x_k \\ -1 & 1 \end{bmatrix}\begin{bmatrix} z_k \\ z_{k+1} \end{bmatrix} = \frac{1}{l_k}[x_{k+1} - x,\ -x_k + x]\begin{bmatrix} z_k \\ z_{k+1} \end{bmatrix}$$

$$= \left[\frac{x_{k+1} - x}{l_k},\ \frac{x - x_k}{l_k}\right]\begin{bmatrix} z_k \\ z_{k+1} \end{bmatrix} \quad \cdots\cdots ⑧$$ $(l_k = x_{k+1} - x_k)$ となる。ここで，

（$\left[\dfrac{x_{k+1} - x}{l_k},\ \dfrac{x - x_k}{l_k}\right] = {}^t\boldsymbol{N}_k$ ← 変数 x のベクトル）

（$\begin{bmatrix} z_k \\ z_{k+1} \end{bmatrix} = \boldsymbol{Z}_k$ とおく ← 定ベクトル）

$$\boldsymbol{N}_k = \begin{bmatrix} \dfrac{x_{k+1}-x}{l_k} \\ \dfrac{x-x_k}{l_k} \end{bmatrix},\ \boldsymbol{Z}_k = \begin{bmatrix} z_k \\ z_{k+1} \end{bmatrix}$$ と

$$\boxed{\sum_{k=1}^{N}\left\{\int_{x_k}^{x_{k+1}}\left(w_k \cdot \frac{\partial z_k}{\partial t} + C \cdot \frac{\partial w_k}{\partial x} \cdot \frac{\partial z_k}{\partial x}\right)dx\right\} = 0 \ \cdots ④'}$$

おくと，⑧は，

$z_k(x) = {}^t\boldsymbol{N}_k \boldsymbol{Z}_k$ ……⑧$'$とシンプルに表すことができる。

⑧$'$を x で偏微分すると，

$$\frac{\partial z_k}{\partial x} = \frac{\partial}{\partial x}\left({}^t\boldsymbol{N}_k\right) \cdot \underbrace{\boldsymbol{Z}_k}_{\text{定ベクトル}} = \Bigg[\underbrace{\frac{\partial}{\partial x}\left(\frac{x_{k+1}-x}{l_k}\right)}_{-\frac{1}{l_k}},\ \underbrace{\frac{\partial}{\partial x}\left(\frac{x-x_k}{l_k}\right)}_{\frac{1}{l_k}}\Bigg]\boldsymbol{Z}_k$$

$$= \underbrace{\left[-\frac{1}{l_k},\ \frac{1}{l_k}\right]}_{{}^t\boldsymbol{L}_k \text{とおく}}\boldsymbol{Z}_k$$ となる。ここで，$\boldsymbol{L}_k = \dfrac{1}{l_k}\begin{bmatrix} -1 \\ 1 \end{bmatrix}$とおくと，

$\dfrac{\partial z_k}{\partial x} = {}^t\boldsymbol{L}_k \boldsymbol{Z}_k$ ……⑨ となるんだね。これまでの変形は講義 **2** (**P43**，**44**) で解説したものと，ほとんど同様であることが分かると思う。

したがって，任意関数 (重み関数) $w(x)$ の要素ⓚ $(x_k \leqq x \leqq x_{k+1})$ における近似式 $w_k(x) = c_k + d_k x = [1,\ x]\begin{bmatrix} c_k \\ d_k \end{bmatrix}$についても，まったく同様に，

$w_k(x) = {}^t\boldsymbol{N}_k \boldsymbol{W}_k$ ……⑩ $\left(\text{ただし，}\boldsymbol{W}_k = \begin{bmatrix} w_k \\ w_{k+1} \end{bmatrix}\text{である。}\right)$ となり，また，

これを x で偏微分して，

$\dfrac{\partial w_k}{\partial x} = \dfrac{\partial}{\partial x}\left({}^t\boldsymbol{N}_k\right)\boldsymbol{W}_k = {}^t\boldsymbol{L}_k \boldsymbol{W}_k$ ……⑪ となることも，大丈夫だと思う。

以上より，④$'$を

$$\underbrace{\sum_{k=1}^{N}\int_{x_k}^{x_{k+1}} w_k \cdot \frac{\partial z_k}{\partial t}dx}_{\text{④ (第1項)}} + \underbrace{C \cdot \sum_{k=1}^{N}\int_{x_k}^{x_{k+1}} \frac{\partial w_k}{\partial x} \cdot \frac{\partial z_k}{\partial x}dx}_{\text{⑦ (第2項)}} = 0$$ ……④$''$として，(i) 第 **2** 項

と (ii) 第 **1** 項に分けて，それぞれ変形していくことにしよう。

(i) まず，㋐(第**2**項)について，これに⑨，⑪を代入すると，

$$\sum_{k=1}^{N}\int_{x_k}^{x_{k+1}}\frac{\partial w_k}{\partial x}\cdot\frac{\partial z_k}{\partial x}dx=\sum_{k=1}^{N}\int_{x_k}^{x_{k+1}}{}^t\underbrace{\boldsymbol{L}_k\boldsymbol{W}_k}\cdot{}^t\boldsymbol{L}_k\boldsymbol{Z}_k dx$$

これは，[○ ○]$\begin{bmatrix}○\\○\end{bmatrix}$=[○] (スカラー，または**1**行**1**列の行列)より，この転置行列をとっても変化しない。よって，${}^t({}^t\boldsymbol{L}_k\boldsymbol{W}_k)={}^t\boldsymbol{W}_k{}^t({}^t\boldsymbol{L}_k)={}^t\boldsymbol{W}_k\boldsymbol{L}_k$ となる。

$$=\sum_{k=1}^{N}\int_{x_k}^{x_{k+1}}{}^t\boldsymbol{W}_k\underbrace{\boldsymbol{L}_k\cdot{}^t\boldsymbol{L}_k}\boldsymbol{Z}_k dx$$

$$\frac{1}{l_k}\begin{bmatrix}-1\\1\end{bmatrix}\cdot\frac{1}{l_k}[-1,\ 1]=\frac{1}{l_k^2}\begin{bmatrix}-1\\1\end{bmatrix}[-1,\ 1]=\frac{1}{l_k^2}\begin{bmatrix}1&-1\\-1&1\end{bmatrix}$$

$$=\sum_{k=1}^{N}\underbrace{{}^t\boldsymbol{W}_k\cdot\frac{1}{l_k^2}\begin{bmatrix}1&-1\\-1&1\end{bmatrix}\boldsymbol{Z}_k}\underbrace{\int_{x_k}^{x_{k+1}}dx}$$

定義より，これは定積分の外に出せる。

$[x]_{x_k}^{x_{k+1}}=x_{k+1}-x_k$
$=l_k$ (要素ⓚの長さ)

$$=\sum_{k=1}^{N}{}^t\boldsymbol{W}_k\cdot\frac{1}{l_k}\begin{bmatrix}1&-1\\-1&1\end{bmatrix}\boldsymbol{Z}_k \quad\cdots\cdots⑫$$ となり，これを④″の第**2**項に代入する。

(ii) 次に，㋑(第**1**項)について，これに⑩と⑧′を代入すると，

$$\sum_{k=1}^{N}\int_{x_k}^{x_{k+1}}w_k\cdot\frac{\partial z_k}{\partial t}dx=\sum_{k=1}^{N}\int_{x_k}^{x_{k+1}}\underbrace{{}^t\boldsymbol{N}_k\boldsymbol{W}_k}\cdot\underbrace{\frac{\partial}{\partial t}({}^t\boldsymbol{N}_k\cdot\boldsymbol{Z}_k)}dx$$

これは，**1**行**1**列の行列(スカラー)より，${}^t({}^t\boldsymbol{N}_k\boldsymbol{W}_k)={}^t\boldsymbol{W}_k\boldsymbol{N}_k$ と変形できる。

${}^t\boldsymbol{N}_k\cdot\frac{\partial}{\partial t}(\boldsymbol{Z}_k)$

これは，変数 x のベクトルなので，時刻 t から見た場合，定数扱いとなる。

$$=\sum_{k=1}^{N}\int_{x_k}^{x_{k+1}}\underbrace{{}^t\boldsymbol{W}_k}\underbrace{\boldsymbol{N}_k\cdot{}^t\boldsymbol{N}_k}\underbrace{\frac{\partial\boldsymbol{Z}_k}{\partial t}}dx$$

t での偏微分は $\frac{\partial\boldsymbol{Z}_k}{\partial t}=\dot{\boldsymbol{Z}}_k$ と表せる。

定ベクトル

x から見たら定ベクトル

$$\frac{1}{l_k}\begin{bmatrix}x_{k+1}-x\\x-x_k\end{bmatrix}\cdot\frac{1}{l_k}[x_{k+1}-x,\ x-x_k]=\frac{1}{l_k^2}\begin{bmatrix}(x_{k+1}-x)^2&(x-x_k)(x_{k+1}-x)\\(x-x_k)(x_{k+1}-x)&(x-x_k)^2\end{bmatrix}$$

変数 x の行列

これをさらに変形して，

$$\sum_{k=1}^{N}\int_{x_k}^{x_{k+1}} w_k \frac{\partial z_k}{\partial t}dx$$

$$\underbrace{\sum_{k=1}^{N}\int_{x_k}^{x_{k+1}} w_k\cdot\frac{\partial z_k}{\partial t}dx}_{①(\text{第}1\text{項})}+C\cdot\underbrace{\sum_{k=1}^{N}\int_{x_k}^{x_{k+1}}\frac{\partial w_k}{\partial x}\cdot\frac{\partial z_k}{\partial x}dx}_{\sum_{k=1}^{N}{}^t\boldsymbol{W}_k\cdot\frac{1}{l_k}\begin{bmatrix}1&-1\\-1&1\end{bmatrix}\boldsymbol{Z}_k\ (⑫より)}=0\ \cdots④''$$

$$=\sum_{k=1}^{N}{}^t\boldsymbol{W}_k\left(\int_{x_k}^{x_{k+1}}\boldsymbol{N}_k\cdot{}^t\boldsymbol{N}_k dx\right)\frac{\partial \boldsymbol{Z}_k}{\partial t}$$

$$\frac{1}{l_k^2}\int_{x_k}^{x_{k+1}}\begin{bmatrix}(x-x_{k+1})^2 & -(x-x_k)(x-x_{k+1})\\ -(x-x_k)(x-x_{k+1}) & (x-x_k)^2\end{bmatrix}dx$$

$$=\frac{1}{l_k^2}\begin{bmatrix}\overset{(\text{i})}{\int_{x_k}^{x_{k+1}}(x-x_{k+1})^2dx} & \overset{(\text{ii})}{-\int_{x_k}^{x_{k+1}}(x-x_k)(x-x_{k+1})dx}\\ \underset{(\text{ii})}{-\int_{x_k}^{x_{k+1}}(x-x_k)(x-x_{k+1})dx} & \underset{(\text{iii})}{\int_{x_k}^{x_{k+1}}(x-x_k)^2dx}\end{bmatrix}$$

$$=\frac{1}{l_k^2}\begin{bmatrix}\overset{(\text{i})}{\frac{1}{3}l_k^3} & \overset{(\text{ii})}{\frac{1}{6}l_k^3}\\ \underset{(\text{ii})}{\frac{1}{6}l_k^3} & \underset{(\text{iii})}{\frac{1}{3}l_k^3}\end{bmatrix}=\frac{l_k}{6}\begin{bmatrix}2&1\\1&2\end{bmatrix}$$

$$(\text{i})\int_{x_k}^{x_{k+1}}(x-x_{k+1})^2dx=\frac{1}{3}\left[(x-x_{k+1})^3\right]_{x_k}^{x_{k+1}}=\frac{1}{3}\{\cancel{0^3}-(x_k-x_{k+1})^3\}$$

$$=\frac{1}{3}\{-(-l_k)^3\}=\frac{1}{3}l_k^3$$

$$(\text{ii})-\int_{x_k}^{x_{k+1}}(x-x_k)(x-x_{k+1})dx=\frac{1}{6}(x_{k+1}-x_k)^3$$

$$=\frac{1}{6}l_k^3$$

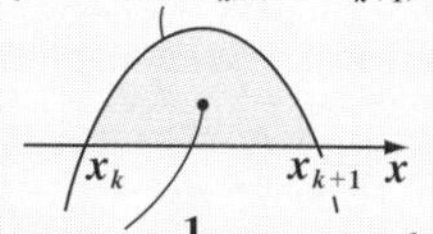

$$(\text{iii})\int_{x_k}^{x_{k+1}}(x-x_k)^2dx=\frac{1}{3}\left[(x-x_k)^3\right]_{x_k}^{x_{k+1}}$$

$$=\frac{1}{3}\{(x_{k+1}-x_k)^3-\cancel{0^3}\}=\frac{1}{3}l_k^3$$

$$=\sum_{k=1}^{N}{}^t\boldsymbol{W}_k\cdot\frac{l_k}{6}\begin{bmatrix}2&1\\1&2\end{bmatrix}\frac{\partial \boldsymbol{Z}_k}{\partial t}\ \cdots\cdots⑬$$ となる。

以上(i)(ii)より，㋐，㋑の定積分の結果の⑫と⑬を④''に代入して，

$$\underbrace{\sum_{k=1}^{N} {}^t\boldsymbol{W}_k \cdot \frac{l_k}{6}\begin{bmatrix} 2 & 1 \\ 1 & 2 \end{bmatrix} \frac{\partial \boldsymbol{Z}_k}{\partial t}}_{⑬より} + C \cdot \underbrace{\sum_{k=1}^{N} {}^t\boldsymbol{W}_k \cdot \frac{1}{l_k}\begin{bmatrix} 1 & -1 \\ -1 & 1 \end{bmatrix} \boldsymbol{Z}_k}_{⑫より} = 0$$ よって，

$$\sum_{k=1}^{N} \underbrace{{}^t\boldsymbol{W}_k}_{任意ベクトル} \left(\frac{l_k}{6}\begin{bmatrix} 2 & 1 \\ 1 & 2 \end{bmatrix} \frac{\partial \boldsymbol{Z}_k}{\partial t} + \frac{C}{l_k}\begin{bmatrix} 1 & -1 \\ -1 & 1 \end{bmatrix} \boldsymbol{Z}_k \right) = 0 \quad \cdots\cdots ⑭$$ が導けたんだね。

与えられた定義域 $0 \leqq x \leqq L$ を，節点 $x = \underbrace{x_1}_{0}$，x_2，x_3，…，x_N，$\underbrace{x_{N+1}}_{L}$ により，長さ l_1，l_2，l_3，…，l_N の N 個の要素に分割し，⑭の公式と境界条件(放熱・断熱条件)を用いて，各節点における温度の値 z_1，z_2，z_3，…，z_{N+1} を求めることができるんだね。

ここでは，まず，簡単な例題で，実際に⑭式を利用してみよう。

例題 13　$0 \leqq x \leqq 3$ で定義される温度の関数 $z(x, t)$ (t：時刻，$t \geqq 0$) が，次の 1 次元熱伝導方程式をみたすものとする。

$$\frac{\partial z}{\partial t} = \frac{\partial^2 z}{\partial x^2} \quad \cdots\cdots ㋐ \quad (0 < x < 3,\ t \geqq 0)$$ ←($C=1$，$L=3$ の方程式)

(境界条件：$z(0, t) = z(3, t) = 0$) ←(両端点は，放熱条件)

$$\left(初期条件：z(x, 0) = \begin{cases} 10x & (0 \leqq x \leqq 1) \\ 10 & (1 < x \leqq 2) \\ -10x + 30 & (2 < x \leqq 3) \end{cases} \right)$$

ここで，右図に示すように，定義域 $[0, 3]$ を，4 つの節点 $x_1 = 0$，$x_2 = 1$，$x_3 = 2$，$x_4 = 3$ により，長さが $l_1 = l_2 = l_3 = 1$ である 3 つの要素①，②，③に分割して，有限要素法の公式：

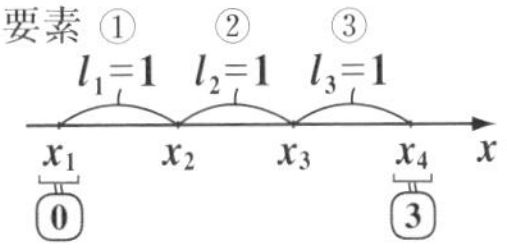

($l_k = 1\ (k = 1, 2, 3)$，$C = 1$ より)

$$\sum_{k=1}^{3} {}^t\boldsymbol{W}_k \left(\frac{1}{6}\begin{bmatrix} 2 & 1 \\ 1 & 2 \end{bmatrix} \frac{\partial \boldsymbol{Z}_k}{\partial t} + \begin{bmatrix} 1 & -1 \\ -1 & 1 \end{bmatrix} \boldsymbol{Z}_k \right) = 0 \quad \cdots\cdots ㋑ \quad ({}^t\boldsymbol{W}_k：任意ベクトル)$$

を利用して，各節点における温度 z の近似値 z_1，z_2，z_3，z_4 について，時刻 t から $t + \Delta t$ への変化を表す式を導け。

$$\frac{\partial \boldsymbol{Z}_k}{\partial t} = \begin{bmatrix} \dot{z}_k \\ \dot{z}_{k+1} \end{bmatrix} \text{ と } \boldsymbol{Z}_k = \begin{bmatrix} z_k \\ z_{k+1} \end{bmatrix}$$

ドット“・”は時刻 t での微分を表す。

$$\sum_{k=1}^{3} {}^t\boldsymbol{W}_k \left(\frac{1}{6} \begin{bmatrix} 2 & 1 \\ 1 & 2 \end{bmatrix} \frac{\partial \boldsymbol{Z}_k}{\partial t} + \begin{bmatrix} 1 & -1 \\ -1 & 1 \end{bmatrix} \boldsymbol{Z}_k \right) = \boldsymbol{0} \cdots ㋑$$

と ${}^t\boldsymbol{W}_k = [w_k,\ w_{k+1}]$ を㋑の左辺に代入して，具体的に計算すると，

$$(㋑\text{の左辺}) = \sum_{k=1}^{3} [w_k,\ w_{k+1}] \left(\frac{1}{6} \begin{bmatrix} 2 & 1 \\ 1 & 2 \end{bmatrix} \begin{bmatrix} \dot{z}_k \\ \dot{z}_{k+1} \end{bmatrix} + \begin{bmatrix} 1 & -1 \\ -1 & 1 \end{bmatrix} \begin{bmatrix} z_k \\ z_{k+1} \end{bmatrix} \right)$$

$$= [w_1,\ w_2] \left(\begin{bmatrix} \frac{1}{3} & \frac{1}{6} \\ \frac{1}{6} & \frac{1}{3} \end{bmatrix} \begin{bmatrix} \dot{z}_1 \\ \dot{z}_2 \end{bmatrix} + \begin{bmatrix} 1 & -1 \\ -1 & 1 \end{bmatrix} \begin{bmatrix} z_1 \\ z_2 \end{bmatrix} \right)$$

$$+ [w_2,\ w_3] \left(\begin{bmatrix} \frac{1}{3} & \frac{1}{6} \\ \frac{1}{6} & \frac{1}{3} \end{bmatrix} \begin{bmatrix} \dot{z}_2 \\ \dot{z}_3 \end{bmatrix} + \begin{bmatrix} 1 & -1 \\ -1 & 1 \end{bmatrix} \begin{bmatrix} z_2 \\ z_3 \end{bmatrix} \right)$$

$$+ [w_3,\ w_4] \left(\begin{bmatrix} \frac{1}{3} & \frac{1}{6} \\ \frac{1}{6} & \frac{1}{3} \end{bmatrix} \begin{bmatrix} \dot{z}_3 \\ \dot{z}_4 \end{bmatrix} + \begin{bmatrix} 1 & -1 \\ -1 & 1 \end{bmatrix} \begin{bmatrix} z_3 \\ z_4 \end{bmatrix} \right)$$

$$= [w_1,\ w_2,\ 0,\ 0] \left(\begin{bmatrix} \frac{1}{3} & \frac{1}{6} & 0 & 0 \\ \frac{1}{6} & \frac{1}{3} & 0 & 0 \\ 0 & 0 & 0 & 0 \\ 0 & 0 & 0 & 0 \end{bmatrix} \begin{bmatrix} \dot{z}_1 \\ \dot{z}_2 \\ 0 \\ 0 \end{bmatrix} + \begin{bmatrix} 1 & -1 & 0 & 0 \\ -1 & 1 & 0 & 0 \\ 0 & 0 & 0 & 0 \\ 0 & 0 & 0 & 0 \end{bmatrix} \begin{bmatrix} z_1 \\ z_2 \\ 0 \\ 0 \end{bmatrix} \right)$$

$$+ [0,\ w_2,\ w_3,\ 0] \left(\begin{bmatrix} 0 & 0 & 0 & 0 \\ 0 & \frac{1}{3} & \frac{1}{6} & 0 \\ 0 & \frac{1}{6} & \frac{1}{3} & 0 \\ 0 & 0 & 0 & 0 \end{bmatrix} \begin{bmatrix} 0 \\ \dot{z}_2 \\ \dot{z}_3 \\ 0 \end{bmatrix} + \begin{bmatrix} 0 & 0 & 0 & 0 \\ 0 & 1 & -1 & 0 \\ 0 & -1 & 1 & 0 \\ 0 & 0 & 0 & 0 \end{bmatrix} \begin{bmatrix} 0 \\ z_2 \\ z_3 \\ 0 \end{bmatrix} \right)$$

$$+ [0,\ 0,\ w_3,\ w_4] \left(\begin{bmatrix} 0 & 0 & 0 & 0 \\ 0 & 0 & 0 & 0 \\ 0 & 0 & \frac{1}{3} & \frac{1}{6} \\ 0 & 0 & \frac{1}{6} & \frac{1}{3} \end{bmatrix} \begin{bmatrix} 0 \\ 0 \\ \dot{z}_3 \\ \dot{z}_4 \end{bmatrix} + \begin{bmatrix} 0 & 0 & 0 & 0 \\ 0 & 0 & 0 & 0 \\ 0 & 0 & 1 & -1 \\ 0 & 0 & -1 & 1 \end{bmatrix} \begin{bmatrix} 0 \\ 0 \\ z_3 \\ z_4 \end{bmatrix} \right)$$

さらに，この **3** 項は **1** つにまとめられるので，

$$(\text{㋑の左辺}) = [w_1,\ w_2,\ w_3,\ w_4]\left(\begin{bmatrix} \frac{1}{3} & \frac{1}{6} & 0 & 0 \\ \frac{1}{6} & \frac{2}{3} & \frac{1}{6} & 0 \\ 0 & \frac{1}{6} & \frac{2}{3} & \frac{1}{6} \\ 0 & 0 & \frac{1}{6} & \frac{1}{3} \end{bmatrix}\begin{bmatrix} \dot{z}_1 \\ \dot{z}_2 \\ \dot{z}_3 \\ \dot{z}_4 \end{bmatrix} + \begin{bmatrix} 1 & -1 & 0 & 0 \\ -1 & 2 & -1 & 0 \\ 0 & -1 & 2 & -1 \\ 0 & 0 & -1 & 1 \end{bmatrix}\begin{bmatrix} z_1 \\ z_2 \\ z_3 \\ z_4 \end{bmatrix}\right)$$

$x = 0,\ 3$ で，$z(0,\ t) = z(3,\ t) = 0$ より，$w_1 = 0$ かつ $w_4 = 0$ の条件は付くが，これは $w_2,\ w_3$ が自由に変化する任意ベクトル

$\mathbf{0} = \begin{bmatrix} 0 \\ 0 \\ 0 \\ 0 \end{bmatrix}$ でなければならない。

$= \mathbf{0} = (\text{㋑の右辺})$ となる。

よって，${}^tW = [w_1,\ w_2,\ w_3,\ w_4]$ は任意ベクトルなので，㋑の等式が恒等的に成り立つためには，

$$\underbrace{\begin{bmatrix} \frac{1}{3} & \frac{1}{6} & 0 & 0 \\ \frac{1}{6} & \frac{2}{3} & \frac{1}{6} & 0 \\ 0 & \frac{1}{6} & \frac{2}{3} & \frac{1}{6} \\ 0 & 0 & \frac{1}{6} & \frac{1}{3} \end{bmatrix}}_{M_1}\begin{bmatrix} \dot{z}_1 \\ \dot{z}_2 \\ \dot{z}_3 \\ \dot{z}_4 \end{bmatrix} + \underbrace{\begin{bmatrix} 1 & -1 & 0 & 0 \\ -1 & 2 & -1 & 0 \\ 0 & -1 & 2 & -1 \\ 0 & 0 & -1 & 1 \end{bmatrix}}_{M_2\text{とおく}}\begin{bmatrix} z_1 \\ z_2 \\ z_3 \\ z_4 \end{bmatrix} = \begin{bmatrix} 0 \\ 0 \\ 0 \\ 0 \end{bmatrix} \quad \cdots\cdots㋒$$

となる。

ここで，㋒の左辺の第 **1** 項の **4** 行 **4** 列の行列を M_1，第 **2** 項の **4** 行 **4** 列の行列を M_2 とおき，さらに，時刻 t による z_k の導関数 $\dot{z}_k$ を近似的に

$\dot{z}_k = \dfrac{\partial z_k}{\partial t} \fallingdotseq \dfrac{z_k(t+\Delta t) - z_k(t)}{\Delta t}$ $\quad (k = 1,\ 2,\ 3,\ 4)$ とおくと，㋒は次のように

時刻 t と $t+\Delta t$ の関係式として表すことができる。これから，$t \to t+\Delta t$ への温度分布の変化を記述できるんだね。

$$\frac{1}{\Delta t}\cdot M_1\begin{bmatrix} z_1(t+\Delta t)-z_1(t) \\ z_2(t+\Delta t)-z_2(t) \\ z_3(t+\Delta t)-z_3(t) \\ z_4(t+\Delta t)-z_4(t) \end{bmatrix}+M_2\begin{bmatrix} z_1(t) \\ z_2(t) \\ z_3(t) \\ z_4(t) \end{bmatrix}=\begin{bmatrix} 0 \\ 0 \\ 0 \\ 0 \end{bmatrix}$$

(これは，時刻 t のときのベクトルと考える。)

これをさらに変形して，

$$M_1\left(\begin{bmatrix} z_1(t+\Delta t) \\ z_2(t+\Delta t) \\ z_3(t+\Delta t) \\ z_4(t+\Delta t) \end{bmatrix}-\begin{bmatrix} z_1(t) \\ z_2(t) \\ z_3(t) \\ z_4(t) \end{bmatrix}\right)=-\Delta t M_2\begin{bmatrix} z_1(t) \\ z_2(t) \\ z_3(t) \\ z_4(t) \end{bmatrix}$$

$$M_1\begin{bmatrix} z_1(t+\Delta t) \\ z_2(t+\Delta t) \\ z_3(t+\Delta t) \\ z_4(t+\Delta t) \end{bmatrix}=(M_1-\Delta t M_2)\begin{bmatrix} z_1(t) \\ z_2(t) \\ z_3(t) \\ z_4(t) \end{bmatrix}$$

この両辺に M_1 の逆行列 M_1^{-1} を左からかけて，

$$\underbrace{\begin{bmatrix} z_1(t+\Delta t) \\ z_2(t+\Delta t) \\ z_3(t+\Delta t) \\ z_4(t+\Delta t) \end{bmatrix}}_{Z(t+\Delta t)}=\underbrace{M_1^{-1}(M_1-\Delta t M_2)}_{\text{行列 } M}\underbrace{\begin{bmatrix} z_1(t) \\ z_2(t) \\ z_3(t) \\ z_4(t) \end{bmatrix}}_{Z(t)\text{ とおく}}$$

……㊓ となる。

㊓の右辺の $M_1^{-1}(M_1-\Delta t M_2)=M$ とおき，最後に $x=0$, L の両端点の境界条件 (放熱条件) から，

$z_1(t+\Delta t)=z_1(t)\,(=0)$, $z_4(t+\Delta t)=z_4(t)\,(=0)$ となるので，㊓の行列 M の第 1 行と第 4 行を書き替えて，

$$\begin{bmatrix} z_1(t+\Delta t) \\ z_2(t+\Delta t) \\ z_3(t+\Delta t) \\ z_4(t+\Delta t) \end{bmatrix}=\begin{bmatrix} 1 & 0 & 0 & 0 \\ \vdots & \vdots & \vdots & \vdots \\ \vdots & \vdots & \vdots & \vdots \\ 0 & 0 & 0 & 1 \end{bmatrix}\begin{bmatrix} z_1(t) \\ z_2(t) \\ z_3(t) \\ z_4(t) \end{bmatrix}$$

……㊓′ となるんだね。

(行列 M の第 1, 4 行を書き替えたもので，M' とおく。)

初期条件より，$z_1(0)=0$, $z_2(0)=10$, $z_3(0)=10$, $z_4(0)=0$ として，㊓′の計算を繰り返すことにより，時刻 t を $t=0$, Δt, $2\Delta t$, $3\Delta t$, … と進めたときの，

温度分布 z_k ($k=1, 2, 3, 4$) の変化の様子を求めることができるんだね。
これで例題 **13** についての理論的な解説もすべてご理解頂けたと思う。

● 1次元熱伝導問題をBASICプログラムで解こう！

では，例題 **13** の **1** 次元熱伝導の基本問題を実際に **BASIC** プログラムを用いて解いてみよう。
まず，時刻 $t=0$ における温度分布は，図 **4** に示すように，
$z_1(0)=z_4(0)=0$,
$z_2(0)=z_3(0)=10$ である。

図 **4** 初期条件：$t=0$ における z の分布

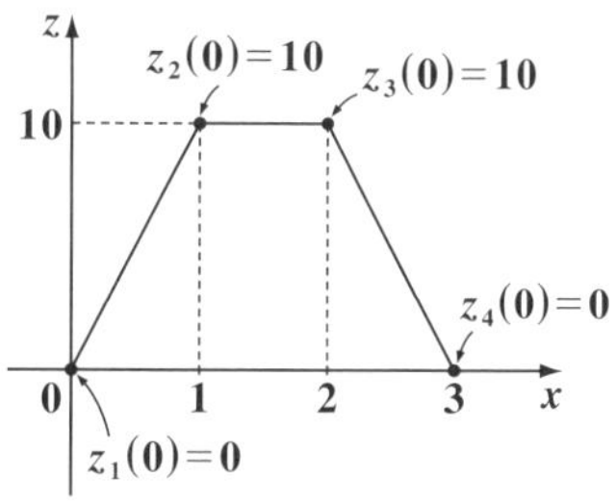

また，**2** つの行列 M_1 と M_2 は，

$$M_1=\frac{1}{6}\begin{bmatrix}2&1&0&0\\1&4&1&0\\0&1&4&1\\0&0&1&2\end{bmatrix},\quad M_2=\begin{bmatrix}1&-1&0&0\\-1&2&-1&0\\0&-1&2&-1\\0&0&-1&1\end{bmatrix}$$

であり，M_1 の逆行列 M_1^{-1} は，

$$M_1^{-1}=\frac{1}{15}\begin{bmatrix}52&-14&4&-2\\-14&28&-8&4\\4&-8&28&-14\\-2&4&-14&52\end{bmatrix}$$

である。

ここで，微小な時間 Δt を $\Delta t=\frac{1}{100}=0.01$ (秒) とおいて，以上を

$Z(t+\Delta t)=M_1^{-1}(M_1-\Delta tM_2)Z(t)$ ……㋓ に代入して，

$M_1^{-1}(M_1-\Delta tM_2)=M$ とおき，M の第 **1** 行と第 **4** 行を $z_1(t+\Delta t)=z_1(t)$ ($=0$)，$z_4(t+\Delta t)=z_4(t)$ ($=0$) となるように処理したものを M' とおくと，

初期条件：$Z(0)=\begin{bmatrix}z_1(0)\\z_2(0)\\z_3(0)\\z_4(0)\end{bmatrix}=\begin{bmatrix}0\\10\\10\\0\end{bmatrix}$ であり，M を M' に変更して㋓は，

$Z(t+\Delta t)=M'Z(t)$ ……㋓′ と表される。よって，

$Z(t+\Delta t)=M'Z(t)$ ……㋓′

・$t=0$ のとき，㋓′より，$Z(\Delta t)=M'Z(0)$

・$t=\Delta t$ のとき，㋓′より，

$$Z(2\cdot\Delta t)=Z(\Delta t+\Delta t)=M'Z(\Delta t)=M'\cdot M'Z(0)=M'^2Z(0)$$

・$t=2\cdot\Delta t$ のとき，㋓′より，

$$Z(3\cdot\Delta t)=Z(2\Delta t+\Delta t)=M'Z(2\cdot\Delta t)=M'\cdot M'^2Z(0)=M'^3Z(0)$$

これより，

・$t=n\cdot\Delta t$ のとき，㋓′より，$Z(t)=Z(n\cdot\Delta t)=M'^nZ(0)$ となる。

このように，時刻を$\Delta t=0.01$(秒)ずつ進めて温度分布を調べるためには，行列 M' をくり返しかける操作が必要となるので，**BASIC**プログラムを作ってコンピュータの膨大な計算力を利用することになるんだね。

では，この問題を解く**BASIC**プログラムを下に示そう。

```
10 REM ------------------------------------------
20 REM   1次元熱伝導方程式 4-0
30 REM ------------------------------------------
40 DIM M1(4,4),M1I(4,4),M2(4,4),M3(4,4),
M(4,4),Z0(4),Z1(4)                              ← 配列の宣言
50 DT=.01:T=.3#                                 ← DT=0.01とT=0.3の代入
60 Z0(1)=0:Z0(2)=10:Z0(3)=10:Z0(4)=0            ← Zの初期条件の代入
70 FOR I=1 TO 4:FOR J=1 TO 4
80 M1(I,J)=0:M2(I,J)=0:M3(I,J)=0:M(I,J)=0       ← 行列M1, M2, M3, Mのすべての成分を0にして初期化する。
90 NEXT J,I
100 M1(1,1)=1/3:M1(1,2)=1/6
110 M1(2,1)=1/6:M1(2,2)=2/3:M1(2,3)=1/6        ← 行列M1の0以外の成分の代入。
120 M1(3,2)=1/6:M1(3,3)=2/3:M1(3,4)=1/6
130 M1(4,3)=1/6:M1(4,4)=1/3
140 M2(1,1)=1:M2(1,2)=-1
150 M2(2,1)=-1:M2(2,2)=2:M2(2,3)=-1           ← 行列M2の0以外の成分の代入。
160 M2(3,2)=-1:M2(3,3)=2:M2(3,4)=-1
170 M2(4,3)=-1:M2(4,4)=1
180 FOR I=1 TO 4:FOR J=1 TO 4
190 M3(I,J)=M1(I,J)-DT*M2(I,J):NEXT J,I        ← 行列M1−ΔtM2の各成分をM3に代入。
```

```
200 M1I(1,1)=52:M1I(1,2)=-14:M1I(1,3)=4:M1I(1,4)=-2
210 M1I(2,1)=-14:M1I(2,2)=28:M1I(2,3)=-8:M1I(2,4)=4
220 M1I(3,1)=4:M1I(3,2)=-8:M1I(3,3)=28:M1I(3,4)=-14
230 M1I(4,1)=-2:M1I(4,2)=4:M1I(4,3)=-14:M1I(4,4)=52
240 FOR I=1 TO 4:FOR J=1 TO 4:M1I(I,J)=M1I(I,J)/15
250 NEXT J,I
260 FOR I=1 TO 4:FOR J=1 TO 4
270 FOR K=1 TO 4
280 M(I,J)=M(I,J)+M1I(I,K)*M3(K,J)
290 NEXT K,J,I
300 FOR J=1 TO 4
310 M(1,J)=0:M(4,J)=0:NEXT J
320 M(1,1)=1:M(4,4)=1
330 N=100*T
340 FOR L=1 TO N
350 FOR I=1 TO 4:Z1(I)=0:NEXT I
360 FOR I=1 TO 4:FOR K=1 TO 4
370 Z1(I)=Z1(I)+M(I,K)*Z0(K):NEXT K,I
380 FOR I=1 TO 4:Z0(I)=Z1(I):NEXT I
390 NEXT L
400 CLS 3
410 PRINT T"秒後の温度分布"
420 FOR I=1 TO 4
430 PRINT "z";I;"=";Z0(I):NEXT I
```

200〜250行：M_1^{-1}のすべての成分を代入。

260〜290行：Mの各成分に$M_1^{-1} \cdot M_3$の成分を代入。

300〜320行：Mの第1行と第2行を修正して，$z_1(t+\Delta t)=z_1(t)$，$z_4(t+\Delta t)=z_4(t)$とする。

330行：ループ計算の回数nに，$100 \cdot t$を代入

340〜390行：n回のループ計算を行う。

350行：z_1の全成分を0にして初期化

360〜370行：z_1に$M \cdot z_0$を代入

380行：z_0にz_1を代入

400行：画面のクリア

410行："t秒後の温度分布"を表示

430行：z_0の各成分を表示

10〜30行は注釈行だね。

40行は，配列の宣言文で，これにより**4**行**4**列の行列**M1(4, 4)**，**M1I(4, 4)**，

（**I**は"***Inverse***"の頭文字で，これは逆行列M_1^{-1}のことだ。）

M2(4, 4)，**M3(4, 4)**，**M(4, 4)**と**2**つのベクトル**Z0(4)**と**Z1(4)**を利用できるようになる。

50行で，**DT**$(=\Delta t)=$**0.01**を代入し，**T**$=$**0.3**を代入して，**0.3**秒の温度分布を調べることにする。**60**行では，$z_0(1)=0$，$z_0(2)=10$，$z_0(3)=10$，$z_0(4)=0$として，温度zの初期条件の分布を代入する。

70〜90 行の **2** 重の **FOR 〜 NEXT** 文により，**4** つの **4** 行 **4** 列の行列 M_1，M_2，M_3，M のすべての成分に **0** を代入して，まず初期化する。

100〜170 行で，行列 M_1 の **0** 以外の成分の値を代入して，行列 M_1 を完成し，次に，行列 M_2 の **0** 以外の成分の値を代入して，行列 M_2 を完成させる。

180，**190** 行で，行列の計算式 $M_1 - \Delta t M_2$ の結果をすべて行列 M_3 の成分に代入する。

200〜250 行で，M_1 の逆行列 M_1^{-1} のすべての成分を代入して，逆行列 M_1^{-1} を完成させる。

260〜290 行の **3** 重の **FOR 〜 NEXT** 文により，**2** つの行列の積 $M_1^{-1} \cdot M_3$ の計算結果を，行列 M の成分に代入して，行列 M を作成する。

300〜320 行で，M の第 **1** 行と第 **4** 行を

$\begin{bmatrix} 1 & 0 & 0 & 0 \\ \vdots & \vdots & \vdots & \vdots \\ 0 & 0 & 0 & 1 \end{bmatrix}$ となるように書き替えて，$x=0$ と **3** の両端点の放熱条件をみたすようにして，行列 M を完成する。

330 行で，$\Delta t = 0.01$ より，$N = 100 \times t\ (= 100 \times 0.3 = 30)$ として，ループ計算の回数 N に $100 \times t$ を代入して，$t = 0.3$ 秒後の Z の分布を計算することにする。

340〜390 行の大きな **FOR 〜 NEXT** 文により，$L = 1,\ 2,\ \cdots,\ N$ と値を変化させながら，N 回のループ計算を行う。まず，$L = 1$ のときについて解説しよう。**350** 行の **FOR 〜 NEXT** 文で $Z_1(\mathrm{I}) = 0\ (\mathrm{I} = 1,\ 2,\ 3,\ 4)$ として，$Z_1(\mathrm{I})$ の成分をすべて **0** に初期化する。このとき，$Z_0(\mathrm{I})$ には，初期条件の温度分布が代入されている。**360**，**370** 行の **2** 重の **FOR 〜 NEXT** 文により，$Z_1 = MZ_0$ として，まず，Δt 秒後の温度分布 $Z_1(\mathrm{I})\ (\mathrm{I} = 1, 2, 3, 4)$ を求める。**380** 行で，$Z_0(\mathrm{I}) = Z_1(\mathrm{I})\ (\mathrm{I} = 1,\ 2,\ 3,\ 4)$ として，$Z_1(\mathrm{I})$ の成分をすべて $Z_0(\mathrm{I})$ に代入して，$L = 1$ 回目の計算を終了する。次に，$L = 2$ のとき，**350** 行で，$Z_1(\mathrm{I}) = 0\ (\mathrm{I} = 1,\ 2,\ 3,\ 4)$ として，$Z_1(\mathrm{I})$ を初期化し，Δt 秒後の $Z_0(\mathrm{I})$ に M をかけたものをこの $Z_1(\mathrm{I})$ に代入して，$Z_1(\mathrm{I}) = M \cdot Z_0(\mathrm{I})$ として，$Z_1(\mathrm{I})$ は $2 \cdot \Delta t$ 秒後の温度分布となる。これを $Z_0(\mathrm{I}) = Z_1(\mathrm{I})$ として，すべて $Z_0(\mathrm{I})$ に代入して，$L = 2$ の計算を終了する。以下同様に，$L = 3,\ 4,$

…, Nとなるまで計算を実行し, $N\cdot\Delta t=100\times t\times\frac{1}{100}=t\,(=0.3)$ 秒後の温度分布が $Z_0(\mathrm{I})$ に代入されることになる。

400行で画面をクリアにし, **410**行で"**.3**秒後の温度分布"を表示し, 以下順 (**.3** は t)に z**1**, z**2**, z**3**, z**4**の値 $Z_0(\mathrm{I})$ $(\mathrm{I}=1,\ 2,\ 3,\ 4)$ を画面上に表示するんだね。

このプログラムを実行 (**run**) した結果を右に示す。$t=0$のとき, 初期条件では$z1=0$, $z2=10$, $z3=10$, $z4=0$であった温度分布が, **0.3**秒後には両端点から熱が放出されて, z**2**とz**3**の温度が約**5.45**(℃)まで減少していることが分かったんだね。

プログラムの実行結果

```
.3 秒後の温度分布
z 1 = 0
z 2 = 5.45484319382437
z 3 = 5.45484319382437
z 4 = 0
```

ちなみに, **50**行で, $t=0$としてtに**0**を代入すると, **330**行で, $N=100\times t=0$となり, **340**～**390**行の**FOR**～**NEXT**文の初めの**340**が**FOR L=1 TO 0**となって矛盾するので, このループ計算は**1**回も行われないで, 画面には, "**0**秒後の温度"と表示された後, 初期条件の$z1=0$, $z2=10$, $z3=10$, $z4=0$が出力されることになるんだね。納得いった?

しかし, 数値によるデジタルデータが求められると, 当然次は, これをグラフで表示したくなってくるでしょう。次は, この温度分布を**XZ**座標上に描くことにしよう。

● t秒後の温度分布のグラフを描こう!

目盛り付きの**XY**座標系とグラフの描き方については, 講義**2** (**P63**以降)で詳しく解説した。よって, これまで求めたt秒後の$z_0(\mathrm{I})$ $(\mathrm{I}=1,\ 2,\ 3,\ 4)$の値を**XZ**座標上に小円"○"で描き, これらを線分で結んだ温度分布のグラフを描くプログラムをこれから示そう。

(今回は, **Y**座標を**Z**座標とする。)

時刻は順に$t=0$, **0.1**, **0.6**, **2** (秒)と変化させて, 温度分布のグラフを描いて, その経時変化の様子を調べてみよう。

では，グラフ表示も含めた**1**次元熱伝導方程式の**BASIC**プログラムを示そう。

```
10 REM -----------------------------------------
20 REM  1次元熱伝導方程式 4-1
30 REM -----------------------------------------
40 DIM M1(4,4),M1I(4,4),M2(4,4),M3(4,4),M(4,4),
Z0(4),Z1(4)
50 DT=.01:T=0
```

60～430行 ← t 秒後の温度分布 $z_0(i)$ (i=**1**, **2**, **3**, **4**)を求めるプログラムは，**P132**，**133** で示したものとまったく同じである。

```
440 REM ----------- グラフの作成 -----------
450 CLS 3
460 PRINT "t=";T
470 XMAX=3.5#:XMIN=-.5#:YMAX=11.5#:YMIN=-1.5#
480 DELX=1:DELY=2
490 DEF FNU(X)=INT(640*(X-XMIN)/(XMAX-XMIN))
500 DEF FNV(Y)=INT(400*(YMAX-Y)/(YMAX-YMIN))
510 LINE (0,FNV(0))-(640,FNV(0))
520 LINE (FNU(0),0)-(FNU(0),400)
530 DELU=640*DELX/(XMAX-XMIN)
540 DELV=400*DELY/(YMAX-YMIN)
550 J1=INT(XMAX/DELX):J2=INT(-XMIN/DELX)
560 FOR I=-J2 TO J1
570 LINE (FNU(0)+INT(I*DELU),FNV(0)-3)-(FNU(0)+INT
(I*DELU),FNV(0)+3)
580 NEXT I
590 J1=INT(YMAX/DELY):J2=INT(-YMIN/DELY)
600 FOR I=-J2 TO J1
610 LINE (FNU(0)-3,FNV(0)-INT(I*DELV))-(FNU(0)+3,
FNV(0)-INT(I*DELV))
620 NEXT I
```

```
630 FOR I=0 TO 2
640 U=FNU(I):V=FNV(Z0(I+1)):U1=FNU(I+1):V1=FNV(Z0(I+2))
650 CIRCLE (U,V),3:CIRCLE (U1,V1),3
660 LINE (U,V)-(U1,V1)
670 NEXT I
```

10～430 行は，**50** 行で，時刻 **T＝0** として初期条件での温度分布を求めるようにした以外，**P132**，**133** で示したプログラムとまったく同じなんだね。この後，この **T** の値を変化させて，**T＝0.1**，**0.6**，**2** として，温度分布の変化の様子を調べていこう。

440～620 行については，**460** 行の **PRINT** 文で，時刻 t の値を画面上に表示させる以外，**P69** のグラフの作成プログラムとほとんど同様だ。**470**，**480** 行で，$X_{Max}=3.5$，$X_{Min}=-0.5$，$Y_{Max}=11.5$，$Y_{Min}=-1.5$，目盛り幅 $\Delta\overline{X}=1$，$\Delta\overline{Y}=2$ を代入して，目盛り付きの **XY** 座標を作成する。もちろん，今回の **Y** 座標は，温度の **Z** 座標になるんだね。

630～670 行の **FOR～NEXT** 文で，**I＝0, 1, 2** と変化させて，t 秒後の温度分布 $z_0(\mathrm{I})$ $(\mathrm{I}=1, 2, 3, 4)$ のグラフを描く。**I** が **X** 座標，$z_0(\mathrm{I})$ が **Y** 座標を表す。

640 行で，I＝0, 1, 2 のときの U と，I+1＝1, 2, 3 のときの V の値を求め，

> X＝0 のとき $z_0(1)$，X＝1 のとき $z_0(2)$，X＝2 のとき $z_0(3)$ と，対応する値の添字が 1 つずつずれることに注意しよう。

I+1＝1,2,3 のときの U_1 と，I+2＝2,3,4 のときの V_1 の値を求める。

> X＝1 のとき $z_0(2)$，X＝2 のとき $z_0(3)$，X＝3 のとき $z_0(4)$ となる。

650 行で，中心 (U, V)，半径 **3** の円と，中心 (U_1, V_1)，半径 **3** の円を描く。これでいくと，中心 $(1, z_0(2))$ と $(2, z_0(3))$ の円は **2** 重に描くことになるが，気にする必要はないね。

660 行で，**2** 点 (U, V) と (U_1, V_1) を結ぶ線分を引いて，温度の分布曲線（折れ線）を表すことにするんだね。

それでは，**50** 行の $t(=\mathrm{T})$ の値を **0**，**0.1**，**0.6**，**2** の **4** 通りに書き変えて，このプログラムを実行した結果を次に示そう。$x=0$ と **3** の両端点から熱が放出されて温度が徐々に下がっていき，**2** 秒後にはほとんど分布が約 **0**(℃) になることが分かると思う。

プログラム 4-1 の実行結果 (温度分布の経時変化)

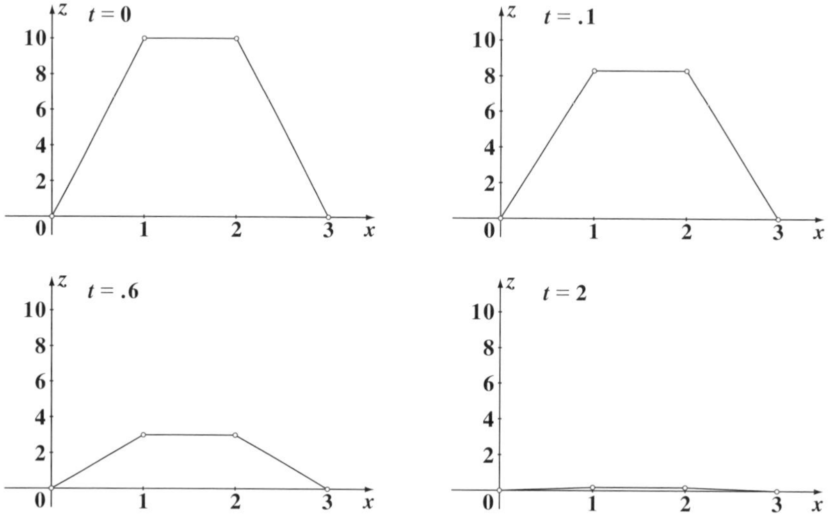

このグラフを見て，**1** つのグラフにまとめた方がいいと思われた方も多いと思う。これについても，本格的な **1** 次元熱伝導方程式を解くプログラムの課題としておこう。

でも，実はもう **1** つ大きな課題に気付いている方もいると思う。…，そうだね。この問題を解く上で，行列 $\boldsymbol{M_1}$ の逆行列 $\boldsymbol{M_1}^{-1}$ が **P131** でいきなり与えられていたことだね。これは，今回は **4** 行 **4** 列で小さな行列だったので，ボクが手計算 (掃き出し法) で求めたものだったんだけれど，**1** 次元熱伝導方程

(これについて，ご存知ない方は「**線形代数キャンパス・ゼミ**」(**マセマ**) で学習して下さい。)

式でも本格的な問題になると，$\boldsymbol{M_1}$ は相当大きな行列になる可能性があるので，手計算や関数電卓などで，この逆行列 $\boldsymbol{M_1}^{-1}$ を求めることは容易ではなくなる。

したがって，行列 $\boldsymbol{M_1}$ が決定されたならば，この逆行列を自動的に求めるプログラムも，**BASIC** プログラムの中に予め組み込んでおく必要があるんだね。この理論については，講義 **1** (**P34**, **35**) で具体的に簡単な例題で解説しておいたので，この考え方を基に，実際に行列 $\boldsymbol{M_{a0}}$ が与えられたら，その逆行列 $\boldsymbol{M_a}^{-1}$ を求める **BASIC** プログラムを作成してみよう。

逆行列を求めるプログラムを作成しよう！

N行N列の行列をMA0$(=\boldsymbol{M}_{a0})$とし，この逆行列をMAI$(=\boldsymbol{M}_a^{-1})$とおく。また，MA0の拡大係数行列をMA$(=\boldsymbol{M}_A)$とおく。このとき，逆行列$\boldsymbol{M}_a^{-1}$は次のように，N個のN元1次連立方程式を解くことにより求められる。

$$(\mathrm{i})\ \boldsymbol{M}_{a0}\begin{bmatrix} x_{11} \\ x_{21} \\ x_{31} \\ \vdots \\ x_{N1} \end{bmatrix}=\begin{bmatrix} 1 \\ 0 \\ 0 \\ \vdots \\ 0 \end{bmatrix},\ (\mathrm{ii})\ \boldsymbol{M}_{a0}\begin{bmatrix} x_{12} \\ x_{22} \\ x_{32} \\ \vdots \\ x_{N2} \end{bmatrix}=\begin{bmatrix} 0 \\ 1 \\ 0 \\ \vdots \\ 0 \end{bmatrix},\ (\mathrm{iii})\ \boldsymbol{M}_{a0}\begin{bmatrix} x_{13} \\ x_{23} \\ x_{33} \\ \vdots \\ x_{N3} \end{bmatrix}=\begin{bmatrix} 0 \\ 0 \\ 1 \\ \vdots \\ 0 \end{bmatrix},\ \cdots\cdots,$$

$$(\mathrm{iv})\ \boldsymbol{M}_{a0}\begin{bmatrix} x_{1N} \\ x_{2N} \\ x_{3N} \\ \vdots \\ x_{NN} \end{bmatrix}=\begin{bmatrix} 0 \\ 0 \\ 0 \\ \vdots \\ 1 \end{bmatrix}$$

より，(i)(ii)(iii)…(iv)を1つの式にまとめて，

$$\boldsymbol{M}_{a0}\underbrace{\begin{bmatrix} x_{11} & x_{12} & x_{13} \cdots & x_{1N} \\ x_{21} & x_{22} & x_{23} \cdots & x_{2N} \\ x_{31} & x_{32} & x_{33} \cdots & x_{3N} \\ \vdots & \vdots & \vdots & \vdots \\ x_{N1} & x_{N2} & x_{N3} \cdots & x_{NN} \end{bmatrix}}_{\text{逆行列 } \boldsymbol{M}_a^{-1}}=\underbrace{\begin{bmatrix} 1 & 0 & 0 \cdots & 0 \\ 0 & 1 & 0 \cdots & 0 \\ 0 & 0 & 1 \cdots & 0 \\ \vdots & \vdots & \vdots & \vdots \\ 0 & 0 & 0 \cdots & 1 \end{bmatrix}}_{\boldsymbol{E}\text{（単位行列）}}$$

から，逆行列$\boldsymbol{M}_a^{-1}$が求められる。

したがって，$\boldsymbol{M}_{a0}$の拡大係数行列$\boldsymbol{M}_A$について，

$$\boldsymbol{M}_A=\left[\begin{array}{c|c} \underbrace{\boldsymbol{M}_{a0}}_{\text{N行N列の行列}} & \begin{matrix} b_1 \\ b_2 \\ b_3 \\ \vdots \\ b_n \end{matrix} \end{array}\right]$$

（$b_1, \ldots, b_n$：第N+1列）

の第N+1列の係数ベクトルを

$$\begin{bmatrix} 1 \\ 0 \\ 0 \\ \vdots \\ 0 \end{bmatrix},\ \begin{bmatrix} 0 \\ 1 \\ 0 \\ \vdots \\ 0 \end{bmatrix},\ \begin{bmatrix} 0 \\ 0 \\ 1 \\ \vdots \\ 0 \end{bmatrix},\ \cdots,\ \begin{bmatrix} 0 \\ 0 \\ 0 \\ \vdots \\ 1 \end{bmatrix}$$

とN通りに変化させて，それぞれの解

$$\begin{bmatrix} x_{1j} \\ x_{2j} \\ x_{3j} \\ \vdots \\ x_{Nj} \end{bmatrix} \ (j=1,\ 2,\ 3,\ \cdots,\ N)$$ を求め，これらを並べたものが逆行列 M_a^{-1} にな

るんだね。

　それでは，今回は例題として **6 行 6 列**の行列 $M_{a0}=\begin{bmatrix} 1 & 0 & -1 & 2 & 0 & 1 \\ 0 & 1 & 0 & 1 & 1 & 1 \\ 0 & 1 & 1 & 0 & -1 & 0 \\ 1 & 1 & 0 & 1 & 0 & 0 \\ 1 & -1 & 0 & 1 & 1 & 0 \\ 0 & -1 & 1 & 0 & 0 & 1 \end{bmatrix}$

の逆行列 M_a^{-1} を求める **BASIC** プログラムを下に示そう。

```
10  REM -----------------------
20  REM    逆行列の計算
30  REM -----------------------
40  EPS=10^(-6)         ← ε＝10⁻⁶の代入
50  N=6:N1=N+1          ← N＝6とN1＝7を代入
60  DIM MA(N,N1),MA0(N,N),MAI(N,N)     配列 MA(6,7),MA0(6,6),
                                       MAI(6,6) の宣言
70  FOR I=1 TO N:FOR J=1 TO N
80  READ MA0(I,J):NEXT J:NEXT I    ← 行列 MA0(6,6)のすべての成分を読み込む
90  FOR L=1 TO N
100 FOR I=1 TO N:FOR J=1 TO N      MA(I,J)にMA0(I,J)の成分
110 MA(I,J)=MA0(I,J):NEXT J,I      を代入
120 FOR I=1 TO N:MA(I,N1)=0:NEXT I    MA(I,N1)の第N1列に
130 MA(L,N1)=1                         係数ベクトルを代入
140 FOR K=1 TO N:K1=K+1
150 MAX=ABS(MA(K,K)):IR=K
160 IF K=N THEN 210
170 FOR I=K1 TO N                      前進
180 IF ABS(MA(I,K))<MAX THEN 200       消去
190 MAX=ABS(MA(I,K)):IR=I
200 NEXT I
```

L＝1, 2,…, 6 と変化
させて処理する。

```
210 IF MAX<EPS THEN 440
220 IF IR=K THEN 260
230 FOR J=K TO N1
240 SWAP MA(K,J),MA(IR,J)
250 NEXT J
260 W=MA(K,K)
270 FOR J=K TO N1:MA(K,J)=MA(K,J)/W:NEXT J
280 IF K=N THEN 330
290 FOR I=K1 TO N:MI=MA(I,K):FOR J=K1 TO N1
300 MA(I,J)=MA(I,J)-MI*MA(K,J)
310 NEXT J:NEXT I
320 NEXT K
330 IF N=1 THEN 400
340 FOR K=N-1 TO 1 STEP -1:S=MA(K,N1)
350 FOR J=K+1 TO N
360 S=S-MA(K,J)*MA(J,N1)
370 NEXT J:MA(K,N1)=S
380 NEXT K
390 FOR I=1 TO N:MAI(I,L)=MA(I,N1):NEXT I
400 NEXT L
410 CLS 3:PRINT "inverse matrix"
420 FOR I=1 TO N:FOR J=1 TO N:IF J=J*(J/N) THEN PRINT
MAI(I,J) ELSE PRINT MAI(I,J),
430 NEXT J,I:END
440 PRINT "no solution"
450 STOP:END
460 DATA 1,0,-1,2,0,1
470 DATA 0,1,0,1,1,1
480 DATA 0,1,1,0,-1,0
490 DATA 1,1,0,1,0,0
500 DATA 1,-1,0,1,1,0
510 DATA 0,-1,1,0,0,1
```

- 210〜320: 前進消去
- 210〜400: **L**＝**1**, **2**, …, **6** として処理
- 340〜380: 後退代入
- 390: **MAI** 行列の第 **L** 列が完成!
- 410: 画面をクリアにして "**inverse matrix**" を表示
- 420〜430: **MAI** 行列を表示して終了
- 440: "**no solution**" の表示
- 450: プログラムの停止と終了
- 460〜510: **6** 行 **6** 列の行列 **MA0** の成分のデータ

10～30 行は注釈行で，**40** 行で，$\varepsilon = 10^{-6}$ を代入する。

50 行で，**N＝6（6** 行 **6** 列の行列を扱う）と **N1＝N＋1（＝7）** を代入し，**60** 行の配列宣言文 **DIM** により，**3** つの行列 **MA(6, 7)**（拡大係数行列），**MA0(6, 6)**（元の行列 M_{a0}），**MAI(6, 6)**（逆行列 M_a^{-1}）を利用できるようにする。

70，**80** 行の **2** 重の **FOR ～ NEXT** 文により，**6** 行 **6** 列の行列 **MA0** のすべての成分を **460～510** 行のデータ文から読み込む。

90～400 行の大きな **FOR ～ NEXT** 文により，$L(=l) = 1, 2, \cdots, N$（6）と変化させて，拡大係数行列 **MA＝[MA0｜$\boldsymbol{b}$]** の定数項の列ベクトル $\boldsymbol{b}$ を $\begin{bmatrix} 1 \\ 0 \\ \vdots \\ 0 \end{bmatrix}$，$\begin{bmatrix} 0 \\ 1 \\ \vdots \\ 0 \end{bmatrix}$，$\cdots$，$\begin{bmatrix} 0 \\ 0 \\ \vdots \\ 1 \end{bmatrix}$ と変化させて，順に $N(=6)$ 元 **1** 次連立方程式の解 $\boldsymbol{x}_l = \begin{bmatrix} x_{1l} \\ x_{2l} \\ \vdots \\ x_{6l} \end{bmatrix}$ $(l = 1, 2, \cdots, 6)$（N）を求めるんだね。

100，**110** 行の **2** 重の **FOR ～ NEXT** 文により，拡大係数行列 **MA(6,7)** の内，左側の **6** 行 **6** 列の部分に，**MA0(6, 6)** の成分を代入する。この作業をムダだと感じるかも知れないけれど，これは必要な操作なんだね。たとえば，$l = 1$ のとき，**MA＝[MA0｜$\boldsymbol{b}$]** として，$\boldsymbol{b} = \begin{bmatrix} 1 \\ 0 \\ \vdots \\ 0 \end{bmatrix}$ を代入して，この **6** 元 **1** 次連立方程式を解いて，解 $\boldsymbol{x}_1 = \begin{bmatrix} x_{11} \\ x_{21} \\ \vdots \\ x_{61} \end{bmatrix}$ は，$\boldsymbol{b}$ の位置に代入されるんだけれど，そのときには **MA** の内の行列 **MA0** の部分は様々な処理によって，元の **MA0** とはまったく異なる **6** 行 **6** 列の行列になっている。したがって，次の $l = 2$ のとき，拡大係数行列 **MA＝[MA0｜$\boldsymbol{b}$]** を作るときに，この **MA0** に元の **MA0** の成分を

代入する必要があるんだね。$l=3, 4, 5, 6$ のときも同様だね。**120**, **130**行で,

$l=1$ のときは $\boldsymbol{b}=\begin{bmatrix}1\\0\\\vdots\\0\end{bmatrix}$, $l=2$ のときは $\boldsymbol{b}=\begin{bmatrix}0\\1\\\vdots\\0\end{bmatrix}$, …と順に $\boldsymbol{b}$ を代入する。

140～380行では, $N(=6)$ 元**1**次連立方程式を, 前進消去と後退代入により解く作業を行う。これは, 講義**1**の**P26**, **27**のプログラムと同様なので, 解説は省略する。

390行の**FOR～NEXT**文により, 求めた解(**MA**の第**7**列の成分)を, **MAI**の第 l 列に代入する。$l=1, 2, \cdots, 6$ と変化させることにより, 逆行列**MAI**が完成する。

410行で, 画面をクリアにして, "***inverse matrix***" (逆行列)を表示する。

420～430行の**2**重の**FOR～NEXT**文により, 逆行列**MAI(6, 6)**を, **1**行, **2**行, …, **6**行の順に表示する。**420**行の**IF**文は, **J**が**6**の倍数, すなわち**J=6**のときだけ改行し, そうでない**J=1, 2, 3, 4, 5**のときは, "**PRINT MAI(I, J)**, により同じ行に等しい間隔で成分を表示する。**430**行で, このプログラムを停止・終了する。

それでは, このプログラムを実行した結果得られる結果を下に示そう。

```
inverse matrix
-.4           -.6           -1.4          2.2           -.8           1
-.2            .2           -.2            .6           -.4           0
-.2            .2            .8           -.4            .6           0
 .6            .4            1.6          -1.8           1.2          -1
-.4            .4           -.4            .2            .2           0
 0             0            -1             1            -1            1
```

これから,

$$M_{a0}=\begin{bmatrix}1&0&-1&2&0&1\\0&1&0&1&1&1\\0&1&1&0&-1&0\\1&1&0&1&0&0\\1&-1&0&1&1&0\\0&-1&1&0&0&1\end{bmatrix} \text{の逆行列が} M_a^{-1}=\frac{1}{5}\begin{bmatrix}-2&-3&-7&11&-4&5\\-1&1&-1&3&-2&0\\-1&1&4&-2&3&0\\3&2&8&-9&6&-5\\-2&2&-2&1&1&0\\0&0&-5&5&-5&5\end{bmatrix}$$

となることが分かる。

これで, 逆行列を求めるプログラムも利用できるようになったんだね。

§2. 1次元熱伝導方程式の有限要素解析の応用

前回の講義では，簡単な1次元熱伝導方程式を有限要素法を使ったプログラムで近似解を求めるための基本的な手法について解説したんだね。そして，グラフの作成や逆行列を求めるためのプログラムなど，準備が整ったので，いよいよこれから本格的な1次元熱伝導方程式の有限要素法による数値解析の問題を具体的に解いてみることにしよう。

一般に，1次元熱伝導方程式の場合，その境界条件には，(i)放熱条件と(ii)断熱条件の2種類がある。これらの相違がプログラム上，どのように反映されるのかについても解説することにしよう。

● 放熱条件の1次元熱伝導方程式を解いてみよう！

それでは，次の1次元熱伝導方程式を有限要素法により解いて，温度分布の経時変化をグラフに表示してみよう。

例題14　$0 \leqq x \leqq 6$ で定義される温度の関数 $z(x,\ t)$ $(t$：時刻，$t \geqq 0)$ が，次の1次元熱伝導方程式をみたすものとする。

$$\frac{\partial z}{\partial t} = \frac{\partial^2 z}{\partial x^2} \quad \cdots\cdots ① \quad (0 < x < 6,\ t \geqq 0)$$ ← 定数 $C=1$, $L=6$ の問題だね。

(境界条件：$z(0,\ t) = z(6,\ t) = 0$) ← 両端点は，放熱条件

初期条件：

$$z(x,\ 0) = \begin{cases} 0 & \left(0 \leqq x < \frac{1}{2},\ \frac{11}{2} \leqq x \leqq 6\right) \\ 2x-1 & \left(\frac{1}{2} \leqq x < \frac{7}{2}\right) \\ 6 & \left(\frac{7}{2} \leqq x < 4\right) \\ -4x+22 & \left(4 \leqq x < \frac{11}{2}\right) \end{cases}$$

初期条件 ($t=0$ のとき)

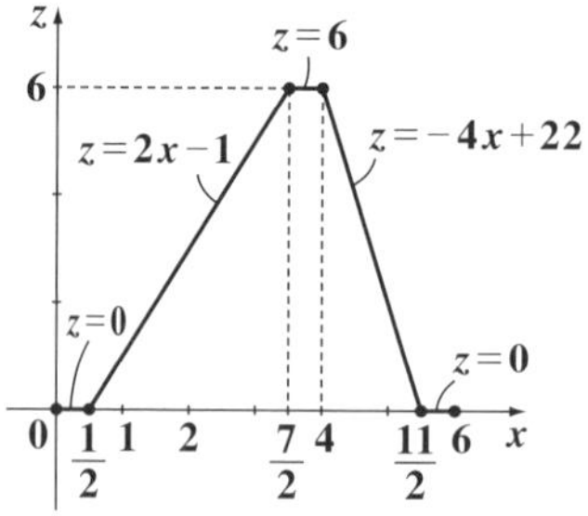

ここで，定義域 $[0,\ 6]$ を，$\frac{1}{2}$ 刻みの

$x_1 = 0,\ x_2 = \frac{1}{2},\ x_3 = 1,\ \cdots,\ x_{13} = 6$

の 13 個の点により，長さ l_1, l_2, …, l_{12} の 12 個の要素に分割して，
有限要素法の公式：

$$\sum_{k=1}^{12} {}^t\boldsymbol{W}_k \left(\frac{l_k}{6} \begin{bmatrix} 2 & 1 \\ 1 & 2 \end{bmatrix} \frac{\partial \boldsymbol{Z}_k}{\partial t} + \frac{C}{l_k} \begin{bmatrix} 1 & -1 \\ -1 & 1 \end{bmatrix} \boldsymbol{Z}_k \right) = \boldsymbol{0} \cdots\cdots (*) \quad \left({}^t\boldsymbol{W}_k \text{：任意ベクトル} \right)$$

今回は，$l_k = \frac{1}{2}$ $(k = 1, 2, \cdots, 12)$，$C = 1$ である。

を利用して，時刻 $t = 0$, 0.1, 0.2, 0.4, 0.8, 1.6, 3.2, 6.4(秒) における温度 z の分布をグラフで表示して，温度分布の経時変化の様子を示せ。

今回の問題では，$x = 0$, 6 の両端点における境界条件が，$z(0, t) = z(6, t) = 0$ であるので，両端点から熱が放出される放熱条件の 1 次元熱伝導方程式の問題なんだね。したがって，時刻 $t = 0$ のとき初期条件として与えられる温度分布 $z(x, 0)$ が，時刻 t の経過と共に徐々に全範囲で $z = 0$ となる零分布に近づいていくはずなんだね。

それでは，この 1 次元熱伝導方程式を有限要素法で解く BASIC プログラムを下に示そう。かなり本格的なプログラムになるけれど，その意味は後で解説しよう。

```
10 REM ---------------------------------------------
20 REM   1次元熱伝導方程式4-2 (放熱)
30 REM ---------------------------------------------
40 N=13:N1=N+1:N2=N-1:DT=.001:T=6.4#
50 NC=1000*T
60 DIM M1(N,N),M1I(N,N),M2(N,N),M3(N,N),M(N,N)
70 DIM X(N),L(N2),Z1(N),Z0(N),MA(N,N1),MA0(N,N1)
80 FOR I=1 TO N:READ X(I):NEXT I
90 FOR I=1 TO N:READ Z0(I):NEXT I
100 REM ---------- XY座標系の作成と初期条件のグラフ ----------
110 XMIN=X(1)-1.5#:XMAX=X(N)+1.5#
120 YMIN=Z0(1):YMAX=Z0(1)
130 FOR I=2 TO N
140 IF Z0(I)<=YMIN THEN YMIN=Z0(I):NEXT I
150 FOR I=2 TO 15
160 IF Z0(I)>=YMAX THEN YMAX=Z0(I):NEXT I
```

```
170 YMIN=YMIN-1.5#:YMAX=YMAX+1.5#
180 DELX=1:DELY=2
190 CLS 3
200 DEF FNU(X)=INT(640*(X-XMIN)/(XMAX-XMIN))
210 DEF FNV(Y)=INT(400*(YMAX-Y)/(YMAX-YMIN))
220 LINE (0,FNV(0))-(640,FNV(0))
230 LINE (FNU(0),0)-(FNU(0),400)
240 DELU=640*DELX/(XMAX-XMIN)
250 DELV=400*DELY/(YMAX-YMIN)
260 J1=INT(XMAX/DELX):J2=INT(-XMIN/DELX)
270 FOR I=-J2 TO J1
280 LINE (FNU(0)+INT(I*DELU),FNV(0)-3)-(FNU(0)+INT
(I*DELU),FNV(0)+3)
290 NEXT I
300 J1=INT(YMAX/DELY):J2=INT(-YMIN/DELY)
310 FOR I=-J2 TO J1
320 LINE (FNU(0)-3,FNV(0)-INT(I*DELV))-(FNU(0)+3,FNV(0)
-INT(I*DELV))
330 NEXT I
340 FOR I=1 TO N2
350 U=FNU(X(I)):V=FNV(Z0(I)):U1=FNU(X(I+1)):V1=FNV(Z0
(I+1))
360 CIRCLE (U,V),3:CIRCLE (U1,V1),3
370 LINE (U,V)-(U1,V1):NEXT I
380 REM ------------------ 行列 M1, M2, M3の計算 ------------------------
390 FOR I=1 TO N2:L(I)=X(I+1)-X(I):NEXT I
400 FOR I=1 TO N:FOR J=1 TO N
410 M1(I,J)=0:M1I(I,J)=0:M2(I,J)=0:M(I,J)=0
420 NEXT J,I
430 FOR I=1 TO N2
440 M1(I,I)=M1(I,I)+L(I)/3:M1(I,I+1)=M1(I,I+1)+L(I)/6
450 M1(I+1,I)=M1(I+1,I)+L(I)/6:M1(I+1,I+1)=M1(I+1,I+1)
+L(I)/3
460 NEXT I
```

```
470 FOR I=1 TO N2
480 M2(I,I)=M2(I,I)+1/L(I):M2(I,I+1)=M2(I,I+1)-1/L(I)
490 M2(I+1,I)=M2(I+1,I)-1/L(I):M2(I+1,I+1)=M2(I+1,I+1)
+1/L(I)
500 NEXT I
510 FOR I=1 TO N:FOR J=1 TO N
520 M3(I,J)=M1(I,J)-DT*M2(I,J):NEXT J,I
530 REM ---------------- 行列M1の逆行列M1Iの計算 ----------------
540 FOR I=1 TO N:FOR J=1 TO N
550 MA0(I,J)=M1(I,J):NEXT J,I
560 EPS=10^(-6)
570 FOR L=1 TO N
580 FOR I=1 TO N:FOR J=1 TO N
590 MA(I,J)=MA0(I,J):NEXT J,I
600 FOR I=1 TO N:MA(I,N1)=0:NEXT I
610 MA(L,N1)=1
620 FOR K=1 TO N:K1=K+1
630 MAX=ABS(MA(K,K)):IR=K
640 IF K=N THEN 690
650 FOR I=K1 TO N
660 IF ABS(MA(I,K))<MAX THEN 680
670 MAX=ABS(MA(I,K)):IR=I
680 NEXT I
690 IF MAX<EPS THEN 900
700 IF IR=K THEN 740
710 FOR J=K TO N1
720 SWAP MA(K,J),MA(IR,J)
730 NEXT J
740 W=MA(K,K)
750 FOR J=K TO N1:MA(K,J)=MA(K,J)/W:NEXT J
760 IF K=N THEN 810
```

```
770 FOR I=K1 TO N:MI=MA(I,K):FOR J=K1 TO N1
780 MA(I,J)=MA(I,J)-MI*MA(K,J)
790 NEXT J:NEXT I
800 NEXT K
810 IF N=1 THEN 870
820 FOR K=N-1 TO 1 STEP -1:S=MA(K,N1)
830 FOR J=K+1 TO N
840 S=S-MA(K,J)*MA(J,N1)
850 NEXT J:MA(K,N1)=S
860 NEXT K
870 FOR I=1 TO N
880 M1I(I,L)=MA(I,N1):NEXT I
890 NEXT L:GOTO 920
900 PRINT "no solution"
910 STOP:END
920 REM ------------------------- 行列Mの決定 -------------------------
930 FOR I=1 TO N:FOR J=1 TO N:FOR K=1 TO N
940 M(I,J)=M(I,J)+M1I(I,K)*M3(K,J)
950 NEXT K,J,I
960 FOR J=1 TO N:M(1,J)=0:M(N,J)=0:NEXT J
970 M(1,1)=1:M(N,N)=1
980 REM ------------------------ 温度zの決定 ---------------------------------
990 FOR L=1 TO NC
1000 FOR I=1 TO N:Z1(I)=0:NEXT I
1010 FOR I=1 TO N:FOR K=1 TO N
1020 Z1(I)=Z1(I)+M(I,K)*Z0(K):NEXT K,I
1030 FOR I=1 TO N:Z0(I)=Z1(I):NEXT I
1040 FOR J=0 TO 6
1050 IF L=100*2^J THEN GOTO 1100
1060 NEXT J
1070 NEXT L
1080 STOP:END
1090 REM ------------------------- グラフの作成 -------------------------
1100 FOR I=1 TO N2
1110 U=FNU(X(I)):V=FNV(Z0(I)):U1=FNU(X(I+1)):V1=FNV
(Z0(I+1))
```

```
1120 CIRCLE (U,V),3:CIRCLE (U1,V1),3
1130 LINE (U,V)-(U1,V1)
1140 NEXT I:GOTO 1070
1150 REM ---------------------------------- データ ----------------------------------
1160 DATA 0,.5,1,1.5,2,2.5,3,3.5,4,4.5,5,5.5,6
1170 DATA 0,0,1,2,3,4,5,6,6,4,2,0,0
```

10～**30** 行は注釈行であり，**40** 行で，**N**＝**13**，**N1**＝**N**＋**1**＝**14**，**N2**＝**N**－**1**＝**12**，Δt＝**DT**＝**0.001**，**T**＝**6.4**（秒）を代入し，**50** 行で，メインループ計算の回数 **NC**＝**1000**×**T**＝**6400**（回）を代入する。

60，**70** 行の配列宣言の **DIM** 文により，行列 **M1(N, N)**，**M1I(N, N)**，**M2(N, N)**，**M3(N, N)**，**M(N, N)** を利用できるようにし，さらに，ベクトル **X(N)**，**L(N2)**，**Z1(N)**，**Z0(N)** と行列 **MA(N, N1)** と **MA0(N, N1)** を利用できるようにする。

80，**90** 行の **2** つの **FOR**～**NEXT** 文により，位置 **X(I)**（**I**＝**1**，**2**，…，**N**）とそれに対応する初期温度 **Z0(I)**（**I**＝**1**，**2**，…，**N**）を **READ** 文を用いて，**1160**，**1170** 行の **DATA** 文から読み込む。

100 行は，注釈行であり，**110**～**370** 行により，目盛り付きの **XY** 座標（**XZ** 座標）と，時刻 $t=0$ における温度 **Z** の初期分布のグラフを描く。**110** 行で $\mathbf{X}_{\mathrm{Min}}=\mathbf{X(1)}-\mathbf{1.5}$，$\mathbf{X}_{\mathrm{Max}}=\mathbf{X(N)}+\mathbf{1.5}$ を代入し，**120**～**160** 行で，**Z0(I)** の内の最大値と最小値を求め，**170** 行で，この最大値に **1.5** を加えたものを $\mathbf{Y}_{\mathrm{Max}}$，この最小値から **1.5** を引いたものを $\mathbf{Y}_{\mathrm{Min}}$ とする。**180** 行では，目盛り幅 $\Delta\overline{\mathbf{X}}=\mathbf{1}$，$\Delta\overline{\mathbf{Y}}=\mathbf{2}$ を代入する。

190～**330** 行では，これらのデータを基に **XY** 座標系を作成する。**340**～**370** 行の **FOR**～**NEXT** 文で，温度の初期分布を表す点（**X(I)**, **Z0(I)**）（**I**＝**1**，**2**，…，**N**）を中心とする半径 **3** 画素の円を示し，これらを線分で結んだグラフを表示する。

380 行は，注釈行であり，**390**～**520** 行で，行列 **M1(N, N)**，**M2(N, N)**，$\underbrace{\mathbf{M3(N, N)}}_{M_1-\Delta t M_2}$ の成分を決定する。

390 行で，各要素の長さ l_i（＝**L(I)**）（i＝**1**，**2**，…，$\overbrace{\mathbf{N2}}^{N-1}$）を求める。

400～**420** 行で，まず，**M1**，**M1I**(=$\mathbf{M1}^{-1}$)，**M2**，**M** の各行列のすべての成分に **0** を代入して初期化する。
そして，**430**～**460** 行の **FOR** ～ **NEXT** 文により，行列 **M1** を

$$
\mathbf{M1}=\begin{bmatrix}
\frac{l_1}{3} & \frac{l_1}{6} & & & & \\
\frac{l_1}{6} & \frac{l_1}{3}+\frac{l_2}{3} & \frac{l_2}{6} & & \bigcirc & \\
& \frac{l_2}{6} & \frac{l_2}{3}+\frac{l_3}{3} & & & \\
& & & \ddots & & \\
& \bigcirc & & & & \frac{l_N}{6} \\
& & & & \frac{l_N}{6} & \frac{l_N}{3}
\end{bmatrix}
$$

となるように計算し，

次に，**470**～**500** 行の **FOR** ～ **NEXT** 文により，行列 **M2** を

$$
\mathbf{M2}=\begin{bmatrix}
\frac{1}{l_1} & -\frac{1}{l_1} & & & & \\
-\frac{1}{l_1} & \frac{1}{l_1}+\frac{1}{l_2} & -\frac{1}{l_2} & & \bigcirc & \\
& -\frac{1}{l_2} & \frac{1}{l_2}+\frac{1}{l_3} & & & \\
& & & \ddots & & \\
& \bigcirc & & & & -\frac{1}{l_N} \\
& & & & -\frac{1}{l_N} & \frac{1}{l_N}
\end{bmatrix}
$$

となるように計算する。

そして，**510**，**520** 行の **2** 重の **FOR** ～ **NEXT** 文により，行列 **M3** を
$\mathbf{M3}=\mathbf{M1}-\Delta t\mathbf{M2}$ により決定する。
530 行は，注釈行であり，**540**～**890** 行により，行列 **M1** の逆行列 **M1I**(=$\mathbf{M1}^{-1}$)

を計算する。この逆行列を求めるプログラムは，**P140**，**141** で解説したものと本質的に同じものなので，解説は省略する。そして，逆行列 **M1I** が求まったならば，**920** 行に飛び，求まらない場合は，**900**，**910** 行で "***no solution***" (解なし) を表示してプログラムを停止・終了する。
920 行は，注釈行で，**930**～**970** 行で，行列 **M** を決定する。まず，**930**～**950** 行の **3** 重の **FOR** ～ **NEXT** 文により，**M**＝**M1I**×**M3** として **M** の各成分を求める。次に，**960**，**970** 行で，境界条件 (放熱条件) **Z(1)＝0**，**Z(N)＝0** をみたすように，行列 **M** の第 **1** 行と第 **N** 行を変更して，$\mathbf{M}=\begin{bmatrix} \mathbf{1} & \mathbf{0} & \mathbf{0} & \cdots & \mathbf{0} \\ \vdots & \vdots & \vdots & & \vdots \\ \vdots & \vdots & \vdots & & \vdots \\ \mathbf{0} & \mathbf{0} & \mathbf{0} & & \mathbf{1} \end{bmatrix}$ となるようにする。**980** 行は注釈行であり，**990**～**1070** 行での大きな **FOR** ～ **NEXT** 文により，**L**＝**1**, **2**, … , **NC**(＝**6400**＝**1000*t***) と値を変化させながら，初期温度分布 **Z0(I)** (**I**＝**1**，**2**，… , **N**) に **M** をかけたものを **Z1(I)** とおく。すなわち，**Z1(I)**＝**M·Z0(I)** とする。**Z1(I)** は **Z0(I)** より時刻 Δt(＝**0.001**) (秒) だけ進めた温度分布を示す。この **Z1(I)** をまた **Z0(I)** に代入して，同様に **Z1(I)**＝**M·Z0(I)** として，さらに Δt 秒後の温度分布を求め，これをまた **Z0(I)** に代入する。この操作を繰り返すことにより，$\mathbf{M}^{\mathbf{L}}$ を初期温度分布にかけると，時刻 $t=\mathbf{L}\cdot\Delta t$ 秒後の温度分布が求まる。ここで，$\mathbf{L}=\mathbf{100}\times\mathbf{2}^{j}$ (j＝**0**, **1**, **2**, … , **6**)，すなわち，**L**＝**100**, **200**, **400**, **800**, **1600**, **3200**, **6400** のとき，つまり，時刻 t が t＝**0.1**，**0.2**，**0.4**，**0.8**，**1.6**，**3.2**，**6.4** (秒) のときのみ，このループ計算を飛び出して，**1100** 行に飛んで，このときの温度分布のグラフを **XY(XZ)** 座標平面上に描くことにする。
1080 行で，このプログラムを停止・終了する。
1090 行は注釈行であり，**1100**～**1140** 行の **FOR** ～ **NEXT** 文により，**XZ** 平面上に t＝**0.1**，**0.2**，**0.4**，… , **6.4** (秒) のときの温度分布を表す点 (**X(I)**, **Z0(I)**) を中心とする半径 **3** 画素の円を描き，これらの点を結んで温度分布のグラフを描く。グラフを描き終えたら，**1140** 行の **GOTO 1070** により，**1070** 行に飛んで，**990**～**1070** 行のループ計算に戻る。

それでは，このプログラムを実行(**run**)した結果得られる時刻 $t=0.1$，0.2，0.4，…，6.4 (秒)における温度分布のグラフを右図に示す。

この問題では，$x=0$，6 の両端点での境界条件が放熱条件であるため，時刻 $t=0$ (秒)のときの温度の初期分布が時刻 t の経過と共に徐々に零分布に近づいていく様子が分かるんだね。

プログラム 4−2 の実行結果

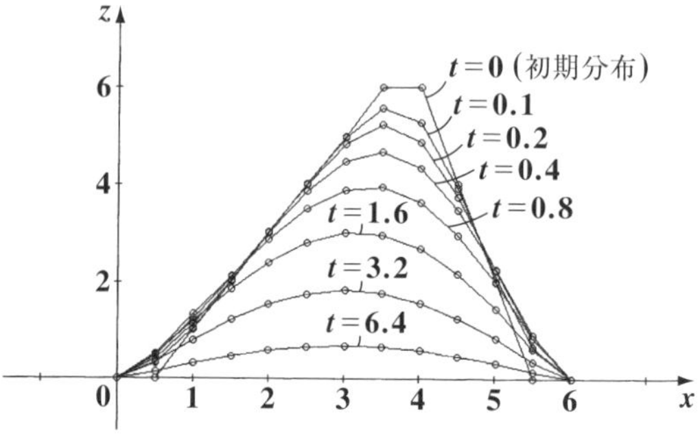

● 断熱条件の1次元熱伝導方程式を解いてみよう！

では次に，例題 **14** と比べて境界条件のみが断熱条件に変わっただけで，他はまったく同じ設定条件である次の例題を解いてみることにしよう。

例題 15　$0 \leqq x \leqq 6$ で定義される温度の関数 $z(x, t)$ (t：時刻，$t \geqq 0$) が，次の 1 次元熱伝導方程式をみたすものとする。

$$\frac{\partial z}{\partial t} = \frac{\partial^2 z}{\partial x^2} \quad \cdots\cdots① \quad (0 < x < 6,\ t \geqq 0)$$ ← 定数 $C=1$，$L=6$ の問題だね。

$$\left(\text{境界条件：} \frac{\partial z(0, t)}{\partial x} = \frac{\partial z(6, t)}{\partial x} = 0\right)$$ ← 両端点は，断熱条件

初期条件：

$$z(x, 0) = \begin{cases} 0 & \left(0 \leqq x < \frac{1}{2},\ \frac{11}{2} \leqq x \leqq 6\right) \\ 2x-1 & \left(\frac{1}{2} \leqq x < \frac{7}{2}\right) \\ 6 & \left(\frac{7}{2} \leqq x < 4\right) \\ -4x+22 & \left(4 \leqq x < \frac{11}{2}\right) \end{cases}$$

初期条件 ($t=0$ のとき)

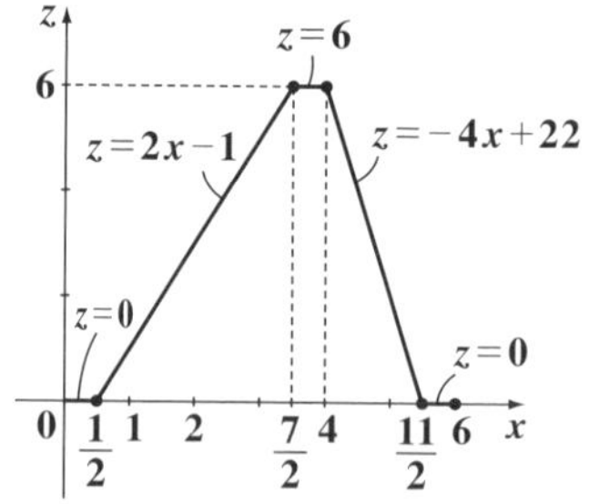

ここで，定義域 [0, 6] を，$\frac{1}{2}$ 刻みの $x_1=0$，$x_2=\frac{1}{2}$，$x_3=1$，…，$x_{13}=6$ の 13 個の点により，長さ l_1，l_2，…，l_{12} の 12 個の要素に分割して，有限要素法の公式：

$$\sum_{k=1}^{12} {}^t\boldsymbol{W}_k\left(\frac{l_k}{6}\begin{bmatrix}2 & 1\\ 1 & 2\end{bmatrix}\frac{\partial \boldsymbol{Z}_k}{\partial t}+\frac{C}{l_k}\begin{bmatrix}1 & -1\\ -1 & 1\end{bmatrix}\boldsymbol{Z}_k\right)=0 \cdots\cdots(*) \quad \left({}^t\boldsymbol{W}_k：任意ベクトル\right)$$

今回は，$l_k=\frac{1}{2}$ ($k=1, 2, \cdots, 12$)，$C=1$ である。

を利用して，時刻 $t=0$，0.1，0.2，0.4，0.8，1.6，3.2，6.4(秒) における温度 z の分布をグラフで表示して，温度分布の経時変化の様子を示せ。

例題 15 では，例題 14 に比べて，$x=0$，6 の両端点における境界条件が，放熱条件から断熱条件：$\frac{\partial z(0, t)}{\partial x}=\frac{\partial z(6, t)}{\partial x}=0$ に変わっているだけなので，これを解くプログラムも，例題 14 のときのものとほとんど同じなんだね。プログラムで変えなければならない注意点は，行列 $\mathbf{M}(=\mathbf{M1}^{-1}\cdot\mathbf{M}_3)$ を作成した後の最後の処理が不要ということなんだね。なぜなら，公式 (*) の中に放熱条件は含まれていないが，断熱条件は既に含まれていると考えていいからなんだね。(P122 の③式の式変形を参照)

それでは，今回の 1 次元熱伝導方程式を有限要素法を使って解くための BASIC プログラムを下に示そう。

```
10 REM ----------------------------------------------
20 REM  1次元熱伝導方程式4-3 (断熱)
30 REM ----------------------------------------------
```

40～910 行 ← 例題 14 のプログラムとまったく同様なので省略する。

```
920 REM ------------------- 行列Mの決定 -------------------
930 FOR I=1 TO N:FOR J=1 TO N:FOR K=1 TO N
940 M(I,J)=M(I,J)+M1I(I,K)*M3(K,J)
950 NEXT K,J,I
960 REM FOR J=1 TO N:M(1,J)=0:M(N,J)=0:NEXT J
970 REM M(1,1)=1:M(N,N)=1
```

980～1170 行 ← 例題 14 のプログラムとまったく同様なので省略する。

エっ，たったこれだけ!? と思った方も多いと思うけれど，**960**，**970** 行を **REM** 文にして，注釈行とするだけで十分なんだね。

例題 **14** では，両端点の放熱条件：$z(0,\ t)=z(6,\ t)=0$ をみたすために，行列 $\mathbf{M}$ に最後の修正を加えて，$\mathbf{M}=\begin{bmatrix} 1 & 0 & 0 & \cdots & 0 \\ \vdots & \vdots & \vdots & & \vdots \\ 0 & 0 & 0 & & 1 \end{bmatrix}$ としたけれど，今回の問題では，両端点が断熱条件：$\dfrac{\partial z(0,\ t)}{\partial x}=\dfrac{\partial z(6,\ t)}{\partial x}=0$ なので，この修正を行う必要がない。したがって，この修正を行う **960**，**970** を消去してもいいんだけれど，いずれにせよ，プログラムの実行から除外すればいいだけなので，頭に **REM** を付けて注釈行にしたんだね。

それでは，このプログラムを実行 (**run**) した結果得られる，時刻 $t=0$，**0.1**，**0.2**，…，**6.4** (秒) における温度分布のグラフを右図に示す。今回の問題では，$x=0$，**6** の両端点での境界条件が断熱条件なので，熱が両端点から放出されることなく，保温された状態なんだね。したがって，$t=0$ における初期の温度分布の状態から，時刻 t の経過と共に $0 \leqq x \leqq 6$ の範囲全体において一様な温度分布に近づいていく様子がこのグラフから読み取れるんだね。どう？ 面白かったでしょう。

プログラム **4−3** の実行結果

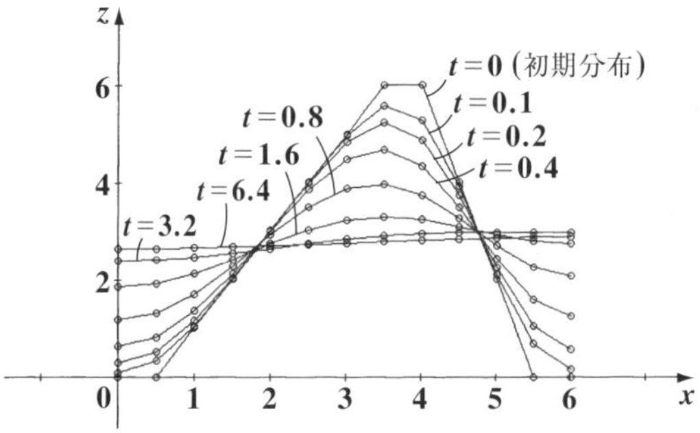

このように，**1** 度シッカリしたプログラムを組んでしまえば，データの変更やプログラムの **1** 部を変更することにより，様々な **1** 次元熱伝導方程式を容易に解くことができるようになるんだね。

それではもう **1** 題，応用問題として，次の例題を解いてみよう。

● 放熱と断熱条件の1次元熱伝導方程式を解いてみよう！

では次に，放熱条件と断熱条件の境界条件をもつ，次の1次元熱伝導方程式の問題も解いてみることにしよう。

例題 16　$0 \leqq x \leqq 15$ で定義される温度の関数 $z(x,\ t)$ (t：時刻，$t \geqq 0$) が，次の1次元熱伝導方程式をみたすものとする。

$$\frac{\partial z}{\partial t} = \frac{\partial^2 z}{\partial x^2} \cdots\cdots ①\quad (0 < x < 15,\ t \geqq 0)$$ ←定数 $C=1$，$L=15$ の問題だ。

$$\left(\text{境界条件：} z(0,\ t) = 0,\ \frac{\partial z(15,\ t)}{\partial x} = 0\right)$$ ← $x=0$ で放熱条件，$x=15$ で断熱条件

初期条件：

$$z(x,\ 0) = \begin{cases} 0 & (0 \leqq x < 2,\ 5 \leqq x < 7,\ 13 \leqq x < \leqq 15) \\ 10x - 20 & (2 \leqq x < 3) \\ 10 & (3 \leqq x < 4) \\ -10x + 50 & (4 \leqq x < 5) \\ 8x - 56 & (7 \leqq x < 9) \\ 16 & (9 \leqq x < 11) \\ -8x + 104 & (11 \leqq x < 13) \end{cases}$$

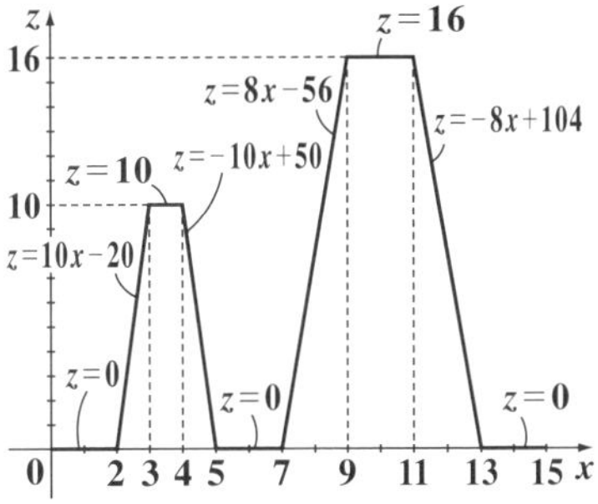

ここで，定義域 $[0,\ 15]$ を，1 刻みの $x_1 = 0$，$x_2 = 1$，$x_3 = 2$，…，$x_{16} = 15$ の 16 個の点により，長さ l_1，l_2，l_3，…，l_{15} の 15 個の要素に分割して，有限要素法の公式：

$$\sum_{k=1}^{15} {}^t\boldsymbol{W}_k \left(\frac{l_k}{6} \begin{bmatrix} 2 & 1 \\ 1 & 2 \end{bmatrix} \frac{\partial \boldsymbol{Z}_k}{\partial t} + \frac{C}{l_k} \begin{bmatrix} 1 & -1 \\ -1 & 1 \end{bmatrix} \boldsymbol{Z}_k \right) = 0 \cdots\cdots (*) \quad \left({}^t\boldsymbol{W}_k \text{：任意ベクトル} \right)$$

を利用して，時刻 $t = 0$，0.1，0.2，0.4，0.8，1.6，3.2，6.4，12.8，25.6(秒) における温度 z の分布をグラフで表示して，温度分布の経時変化の様子を示せ。

今回の問題では，一方の端点 $x = 0$ では放熱状態であり，もう一方の端点 $x = 15$ では断熱状態であることが大きなポイントになっているんだね。

それでは，この1次元熱伝導方程式を有限要素法により解くための BASIC プログラムの主要部分を次に示そう。

```
10 REM ------------------------------------------------
20 REM   1次元熱伝導方程式 4-4 (放熱・断熱)
30 REM ------------------------------------------------
40 N=16:N1=N+1:N2=N-1:DT=.001:T=25.6#
50 NC=1000*T
60 DIM M1(N,N),M1I(N,N),M2(N,N),M3(N,N),M(N,N)
70 DIM X(N),L(N2),Z1(N),Z0(N),MA(N,N1),MA0(N,N1)
80 FOR I=1 TO N:READ X(I):NEXT I
90 FOR I=1 TO N:READ Z0(I):NEXT I
100 REM ---------- XY座標系の作成と初期条件のグラフ ----------
110 XMIN=-1.5#:XMAX=17
120 YMIN=-4:YMAX=22
130 DELX=1:DELY=2
```

140～860行 ← 例題**14**のプログラムの**190～910**行（**P146～148**）と同じなので省略する。

```
870 REM ---------------------- 行列Mの決定 ----------------------
880 FOR I=1 TO N:FOR J=1 TO N:FOR K=1 TO N
890 M(I,J)=M(I,J)+M1I(I,K)*M3(K,J)
900 NEXT K,J,I
910 FOR J=1 TO N:M(1,J)=0:NEXT J
920 M(1,1)=1
```

930～1090行 ← 例題**14**のプログラムの**980～1140**行（**P148, 149**）と同じなので省略する。

```
1100 REM ------------------------------ データ ------------------------------
1110 DATA 0,1,2,3,4,5,6,7,8,9,10,11,12,13,14,15
1120 DATA 0,0,0,10,10,0,0,0,8,16,16,16,8,0,0,0
```

40行で，Δt(=**DT**)=**0.001**，t(=**T**)=**25.6**を代入し，**50**行でループ計算の回数**NC**に**NC**=**1000**×tを代入する。**60**，**70**行の配列の宣言をし，**80**，**90**行の**FOR**～**NEXT**文の中の**READ**文により，**1110**，**1120**行の**DATA**文から**X(I)**(**I**=**1**，**2**，…，**16**)と**Z0(I)**(**I**=**1**，**2**，…，**16**)のデータを読み込む。これが温度の初期分布のデータになる。

110～130 行で，**XY(XZ)** 座標系の $\mathbf{X}_{\mathrm{Min}}=-1.5$，$\mathbf{X}_{\mathrm{Max}}=17$，$\mathbf{Y}_{\mathrm{Min}}=-4$，$\mathbf{Y}_{\mathrm{Max}}=22$ と，目盛り幅 $\Delta\overline{\mathbf{X}}=1$，$\Delta\overline{\mathbf{Y}}=2$ を代入し，その後，**XY** 座標系と温度 **Z** の初期分布のグラフを描く。

880～900 行で，行列 **M** の成分を決定した後，今回は，$x=0$ での境界条件のみが放熱条件なので，**910**，**920** 行で，行列 **M** を修正して，$\mathbf{M}=\begin{bmatrix} 1 & 0 & 0 \cdots & 0 \\ \vdots & \vdots & \vdots & \vdots \\ \vdots & \vdots & \vdots & \vdots \end{bmatrix}$ の形に修正を加えるんだね。

それでは，このプログラムを実行した結果得られる時刻 $t=0$，**0.1**，**0.2**，…，**25.6** (秒) における温度分布のグラフを右図に示す。

プログラム 4-4 の実行結果

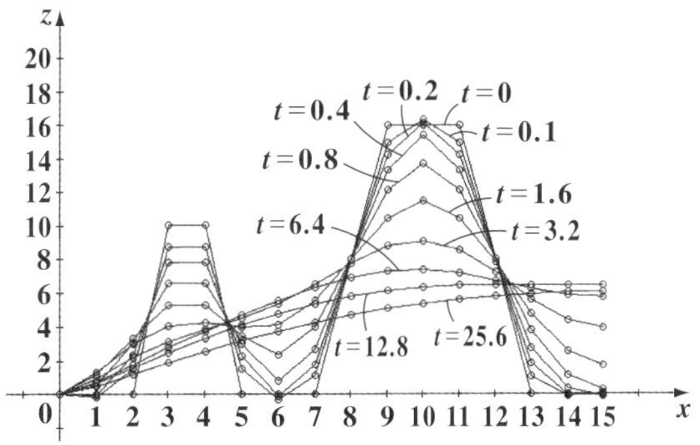

今回の問題での境界条件は，$x=0$ の端点では放熱条件であり，$x=15$ の端点では断熱条件なので，熱は $x=0$ の端点だけから放出され，$x=15$ の端点では熱は保温されることになる。

したがって，時刻 $t=0$ における温度 **Z** の初期分布は，時刻 t の経過と共に上図に示すように変化していくことになるんだね。そして，$t=25.6$ (秒) 以降，さらに時刻が経過すると，$x=0$ の端点から放熱され続けるので，この温度分布はすべて **0** となる零分布に収束していくことになるはずなんだね。

以上で，**1** 次元熱伝導方程式の有限要素法による解法についての解説は，すべて終了です。この次の章では，さらに本格的な，**2** 次元熱伝導方程式の有限要素法による解法について，解説することにしよう。

講義 4 ●1次元熱伝導方程式　公式エッセンス

1．1次元熱伝導方程と弱形式 ($z(x,\ t)$：温度 $(0 \leqq x \leqq L,\ t \geqq 0)$)

$$\frac{\partial z}{\partial t} = C\frac{\partial^2 z}{\partial x^2} \quad \cdots\cdots ① \quad (0 < x < L,\ \ t \geqq 0)$$

(境界条件：$z(0,\ t) = 0$，$\dfrac{\partial z(L,\ t)}{\partial x} = 0$)

(初期条件：$z(x,\ 0) = f(x)$)

①の弱形式は，次のようになる。

$$\int_0^L \left(w\frac{\partial z}{\partial t} + C\frac{\partial w}{\partial x}\cdot\frac{\partial z}{\partial x} \right) dx = 0 \quad \cdots\cdots ② \quad (w：任意関数)$$

2．1次元熱伝導方程の弱形式②の離散化

(1) $\displaystyle\sum_{k=1}^{N} \left\{ \int_{x_k}^{x_{k+1}} \left(w_k \cdot \frac{\partial z_k}{\partial t} + C\frac{\partial w_k}{\partial x}\cdot\frac{\partial z_k}{\partial x} \right) dx \right\} = 0$

(2) $\displaystyle\sum_{k=1}^{N} {}^t W_k \left(\frac{l_k}{6}\begin{bmatrix} 2 & 1 \\ 1 & 2 \end{bmatrix}\frac{\partial Z_k}{\partial t} + \frac{C}{l_k}\begin{bmatrix} 1 & -1 \\ -1 & 1 \end{bmatrix} Z_k \right) = 0 \quad \cdots\cdots ③$

(3) ③をまとめると，

$${}^t W\left(M_1\frac{\partial Z}{\partial t} + M_2 Z \right) = 0 \quad \cdots\cdots ④ \text{ となる。}$$

${}^t W$は任意ベクトルより，④の等式が恒等的に成り立つために，

$M_1\dfrac{\partial Z}{\partial t} + M_2 Z = \mathbf{0}$となる。ここで，$\dfrac{\partial Z}{\partial t} \fallingdotseq \dfrac{Z(t+\Delta t) - Z(t)}{\Delta t}$より，

$Z(t+\Delta t) = \underbrace{M_1^{-1}(M_1 - \Delta t M_2)}_{M} Z(t)$ (M_1, M_2：行列，M_1^{-1}：M_1の逆行列)

ここで，$M = M_1^{-1}(M_1 - \Delta t M_2)$とおくと，

$Z(t+\Delta t) = MZ(t)$となる。これより，

$t = n\cdot\Delta t$ のとき，$(n = 1,\ 2,\ 3,\ \cdots)$

$Z(t) = M^n Z(0)$ ($Z(0)$：初期条件の温度分布)と表される。

(ただし，境界条件が放熱条件：$\underbrace{z(0,\ t) = 0}_{z_1 = 0}$，$\underbrace{z(L,\ t) = 0}_{z_N = 0}$のときは，
行列 M に修正を加える必要がある。)

講 義
Lecture
5

2次元熱伝導方程式

テーマ

▶ 2次元熱伝導方程式と弱形式

$$\left(\frac{\partial z}{\partial t} - C\left(\frac{\partial^2 z}{\partial x^2} + \frac{\partial^2 z}{\partial y^2}\right) = 0 \quad \left(\frac{\partial z}{\partial n} = 0(C_1\text{上}),\ z = 0(C_2\text{上})\right)\right.$$

$$\left.\iint_D w\frac{\partial z}{\partial t}dxdy + C\iint_D\left(\frac{\partial w}{\partial x}\cdot\frac{\partial z}{\partial x} + \frac{\partial w}{\partial y}\cdot\frac{\partial z}{\partial y}\right)dxdy = 0\right)$$

▶ 有限要素法による弱形式の離散化

$$\left(\sum_{i=1}^{N_e} {}^t\boldsymbol{W}_i\left(G\frac{\partial \boldsymbol{Z}_i}{\partial t} + CH_i\boldsymbol{Z}_i\right) = 0\right)$$

§1. 2次元熱伝導方程式の有限要素解析の基礎理論

さァ，これから，**2**次元熱伝導方程式：$\frac{\partial z}{\partial t}=C\left(\frac{\partial^2 z}{\partial x^2}+\frac{\partial^2 z}{\partial y^2}\right)$を有限要素法により，その近似解を求め，曲面で表される温度分布の経時変化の様子をグラフで表示してみよう。今回，温度を表す変数zは，変数x，y，tの**3**変数関数$z(x, y, t)$ (x，y：位置変数，t：時刻)になっているので，前回の**1**次元熱伝導方程式のときよりもより複雑な現象を解析することになるんだね。

しかし，この**2**次元熱伝導方程式の弱形式を求め，それを離散化するという有限要素法の基本的な理論の形式に変わりはないし，最終的には，**1**次元熱伝導方程式のときと同様に，各節点における温度を表すベクトルを$\boldsymbol{Z}(t)$とおくと，行列$\boldsymbol{M}$を用いて，$\boldsymbol{Z}(t+\Delta t)=\boldsymbol{M}\boldsymbol{Z}(t)$の形にまとめることもできる。従って，大きな理論の流れについては，違和感なく理解できると思う。しかし，その過程で，行列の定積分を行う際に，これまでの座標系とは異なる“**面積座標**”(*areal coordinate*)を利用し，また，ベータ関数$B(m, n)$やガンマ関数$\Gamma(\alpha)$の知識も利用しなければならないので，かなり数学的なレベルは上がることになるんだね。

でも，今回もまた分かりやすく解説するので，すべてマスターできるはずだ。**2**次元の動的モデルを解くことにより，有限要素法の本当の面白さを堪能して頂けると思う。

● 2次元熱伝導方程式の弱形式を求めよう！

まず，**2**次元熱伝導方程式を有限要素法により解くために，この弱形式を求めることにしよう。図**1**に示すように，xy平面上の境界線C_1とC_2で囲まれた領域Dにおいて定義された，温度を表す関数$z(x, y, t)$が，次の**2**次元熱伝導方程式をみたすものとする。

図**1** 2次元熱伝導方程式の境界条件

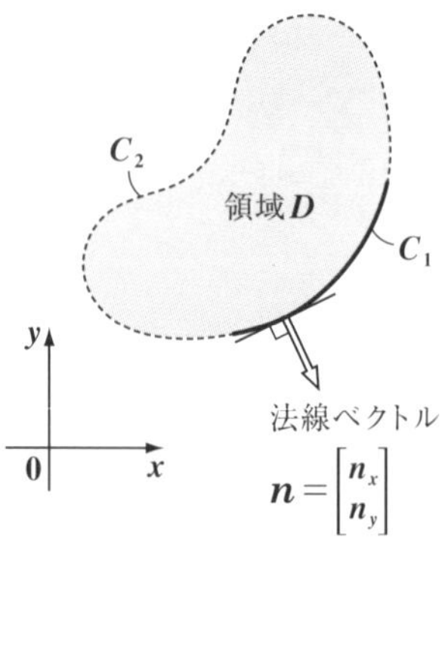

$$\frac{\partial z}{\partial t}=C\left(\frac{\partial^2 z}{\partial x^2}+\frac{\partial^2 z}{\partial y^2}\right)\cdots\cdots①$$ (C：温度伝導率)

(境界条件：$\frac{\partial z}{\partial n}=0$ (C_1において)，$z=0$ (C_2において))

（$\frac{\partial z}{\partial n}=0$：断熱条件，$z=0$：放熱条件）

(初期条件：$z(x,\ y,\ 0)=h(x,\ y)$ $((x,\ y)\in D)$)

①の z は温度を表し，x と y は位置変数，t は時刻 $(t\geqq 0)$，C は温度伝導率という正の定数のことなんだね。

そして，境界 C_1 においては，温度勾配 $\frac{\partial z}{\partial n}=0$ より，これは，C_1 から熱が流出することのない断熱条件を表している。これに対して，境界 C_2 では，$z=0$ となっているので，初期分布 $h(x,\ y)>0$ とすると，この境界 C_2 から熱が流出するため，放熱条件になるんだね。

これらの境界条件の下，①の偏微分方程式を解いて，温度分布 $z(x,\ y,\ t)$ が $t=0$ での初期温度分布 $z(x,\ y,\ 0)=h(x,\ y)$ から，どのように経時変化していくかを調べることができるんだね。

ここでは，この①の方程式の解析解を求めるのではなく，有限要素法を用いた数値解析により，この温度 $z(x,\ y,\ t)$ の近似解を求めるんだね。

①より，$\frac{\partial z}{\partial t}-C\left(\frac{\partial^2 z}{\partial x^2}+\frac{\partial^2 z}{\partial y^2}\right)=0$ ……①´

①´の両辺に任意関数 $w(x,\ y,\ t)$ (ただし，境界線 C_2 において，$w(x,\ y,\ t)=0$ をみたすものとする。)をかけて，領域 D において面積分すると，

$$\iint_D w\frac{\partial z}{\partial t}dxdy-C\iint_D w\left(\frac{\partial^2 z}{\partial x^2}+\frac{\partial^2 z}{\partial y^2}\right)dxdy=0$$ より，

$$\iint_D w\left(\frac{\partial^2 z}{\partial x^2}+\frac{\partial^2 z}{\partial y^2}\right)dxdy=\frac{1}{C}\iint_D w\frac{\partial z}{\partial t}dxdy\ \cdots\cdots②$$ となるんだね。

この②を利用して，①の弱形式を導いてみよう。

そのために，まず，"**ガウスの発散定理**"を利用することにしよう。一般に，2次元ベクトル値関数 $\boldsymbol{f}=[f(x,\ y),\ g(x,\ y)]$ について，**P17** で解説したように，"**ガウスの発散定理**"の応用公式は次のようになるんだね。

$$\iint_D \mathrm{div}\boldsymbol{f}\,dxdy = \oint_C \boldsymbol{f}\cdot\boldsymbol{n}\,dl \quad \cdots\cdots(*)$$

(ただし，$\boldsymbol{n}$：閉曲線 C の内部から外部に向かう単位法線ベクトル)

$$\frac{\partial z}{\partial t} = C\left(\frac{\partial^2 z}{\partial x^2} + \frac{\partial^2 z}{\partial y^2}\right) \cdots\cdots ①$$

$$\iint_D w\left(\frac{\partial^2 z}{\partial x^2} + \frac{\partial^2 z}{\partial y^2}\right)dxdy = \frac{1}{C}\iint_D w\frac{\partial z}{\partial t}dxdy \cdots\cdots ②$$

境界条件：$\frac{\partial z}{\partial n} = 0$ (C_1 において)，$z = 0$ (C_2 において)

初期条件：$z(x,\ y,\ 0) = h(x,\ y)$

任意関数 $w(x,\ y,\ t) = 0$ (C_2 において)

ここで，ベクトル値関数 $\boldsymbol{f}$ を

$$\boldsymbol{f} = [f,\ g] = \left[w\frac{\partial z}{\partial x},\ w\frac{\partial z}{\partial y}\right]$$ とおいて，これを $(*)$ に代入すると，

$$\iint_D \underbrace{\mathrm{div}\boldsymbol{f}}\,dxdy = \oint_C \underbrace{\boldsymbol{f}\cdot\boldsymbol{n}}\,dl$$ より，

$$\mathrm{div}\boldsymbol{f} = \frac{\partial}{\partial x}\left(w\frac{\partial z}{\partial x}\right) + \frac{\partial}{\partial y}\left(w\frac{\partial z}{\partial y}\right) = \frac{\partial w}{\partial x}\cdot\frac{\partial z}{\partial x} + w\frac{\partial^2 z}{\partial x^2} + \frac{\partial w}{\partial y}\cdot\frac{\partial z}{\partial y} + w\frac{\partial^2 z}{\partial y^2}$$

$$\boldsymbol{f}\cdot\boldsymbol{n} = \left[w\frac{\partial z}{\partial x},\ w\frac{\partial z}{\partial y}\right]\cdot[n_x,\ n_y] = w\frac{\partial z}{\partial x}n_x + w\frac{\partial z}{\partial y}n_y = w\left(\frac{\partial z}{\partial x}\cdot n_x + \frac{\partial z}{\partial y}\cdot n_y\right)$$

$$\iint_D \left\{w\left(\frac{\partial^2 z}{\partial x^2} + \frac{\partial^2 z}{\partial y^2}\right) + \left(\frac{\partial w}{\partial x}\cdot\frac{\partial z}{\partial x} + \frac{\partial w}{\partial y}\cdot\frac{\partial z}{\partial y}\right)\right\}dxdy = \oint_C w\underbrace{\left(\frac{\partial z}{\partial x}n_x + \frac{\partial z}{\partial y}n_y\right)}_{\frac{\partial z}{\partial n}}dl$$

$$\underbrace{\iint_D w\left(\frac{\partial^2 z}{\partial x^2} + \frac{\partial^2 z}{\partial y^2}\right)dxdy}_{\frac{1}{C}\iint_D w\frac{\partial z}{\partial t}dxdy\ (②より)} + \iint_D \left(\frac{\partial w}{\partial x}\cdot\frac{\partial z}{\partial x} + \frac{\partial w}{\partial y}\cdot\frac{\partial z}{\partial y}\right)dxdy = \underbrace{\oint_C w\frac{\partial z}{\partial n}dl}_{\oint_{C_1} w\underbrace{\frac{\partial z}{\partial n}}_{0}dl + \oint_{C_2}\underbrace{w}_{0}\frac{\partial z}{\partial n}dl}$$

この左辺の第 1 項に②を代入し，また，境界線 C_1 において $\frac{\partial z}{\partial n} = 0$ であり，境界線 C_2 において $w = 0$ より，この右辺は 0 となる。よって，この両辺に C

をかけると，①の弱形式が次のように求められるんだね。

$$\iint_D w\frac{\partial z}{\partial t}dxdy + C\iint_D\left(\frac{\partial w}{\partial x}\cdot\frac{\partial z}{\partial x}+\frac{\partial w}{\partial y}\cdot\frac{\partial z}{\partial y}\right)dxdy = 0 \quad \cdots\cdots ③$$

（ただし，$z=(x,\ y,\ t)=0$（境界線C_2において））

● 弱形式を離散化して変形しよう！

閉曲線$C(=C_1\cup C_2)$で囲まれる領域Dを図2に示すように，N_e個の三角形の有限な要素$D_i(i=1, 2, 3, \cdots, N_e)$に分割すると，③の弱形式は，次のように離散化した方程式で近似的に表すことができるんだね。

図2 有限要素による領域Dの分割

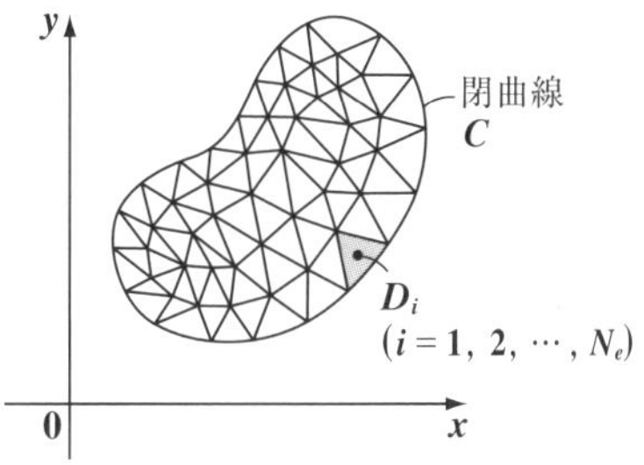

$$\underbrace{\sum_{i=1}^{N_e}\iint_{D_i} w_i\frac{\partial z_i}{\partial t}dxdy}_{㋑} + C\underbrace{\sum_{i=1}^{N_e}\iint_{D_i}\left(\frac{\partial w_i}{\partial x}\cdot\frac{\partial z_i}{\partial x}+\frac{\partial w_i}{\partial y}\cdot\frac{\partial z_i}{\partial y}\right)dxdy}_{㋐} = 0 \quad \cdots\cdots ③'$$

次に，図3に示すように，i番目の三角形の要素について考えよう。このi番目の三角形のxy平面上の頂点を順に$P_1(x_1,\ y_1)$，$P_2(x_2,\ y_2)$，$P_3(x_3,\ y_3)$とおき，さらに，各点に対応する2次元熱伝導方程式の近似解をz_1，z_2，z_3とおくと，xyz座標空間上で3点$(x_1,\ y_1,\ z_1)$，$(x_2,\ y_2,\ z_2)$，$(x_3,\ y_3,\ z_3)$を頂点とする

図3 i番目の要素と近似解 z_1，z_2，z_3からなる平面

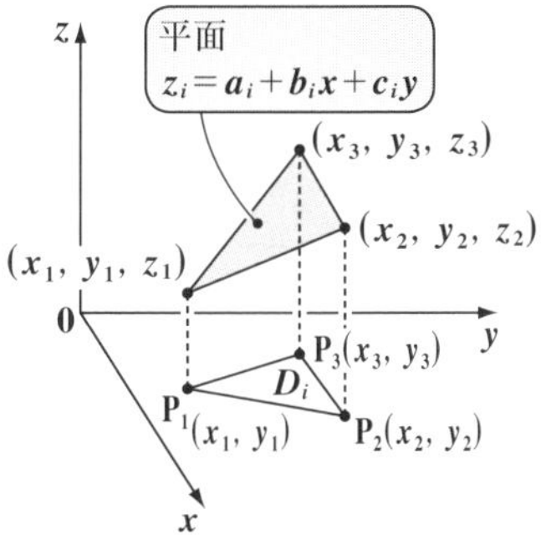

三角形により，領域 D_i に対応する，解 $z(x, y, t)$ で表される曲面の 1 部が，近似されることになる。つまり，領域 D 全体における $z(x, y, t)$ で表される曲面は，N_e 個の三角形のチップを併せることによって，近似的に表示されることになるんだね。

それでは，離散化された弱形式の近似式：

$$\underbrace{\sum_{i=1}^{N_e}\iint_{D_i} w_i \frac{\partial z_i}{\partial t}dxdy}_{㋑} + C\underbrace{\sum_{i=1}^{N_e}\iint_{D_i}\left(\frac{\partial w_i}{\partial x}\cdot\frac{\partial z_i}{\partial x}+\frac{\partial w_i}{\partial y}\cdot\frac{\partial z_i}{\partial y}\right)dxdy}_{㋐} = 0 \quad \cdots\cdots ③'$$

について，(i) 第 2 項㋐，(ii) 第 1 項㋑に分けて，それぞれさらに変形していくことにしよう。

(i) 第 2 項目㋐について，

この解 $z(x, y, t)$ の表す曲面の 1 部を近似する i 番目の要素の三角形を通る平面の方程式を

$z_i(x, y) = a_i + b_i x + c_i y$ ……④ $(a_i, b_i, c_i$：定数 $(i = 1, 2, \cdots, N_e))$

(この時点では，時刻 t は一定として，解説していこう。)

と表すと，これは，三角形の 3 項点 (x_1, y_1, z_1)，(x_2, y_2, z_2)，(x_3, y_3, z_3) を通るので，

$z_i(x_1, y_1) = z_1 = a_i + b_i x_1 + c_i y_1$

$z_i(x_2, y_2) = z_2 = a_i + b_i x_2 + c_i y_2$ となる。これから，

$z_i(x_3, y_3) = z_3 = a_i + b_i x_3 + c_i y_3$

$$\begin{bmatrix} z_1 \\ z_2 \\ z_3 \end{bmatrix} = \underbrace{\begin{bmatrix} 1 & x_1 & y_1 \\ 1 & x_2 & y_2 \\ 1 & x_3 & y_3 \end{bmatrix}}_{\text{行列}A\text{とおく}} \begin{bmatrix} a_i \\ b_i \\ c_i \end{bmatrix} \quad \cdots\cdots ⑤$$ となるんだね。

ここで，$A = \begin{bmatrix} 1 & x_1 & y_1 \\ 1 & x_2 & y_2 \\ 1 & x_3 & y_3 \end{bmatrix}$ ……⑥ とおき，この行列式を $\Delta_i = |A|$ とおくと，サラスの公式より，

$\Delta_i = |A| = x_2 y_3 + x_1 y_2 + x_3 y_1 - x_2 y_1 - x_3 y_2 - x_1 y_3$

$\therefore \Delta_i = x_1(y_2 - y_3) + x_2(y_3 - y_1) + x_3(y_1 - y_2)$ ……⑦ であり，また，

行列 $\boldsymbol{A}$ の逆行列 $\boldsymbol{A}^{-1}$ は,

$$\boldsymbol{A}^{-1}=\frac{1}{\Delta_i}\begin{bmatrix} x_2y_3-x_3y_2 & x_3y_1-x_1y_3 & x_1y_2-x_2y_1 \\ y_2-y_3 & y_3-y_1 & y_1-y_2 \\ x_3-x_2 & x_1-x_3 & x_2-x_1 \end{bmatrix}\cdots\cdots ⑧$$

$(\Delta_i=x_1(y_2-y_3)+x_2(y_3-y_1)+x_3(y_1-y_2))$ となるんだね。

さらに,この $\boldsymbol{A}^{-1}$ を,

$\boldsymbol{A}^{-1}=\begin{bmatrix} A_1 & A_2 & A_3 \\ B_1 & B_2 & B_3 \\ C_1 & C_2 & C_3 \end{bmatrix}$ ……⑧´とおくことにする。すると,この逆行列は当然元の $\boldsymbol{A}$ となるので,$\begin{bmatrix} A_1 & A_2 & A_3 \\ B_1 & B_2 & B_3 \\ C_1 & C_2 & C_3 \end{bmatrix}^{-1}=\begin{bmatrix} 1 & x_1 & y_1 \\ 1 & x_2 & y_2 \\ 1 & x_3 & y_3 \end{bmatrix}$ となることも覚えておこう。

また,$\triangle P_1P_2P_3$ の3つの頂点 P_1,P_2,P_3 をこの順に反時計まわりに取ると,$\triangle P_1P_2P_3$ の面積 S_i は,行列式 Δ_i を用いて,

$S_i=\dfrac{1}{2}\Delta_i$ ……⑨ と表されるんだね。(P80～を参照)

ここで,④を変形して,

$z_i(x,\ y)=[1,\ x,\ y]\begin{bmatrix} a_i \\ b_i \\ c_i \end{bmatrix}$ ……④´となる。

領域 D_i 内の点の座標 $(x,\ y)$ を代入すると,z が近似値として求められる。

⑤の両辺に左から $\boldsymbol{A}^{-1}$ をかけて,

$$\begin{bmatrix} a_i \\ b_i \\ c_i \end{bmatrix}=\boldsymbol{A}^{-1}\begin{bmatrix} z_1 \\ z_2 \\ z_3 \end{bmatrix}=\begin{bmatrix} A_1 & A_2 & A_3 \\ B_1 & B_2 & B_3 \\ C_1 & C_2 & C_3 \end{bmatrix}\begin{bmatrix} z_1 \\ z_2 \\ z_3 \end{bmatrix}\cdots\cdots ⑤´$$ となる。

⑤´を④´に代入して,

$$z_i(x,\ y)=[1,\ x,\ y]\begin{bmatrix} A_1 & A_2 & A_3 \\ B_1 & B_2 & B_3 \\ C_1 & C_2 & C_3 \end{bmatrix}\begin{bmatrix} z_1 \\ z_2 \\ z_3 \end{bmatrix}$$ となるので,

$[\underbrace{A_1+B_1x+C_1y}_{N_1(x,\ y)},\ \underbrace{A_2+B_2x+C_2y}_{N_2(x,\ y)},\ \underbrace{A_3+B_3x+C_3y}_{N_3(x,\ y)}]={}^t\boldsymbol{N}_i$ とおく。($N_3(x,\ y)$ とおく。)

$z_i(x,\ y) = {}^t\boldsymbol{N}_i \cdot \boldsymbol{Z}_i$ ……⑨ となる。

（$\boldsymbol{N}_i$：x と y の関数ベクトル，$\boldsymbol{Z}_i$：3頂点の z の近似値からなる定ベクトル）

$$\left(\text{ただし，}\boldsymbol{N}_i = \begin{bmatrix} A_1 + B_1 x + C_1 y \\ A_2 + B_2 x + C_2 y \\ A_3 + B_3 x + C_3 y \end{bmatrix},\ \boldsymbol{Z}_i = \begin{bmatrix} z_1 \\ z_2 \\ z_3 \end{bmatrix}\right)$$

⑨より，z_i の x と y による偏微分を求めると，

・離散化された弱形式

$$\underbrace{\sum_{i=1}^{N_e}\iint_{D_i} w_i \frac{\partial z_i}{\partial t}dxdy}_{㋑} + C\underbrace{\sum_{i=1}^{N_e}\iint_{D_i}\left(\frac{\partial w_i}{\partial x}\cdot\frac{\partial z_i}{\partial x} + \frac{\partial w_i}{\partial y}\cdot\frac{\partial z_i}{\partial y}\right)dxdy}_{㋐} = 0 \ \cdots ③'$$

$$\cdot A = \begin{bmatrix} 1 & x_1 & y_1 \\ 1 & x_2 & y_2 \\ 1 & x_3 & y_3 \end{bmatrix} \cdots ⑥,\ A^{-1} = \begin{bmatrix} A_1 & A_2 & A_3 \\ B_1 & B_2 & B_3 \\ C_1 & C_2 & C_3 \end{bmatrix} \cdots ⑧'$$

$$\cdot \frac{\partial z_i}{\partial x} = \frac{\partial}{\partial x}\left({}^t\boldsymbol{N}_i \boldsymbol{Z}_i\right) = \frac{\partial}{\partial x}\left({}^t\boldsymbol{N}_i\right)\cdot \boldsymbol{Z}_i$$

（$\boldsymbol{N}_i$：x, y の関数ベクトル，$\boldsymbol{Z}_i$：定ベクトル，${}^t\boldsymbol{N}_i = [A_1 + B_1 x + C_1 y,\ A_2 + B_2 x + C_2 y,\ A_3 + B_3 x + C_3 y]$）

$$= \Big[\underbrace{\frac{\partial}{\partial x}(A_1 + B_1 x + C_1 y)}_{B_1},\ \underbrace{\frac{\partial}{\partial x}(A_2 + B_2 x + C_2 y)}_{B_2},\ \underbrace{\frac{\partial}{\partial x}(A_3 + B_3 x + C_3 y)}_{B_3}\Big]\cdot \boldsymbol{Z}_i$$

$= \underbrace{[B_1,\ B_2,\ B_3]}_{\text{これを}{}^t\boldsymbol{B}\text{とおく}} \cdot \boldsymbol{Z}_i = {}^t\boldsymbol{B}\cdot \boldsymbol{Z}_i$ ……⑩ となり，同様に，

$$\cdot \frac{\partial z_i}{\partial y} = \frac{\partial}{\partial y}\left({}^t\boldsymbol{N}_i \cdot \boldsymbol{Z}_i\right) = \frac{\partial}{\partial y}\left({}^t\boldsymbol{N}_i\right)\cdot \boldsymbol{Z}_i$$

$$= \Big[\underbrace{\frac{\partial}{\partial y}(A_1 + B_1 x + C_1 y)}_{C_1},\ \underbrace{\frac{\partial}{\partial y}(A_2 + B_2 x + C_2 y)}_{C_2},\ \underbrace{\frac{\partial}{\partial y}(A_3 + B_3 x + C_3 y)}_{C_3}\Big]\cdot \boldsymbol{Z}_i$$

$= \underbrace{[C_1,\ C_2,\ C_3]}_{\text{これを}{}^t\boldsymbol{C}\text{とおく}} \cdot \boldsymbol{Z}_i = {}^t\boldsymbol{C}\cdot \boldsymbol{Z}_i$ ……⑪ となる。

以上の結果をまとめると，

$\dfrac{\partial z_i}{\partial x} = {}^t\boldsymbol{B}\cdot \boldsymbol{Z}_i$ ……⑩，$\dfrac{\partial z_i}{\partial y} = {}^t\boldsymbol{C}\cdot \boldsymbol{Z}_i$ ……⑪ となるんだね。そして，

$\left(\text{ただし，}{}^t\boldsymbol{B} = [B_1,\ B_2,\ B_3],\ {}^t\boldsymbol{C} = [C_1,\ C_2,\ C_3]\right)$

⑩，⑪の右辺を計算すると，スカラー（または，**1** 行 **1** 列の行列）になることも大丈夫だね。

では次，任意関数 w_i の偏微分 $\dfrac{\partial w_i}{\partial x}$ と $\dfrac{\partial w_i}{\partial y}$ についても，w_i を $\triangle \mathrm{P_1P_2P_3}$ の領域 D_i 内において，

$w_i = \alpha_i + \beta_i x + \gamma_i y = [1,\ x,\ y]\begin{bmatrix}\alpha_i \\ \beta_i \\ \gamma_i\end{bmatrix}$ ……⑫ $(i = 1,\ 2,\ 3)$ とおくと，

z_i と同様の式：$w_i = {}^t\boldsymbol{N}_i \boldsymbol{W}_i$ ……⑬ $\left({}^t\boldsymbol{W}_i = [w_1,\ w_2,\ w_3]\right)$ が導ける。

よって，w_i の偏微分 $\frac{\partial w_i}{\partial x}$，$\frac{\partial w_i}{\partial y}$ も $\frac{\partial z_i}{\partial x}$，$\frac{\partial z_i}{\partial y}$ と同様に

$\frac{\partial w_i}{\partial x} = {}^t\boldsymbol{B}\,\boldsymbol{W}_i$ ……⑭，$\frac{\partial w_i}{\partial y} = {}^t\boldsymbol{C}\,\boldsymbol{W}_i$ ……⑮ となるんだね。

⑭，⑮もスカラー(1行1列の行列)になる。

$\left(\right.$ただし，${}^t\boldsymbol{B} = [B_1,\ B_2,\ B_3]$，${}^t\boldsymbol{C} = [C_1,\ C_2,\ C_3]\left.\right)$

よって，⑩，⑪，⑭，⑮を離散化した弱形式の第2項の㋐に代入すると，

$$\sum_{i=1}^{N_e}\left\{\iint_{D_i}\left({}^t\boldsymbol{B}\boldsymbol{W}_i\cdot{}^t\boldsymbol{B}\boldsymbol{Z}_i + {}^t\boldsymbol{C}\boldsymbol{W}_i\cdot{}^t\boldsymbol{C}\boldsymbol{Z}_i\right)dxdy\right\}$$ ……⑯ となる。

${}^t\left({}^t\boldsymbol{B}\boldsymbol{W}_i\right) = {}^t\boldsymbol{W}_i\cdot\boldsymbol{B}$　${}^t\left({}^t\boldsymbol{C}\boldsymbol{W}_i\right) = {}^t\boldsymbol{W}_i\boldsymbol{C}$

1行1列の行列(スカラー)は，その転置行列をとっても変化しない。

ここで，${}^t\boldsymbol{B}\cdot\boldsymbol{W}_i$ はスカラー(1行1列の行列)より，この転置行列をとっても変化しない。よって，${}^t\boldsymbol{B}\cdot\boldsymbol{W}_i = {}^t\left({}^t\boldsymbol{B}\boldsymbol{W}_i\right) = {}^t\boldsymbol{W}_i\cdot{}^t\left({}^t\boldsymbol{B}\right) = {}^t\boldsymbol{W}_i\cdot\boldsymbol{B}$ となる。

同様に，${}^t\boldsymbol{C}\cdot\boldsymbol{W}_i$ もスカラー(1行1列の行列)より，

${}^t\boldsymbol{C}\cdot\boldsymbol{W}_i = {}^t\left({}^t\boldsymbol{C}\cdot\boldsymbol{W}_i\right) = {}^t\boldsymbol{W}_i\cdot{}^t\left({}^t\boldsymbol{C}\right) = {}^t\boldsymbol{W}_i\cdot\boldsymbol{C}$ となる。

これらを⑯に代入すると，

$$\sum_{i=1}^{N_e}\left\{\iint_{D_i}\left({}^t\boldsymbol{W}_i\cdot\boldsymbol{B}\cdot{}^t\boldsymbol{B}\boldsymbol{Z}_i + {}^t\boldsymbol{W}_i\cdot\boldsymbol{C}\cdot{}^t\boldsymbol{C}\cdot\boldsymbol{Z}_i\right)dxdy\right\}$$

${}^t\boldsymbol{W}_i\left(\boldsymbol{B}\cdot{}^t\boldsymbol{B} + \boldsymbol{C}\cdot{}^t\boldsymbol{C}\right)\boldsymbol{Z}_i$

$$= \sum_{i=1}^{N_e}\left[{}^t\boldsymbol{W}_i\cdot\left\{\iint_{D_i}\left(\boldsymbol{B}\cdot{}^t\boldsymbol{B} + \boldsymbol{C}\cdot{}^t\boldsymbol{C}\right)dxdy\right\}\boldsymbol{Z}_i\right]$$

定ベクトル　定行列　定ベクトル

$$= \sum_{i=1}^{N_e}{}^t\boldsymbol{W}_i\cdot\left(\boldsymbol{B}\cdot{}^t\boldsymbol{B} + \boldsymbol{C}\cdot{}^t\boldsymbol{C}\right)\left\{\iint_{D_i}dxdy\right\}\cdot\boldsymbol{Z}_i$$

$(\triangle \mathrm{P}_1\mathrm{P}_2\mathrm{P}_3$ の面積$) = \frac{1}{2}\Delta_i = \frac{1}{2}|A|$

$$= \sum_{i=1}^{N_e}{}^t\boldsymbol{W}_i\cdot\frac{\Delta_i}{2}\left(\boldsymbol{B}\cdot{}^t\boldsymbol{B} + \boldsymbol{C}\cdot{}^t\boldsymbol{C}\right)\cdot\boldsymbol{Z}_i$$

$\boldsymbol{H}_i$ とおく

$\boldsymbol{B}\cdot{}^t\boldsymbol{B} = \begin{bmatrix}\bigcirc \\ \bigcirc \\ \bigcirc\end{bmatrix}[\bigcirc\ \bigcirc\ \bigcirc] = \begin{bmatrix}\bigcirc & \bigcirc & \bigcirc \\ \bigcirc & \bigcirc & \bigcirc \\ \bigcirc & \bigcirc & \bigcirc\end{bmatrix}$

$\boldsymbol{C}\cdot{}^t\boldsymbol{C}$ も同様に3行3列の行列となる。

よって，$\boldsymbol{H}_i$ は3行3列の行列。

よって，③′の第2項の㋐は，

$$(\text{第2項の㋐}) = \sum_{i=1}^{N_e} {}^t\boldsymbol{W}_i \cdot \boldsymbol{H}_i \, \boldsymbol{Z}_i \quad \cdots\cdots ⑰$$

$$[\circ\ \circ\ \circ]\begin{bmatrix} \circ\ \circ\ \circ \\ \circ\ \circ\ \circ \\ \circ\ \circ\ \circ \end{bmatrix}\begin{bmatrix} \circ \\ \circ \\ \circ \end{bmatrix} = [\circ\ \circ\ \circ]\begin{bmatrix} \circ \\ \circ \\ \circ \end{bmatrix} = [\circ]\ (\text{スカラー})$$

ただし，$\boldsymbol{H}_i = \dfrac{\Delta_i}{2}\left(\boldsymbol{B}\cdot{}^t\boldsymbol{B} + \boldsymbol{C}\cdot{}^t\boldsymbol{C}\right)$ であり，

${}^t\boldsymbol{W}_i = [w_1,\ w_2,\ w_3]$，$\boldsymbol{Z}_i = \begin{bmatrix} z_1 \\ z_2 \\ z_3 \end{bmatrix}$ であり，

・離散化された弱形式

$$\underbrace{\sum_{i=1}^{N_e} \iint_{D_i} w_i \frac{\partial z_i}{\partial t}\,dxdy}_{㋑}$$

$$+ C\underbrace{\sum_{i=1}^{N_e}\iint_{D_i}\left(\frac{\partial w_i}{\partial x}\cdot\frac{\partial z_i}{\partial x} + \frac{\partial w_i}{\partial y}\cdot\frac{\partial z_i}{\partial y}\right)dxdy}_{㋐} = 0 \ \cdots ③′$$

$$\cdot A = \begin{bmatrix} 1 & x_1 & y_1 \\ 1 & x_2 & y_2 \\ 1 & x_3 & y_3 \end{bmatrix} \cdots ⑥,\quad A^{-1} = \begin{bmatrix} A_1 & A_2 & A_3 \\ B_1 & B_2 & B_3 \\ C_1 & C_2 & C_3 \end{bmatrix} \cdots ⑧′$$

また，

$${}^t\boldsymbol{B} = [B_1,\ B_2,\ B_3] = \frac{1}{\Delta_i}[y_2-y_3,\ y_3-y_1,\ y_1-y_2],$$

$${}^t\boldsymbol{C} = [C_1,\ C_2,\ C_3] = \frac{1}{\Delta_i}[x_3-x_2,\ x_1-x_3,\ x_2-x_1]\ \text{であるので，}$$

$$\boldsymbol{H}_i = \frac{\Delta_i}{2}\left(\begin{bmatrix} B_1 \\ B_2 \\ B_3 \end{bmatrix}[B_1,\ B_2,\ B_3] + \begin{bmatrix} C_1 \\ C_2 \\ C_3 \end{bmatrix}[C_1,\ C_2,\ C_3]\right)$$

$$= \frac{\Delta_i}{2}\begin{bmatrix} B_1{}^2+C_1{}^2 & B_1B_2+C_1C_2 & B_1B_3+C_1C_3 \\ B_2B_1+C_2C_1 & B_2{}^2+C_2{}^2 & B_2B_3+C_2C_3 \\ B_3B_1+C_3C_1 & B_3B_2+C_3C_2 & B_3{}^2+C_3{}^2 \end{bmatrix}\ \text{である。}$$

以上で，離散化された弱形式③′の第2項㋐の変形は終了だね。これまでの変形は講義3のラプラスの方程式で行ったものと同様なので，特に問題はなかったと思う。しかし，次の第1項の変形では積分計算がかなり大変なことになる。これから，詳しく解説していこう。

(ⅱ) 離散化された弱形式③′の第1項目㋑：

$$(\text{第1項㋑}) = \sum_{i=1}^{N_e}\iint_{D_i} w_i\frac{\partial z_i}{\partial t}\,dxdy \ \text{について，}$$

$$\begin{cases} z_i(x,\ y) = {}^t\boldsymbol{N}_i\cdot\boldsymbol{Z}_i \quad\cdots\cdots ⑨ \\ w_i(x,\ y) = {}^t\boldsymbol{N}_i\boldsymbol{W}_i \quad\cdots\cdots ⑬ \end{cases}\quad \text{を代入すると，}$$

$$\left(\text{ただし,} \ \boldsymbol{N}_i = \begin{bmatrix} A_1+B_1x+C_1y \\ A_2+B_2x+C_2y \\ A_3+B_3x+C_3y \end{bmatrix}, \ \boldsymbol{Z}_i = \begin{bmatrix} z_1 \\ z_2 \\ z_3 \end{bmatrix}, \ \boldsymbol{W}_i = \begin{bmatrix} w_1 \\ w_2 \\ w_3 \end{bmatrix} \right)$$

$$(\text{第1項㋑}) = \sum_{i=1}^{N_e} \iint_{D_i} \underbrace{{}^t\boldsymbol{N}_i \boldsymbol{W}_i}_{} \frac{\partial}{\partial t} \left(\underbrace{{}^t\boldsymbol{N}_i}_{} \boldsymbol{Z}_i \right) dxdy$$

$${}^t\left({}^t\boldsymbol{N}_i \boldsymbol{W}_i\right) = {}^t\boldsymbol{W}_i \cdot \boldsymbol{N}_i$$

これは，x と y のベクトルより，時刻 t から見たとき，定ベクトルとして扱う。

${}^t\boldsymbol{N}_i \boldsymbol{W}_i$ は1行1列の行列(スカラー)より，この転置行列をとっても変わらない。

$$= \sum_{i=1}^{N_e} \iint_{D_i} \underbrace{{}^t\boldsymbol{W}_i}_{\text{定ベクトル}} \boldsymbol{N}_i \cdot {}^t\boldsymbol{N}_i \underbrace{\frac{\partial \boldsymbol{Z}_i}{\partial t}}_{} dxdy$$

$\boldsymbol{Z}_i$ は t の関数でもある。この近似式は，

$\dfrac{\partial \boldsymbol{Z}_i}{\partial t} \fallingdotseq \dfrac{\boldsymbol{Z}_i(t+\Delta t)-\boldsymbol{Z}_i(t)}{\Delta t}$ である。

これは，x, y から見たら定数ベクトルになる。

$$= \sum_{i=1}^{N_e} {}^t\boldsymbol{W}_i \left(\iint_{D_i} \boldsymbol{N}_i \cdot {}^t\boldsymbol{N}_i \, dxdy \right) \frac{\partial \boldsymbol{Z}_i}{\partial t} \quad \cdots\cdots ⑱$$ となる。

$\boldsymbol{N}_i \cdot {}^t\boldsymbol{N}$ は，x と y を成分にもつ3行3列の行列で，この面積分を行うのが大変なんだね。

$$\frac{1}{\Delta t} \begin{bmatrix} z_1(t+\Delta t)-z_1(t) \\ z_2(t+\Delta t)-z_2(t) \\ z_3(t+\Delta t)-z_3(t) \end{bmatrix}$$

ここで，$\boldsymbol{N}_i = \begin{bmatrix} N_1 \\ N_2 \\ N_3 \end{bmatrix} = \begin{bmatrix} A_1+B_1x+C_1y \\ A_2+B_2x+C_2y \\ A_3+B_3x+C_3y \end{bmatrix}$ とおくと，⑱の面積分を取り出して，これを㋒とおくと，

$$(\text{㋒の面積分}) = \iint_{D_i} \boldsymbol{N}_i \cdot {}^t\boldsymbol{N}_i \, dxdy = \iint_{D_i} \begin{bmatrix} N_1 \\ N_2 \\ N_3 \end{bmatrix} [N_1, \ N_2, \ N_3] \, dxdy$$

$$= \iint_{D_i} \begin{bmatrix} N_1^2 & N_1N_2 & N_1N_3 \\ N_1N_2 & N_2^2 & N_2N_3 \\ N_1N_3 & N_2N_3 & N_3^2 \end{bmatrix} dxdy \quad \cdots\cdots ⑲$$ となる。

この行列の面積分は，直接解くのは難しい。これを解くためには，面積座標とその積分公式の知識が必要となるんだね。これから解説しよう。

● 面積座標とその積分公式をマスターしよう！

面積分$\iint_{D_i} N_i {}^t N_i \, dxdy$の積分領域$D_i$は，図4に示すように，3点$P_1(x_1, y_1)$，$P_2(x_2, y_2)$，$P_3(x_3, y_3)$を頂点にもつ三角形$P_1P_2P_3$であり，この面積$\triangle P_1P_2P_3$は，

$\triangle P_1P_2P_3 = \dfrac{1}{2}|A| = \dfrac{1}{2}\Delta_i$ ……㋐ である。

$$\left(\text{ただし，}A = \begin{bmatrix} 1 & x_1 & y_1 \\ 1 & x_2 & y_2 \\ 1 & x_3 & y_3 \end{bmatrix},\ \Delta_i = |A| = x_1(y_2 - y_3) + x_2(y_3 - y_1) + x_3(y_1 - y_2)\right)$$

この領域D_i内の任意の点Pは，xy座標系では，当然$P(x, y)$で表されるんだけれど，これを“面積座標(めんせきざひょう)”(*areal coordinate*)を用いて，$P(\xi_1, \xi_2, \xi_3)$

（“グザイ”1と読む）

で表現しなおしてみよう。

図4　面積座標$P(\xi_1, \xi_2, \xi_3)$

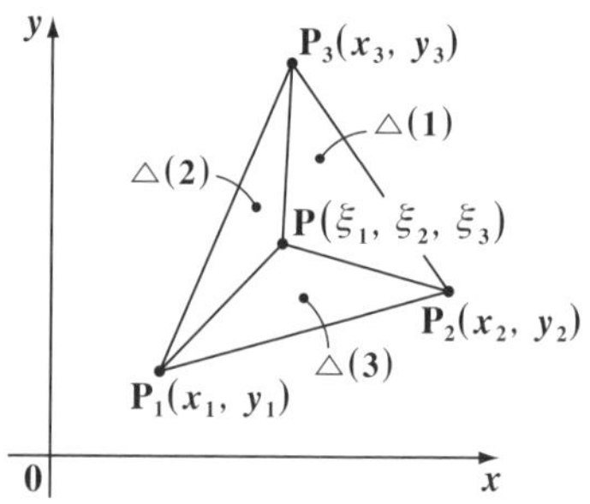

このξ_1, ξ_2, ξ_3は，三角形の面積を利用して次のように定義される。

$\triangle P_1P_2P_3$は，図4に示すように，3つの三角形$\triangle PP_1P_2$，$\triangle PP_2P_3$，$\triangle PP_3P_1$に分割される。この3つの三角形の面積を，

$\triangle PP_2P_3 = \triangle(1)$，$\triangle PP_3P_1 = \triangle(2)$，$\triangle PP_1P_2 = \triangle(3)$とおき，これらを全体の三角形の面積$\triangle P_1P_2P_3 = \dfrac{1}{2}\Delta_i$ ……㋐ で割ったものを順に，面積座標ξ_1, ξ_2, ξ_3と定義する。すなわち，

$\xi_1 = \dfrac{\triangle PP_2P_3}{\triangle P_1P_2P_3}$ ……㋑，$\xi_2 = \dfrac{\triangle PP_3P_1}{\triangle P_1P_2P_3}$ ……㋒，$\xi_3 = \dfrac{\triangle PP_1P_2}{\triangle P_1P_2P_3}$ ……㋓

とする。当然㋑＋㋒＋㋓は，

$\xi_1 + \xi_2 + \xi_3 = \dfrac{\triangle PP_2P_3 + \triangle PP_3P_1 + \triangle PP_1P_2}{\triangle P_1P_2P_3} = \dfrac{\triangle P_1P_2P_3}{\triangle P_1P_2P_3} = 1$ となるので，

ξ_1とξ_2が与えられれば，ξ_3は自動的に$\xi_3 = 1 - \xi_1 - \xi_2$で決まる。つまり，

独立な面積座標は ξ_1 と ξ_2 の $\mathbf{2}$ つであり，領域 $D_i(\triangle \mathbf{P}_1\mathbf{P}_2\mathbf{P}_3)$ 内の任意の点 $\mathbf{P}$ は $\mathbf{P}(x,\ y)$ の代わりに，$\mathbf{P}(\xi_1,\ \xi_2,\ \underbrace{1-\xi_1-\xi_2}_{\xi_3})$ と表すことができる。

ここで，ξ_1 は $0 \leqq \xi_1 \leqq 1$ の範囲を変化し，この範囲内で ξ_1 がある一定の値となったとき，図 5 に示すように，$\triangle \mathbf{P}\mathbf{P}_2\mathbf{P}_3$ の面積が一定となるので，点 $\mathbf{P}$ は辺 $\mathbf{P}_2\mathbf{P}_3$ と平行な破線で示した線分上に存在する。そして，この線分と辺 $\mathbf{P}_3\mathbf{P}_1$ との交点で，$\xi_2=0$ となり，

$\mathbf{P}(\xi_1,\ 0,\ 1-\xi_1)$ となる。

図 5　ξ_1 一定のとき $0 \leqq \xi_2 \leqq 1-\xi_1$

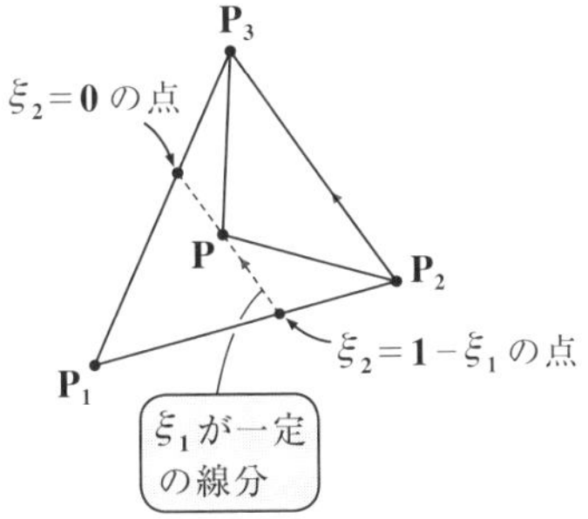

この線分と辺 $\mathbf{P}_1\mathbf{P}_2$ との交点で，$\xi_2=1-\xi_1$ となる。つまり，ξ_2 の取り得る値

$\mathbf{P}(\xi_1,\ 1-\xi_1,\ 0)$ となる。

の範囲は $0 \leqq \xi_2 \leqq 1-\xi_1$ となるんだね。このように，ξ_1 と ξ_2 の値が与えられれば，領域 $D_i(\triangle \mathbf{P}_1\mathbf{P}_2\mathbf{P}_3)$ 内での $\mathbf{P}$ の位置が決まることがご理解頂けたと思う。

それでは次に，$\begin{bmatrix} \xi_1 \\ \xi_2 \\ \xi_3 \end{bmatrix}$ と $\boldsymbol{N}_i=\begin{bmatrix} N_1 \\ N_2 \\ N_3 \end{bmatrix}=\begin{bmatrix} A_1+B_1x+C_1y \\ A_2+B_2x+C_2y \\ A_3+B_3x+C_3y \end{bmatrix}$ の関係を求めてみよう。

$$\left(\text{ただし，} A^{-1}=\begin{bmatrix} A_1 & A_2 & A_3 \\ B_1 & B_2 & B_3 \\ C_1 & C_2 & C_3 \end{bmatrix}=\frac{1}{\varDelta_i}\begin{bmatrix} x_2y_3-x_3y_2 & x_3y_1-x_1y_3 & x_1y_2-x_2y_1 \\ y_2-y_3 & y_3-y_1 & y_1-y_2 \\ x_3-x_2 & x_1-x_3 & x_2-x_1 \end{bmatrix}\right)$$

$$\triangle(1)=\frac{1}{2}\{x(y_2-y_3)+x_2(y_3-y)+x_3(y-y_2)\}$$

$$=\frac{1}{2}\{\underbrace{(x_2y_3-x_3y_2)}_{\varDelta_iA_1}+\underbrace{(y_2-y_3)}_{\varDelta_iB_1}x+\underbrace{(x_3-x_2)}_{\varDelta_iC_1}y\}$$

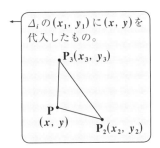

$$=\frac{\varDelta_i}{2}(A_1+B_1x+C_1y)$$

← $\varDelta_i$ の $(x_1,\ y_1)$ に $(x,\ y)$ を代入したもの。

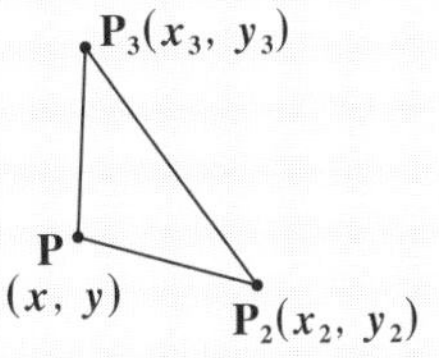

$$\therefore \xi_1 = \frac{\triangle \mathrm{P\,P_2P_3}}{\triangle \mathrm{P_1P_2P_3}} = \frac{\triangle(1)}{\frac{1}{2}\Delta_i} = \frac{\frac{1}{2}\Delta_i(A_1+B_1x+C_1y)}{\frac{1}{2}\Delta_i}$$

$$N_i = \begin{bmatrix} N_1 \\ N_2 \\ N_3 \end{bmatrix} = \begin{bmatrix} A_1+B_1x+C_1y \\ A_2+B_2x+C_2y \\ A_3+B_3x+C_3y \end{bmatrix}$$

$= A_1+B_1x+C_1y = N_1$ となる。

同様に計算して,

$\triangle(2) = \frac{\Delta_i}{2}(A_2+B_2x+C_2y)$ より, $\xi_2 = A_2+B_2x+C_2y = N_2$

$\triangle(3) = \frac{\Delta_i}{2}(A_3+B_3x+C_3y)$ より, $\xi_3 = A_3+B_3x+C_3y = N_3$

以上より,

$$\begin{bmatrix} \xi_1 \\ \xi_2 \\ \xi_3 \end{bmatrix} = \begin{bmatrix} N_1 \\ N_2 \\ N_3 \end{bmatrix} = \begin{bmatrix} A_1+B_1x+C_1y \\ A_2+B_2x+C_2y \\ A_3+B_3x+C_3y \end{bmatrix} = \begin{bmatrix} A_1 & B_1 & C_1 \\ A_2 & B_2 & C_2 \\ A_3 & B_3 & C_3 \end{bmatrix} \begin{bmatrix} 1 \\ x \\ y \end{bmatrix} \cdots\cdots ㋔$$ となるので,

$\xi_1 = N_1$, $\xi_2 = N_2$, $\xi_3 = N_3$ となって, 面積座標の各成分はベクトル N_i の各成分と完全に一致することが分かったんだね。

したがって, ボク達が求めたい行列 $N_i \cdot {}^tN_i$ の領域 D_i での面積分 (P169の⑲) は,

$$\iint_{D_i} \begin{bmatrix} N_1^2 & N_1N_2 & N_1N_3 \\ N_1N_2 & N_2^2 & N_2N_3 \\ N_1N_3 & N_2N_3 & N_3^2 \end{bmatrix} dxdy = \iint_{D_i} \begin{bmatrix} \xi_1^2 & \xi_1\xi_2 & \xi_1\xi_3 \\ \xi_1\xi_2 & \xi_2^2 & \xi_2\xi_3 \\ \xi_1\xi_3 & \xi_2\xi_3 & \xi_3^2 \end{bmatrix} dxdy \cdots\cdots ㋕$$

となる。

ここで, $\xi_1^{\,p}\,\xi_2^{\,q}\,\xi_3^{\,r}$ (p, q, r : 0 以上の整数) の領域 D_i における面積分の公式 :

$$\iint_{D_i} \xi_1^{\,p}\,\xi_2^{\,q}\,\xi_3^{\,r}\,dxdy = \frac{p!\,q!\,r!}{(p+q+r+2)!}\Delta_i \quad \cdots\cdots(*)$$

が存在する。この公式の証明のためにも, まず, ξ_1, ξ_2 と x, y との関係を㋔から調べよう。㋔より,

$$\begin{bmatrix} A_1 & B_1 & C_1 \\ A_2 & B_2 & C_2 \\ A_3 & B_3 & C_3 \end{bmatrix} \begin{bmatrix} 1 \\ x \\ y \end{bmatrix} = \begin{bmatrix} \xi_1 \\ \xi_2 \\ \xi_3 \end{bmatrix} \cdots\cdots ㋖$$ となる。この両辺に $\begin{bmatrix} A_1 & B_1 & C_1 \\ A_2 & B_2 & C_2 \\ A_3 & B_3 & C_3 \end{bmatrix}^{-1}$ を左から

かけると，$\begin{bmatrix} A_1 & B_1 & C_1 \\ A_2 & B_2 & C_2 \\ A_3 & B_3 & C_3 \end{bmatrix}^{-1} = \begin{bmatrix} 1 & 1 & 1 \\ x_1 & x_2 & x_3 \\ y_1 & y_2 & y_3 \end{bmatrix}$ より，

$A = \begin{bmatrix} 1 & x_1 & y_1 \\ 1 & x_2 & y_2 \\ 1 & x_3 & y_3 \end{bmatrix}$ の逆行列

$A^{-1} = \begin{bmatrix} A_1 & A_2 & A_3 \\ B_1 & B_2 & B_3 \\ C_1 & C_2 & C_3 \end{bmatrix}$ より，

これらの転置行列で考えて，

$\begin{bmatrix} A_1 & B_1 & C_1 \\ A_2 & B_2 & C_2 \\ A_3 & B_3 & C_3 \end{bmatrix}^{-1} = \begin{bmatrix} 1 & 1 & 1 \\ x_1 & x_2 & x_3 \\ y_1 & y_2 & y_3 \end{bmatrix}$

となる。

$$\begin{bmatrix} 1 \\ x \\ y \end{bmatrix} = \begin{bmatrix} 1 & 1 & 1 \\ x_1 & x_2 & x_3 \\ y_1 & y_2 & y_3 \end{bmatrix} \begin{bmatrix} \xi_1 \\ \xi_2 \\ \xi_3 \end{bmatrix}$$

$$= \begin{bmatrix} \xi_1 + \xi_2 + \xi_3 \\ x_1\xi_1 + x_2\xi_2 + x_3\xi_3 \\ y_1\xi_1 + y_2\xi_2 + y_3\xi_3 \end{bmatrix}$$ よって，

$$\begin{cases} x = x_1\xi_1 + x_2\xi_2 + x_3(1 - \xi_1 - \xi_2) \\ y = y_1\xi_1 + y_2\xi_2 + y_3(1 - \xi_1 - \xi_2) \end{cases}$$ ……㋗ となる。

$\xi_1 + \xi_2 + \xi_3 = 1$ は，当然の結果だね。

ここで，$dxdy = |J|d\xi_1 d\xi_2$ とするためのヤコビアン J を求めると，㋗より，

$$J = \begin{vmatrix} \dfrac{\partial x}{\partial \xi_1} & \dfrac{\partial x}{\partial \xi_2} \\ \dfrac{\partial y}{\partial \xi_1} & \dfrac{\partial y}{\partial \xi_2} \end{vmatrix} = \begin{vmatrix} x_1 - x_3 & x_2 - x_3 \\ y_1 - y_3 & y_2 - y_3 \end{vmatrix} = (x_1 - x_3)(y_2 - y_3) - (x_2 - x_3)(y_1 - y_3)$$

$$= x_1(y_2 - y_3) - x_3y_2 + \cancel{x_3y_3} - x_2y_1 + x_2y_3 + x_3y_1 - \cancel{x_3y_3}$$

$$= x_1(y_2 - y_3) + x_2(y_3 - y_1) + x_3(y_1 - y_2) = \underset{2\times(\triangle P_1P_2P_3 の面積)}{\Delta_i} \ (>0)$$ となる。

$\therefore dxdy = |J|d\xi_1 d\xi_2 = \Delta_i d\xi_1 d\xi_2$ ……㋘ が導けた。

㋘を $(*)$ に代入すると，

$$\iint_{D_i} \xi_1{}^p \xi_2{}^q \xi_3{}^r \underbrace{\cancel{\Delta_i} d\xi_1 d\xi_2}_{dxdy} = \frac{p!q!r!}{(p+q+r+2)!}\cancel{\Delta_i}$$ より，公式 $(*)$ は，

$$\iint_{D_i} \xi_1{}^p \xi_2{}^q \xi_3{}^r d\xi_1 d\xi_2 = \frac{p!q!r!}{(p+q+r+2)!}$$ ……$(**)$ となる。

ここで，$\xi_3 = 1 - \xi_1 - \xi_2$ であり，ξ_1 を $0 \leqq \xi_1 \leqq 1$ の範囲のある値に固定すると $0 \leqq \xi_2 \leqq 1 - \xi_1$ より，$(**)$ は，

$$\int_0^1 \left\{ \int_0^{1-\xi_1} \xi_1{}^p \xi_2{}^q (1 - \xi_1 - \xi_2)^r d\xi_2 \right\} d\xi_1 = \frac{p!q!r!}{(p+q+r+2)!}$$ ……$(**)'$ となる。

それでは，ベータ関数やガンマ関数の知識を利用して，公式 $(**)'$ が成り立つことを，次の例題で証明してみよう。

$$\iint_{D_i} \xi_1^{\,p}\,\xi_2^{\,q}\,\xi_3^{\,r}\,dxdy = \frac{p!q!r!}{(p+q+r+2)!}\Delta_i \cdots (*)$$

例題 17　ベータ関数 $B(m,\ n)$ とガンマ関数 $\Gamma(m)$ の公式：

$$B(m,\ n) = \int_0^1 x^{m-1}(1-x)^{n-1}dx = \frac{\Gamma(m)\cdot\Gamma(n)}{\Gamma(m+n)}$$

$$= \frac{(m-1)!(n-1)!}{(m+n-1)!} \cdots\cdots (*f)$$ $(m \geqq 1,\ n \geqq 1)$ を利用して，

次の各問いに答えよ。

(1) $$\int_0^a x^m(a-x)^n dx = \frac{m!\cdot n!}{(m+n+1)!}a^{m+n+1} \cdots\cdots (*1)$$

$(a \geqq 0,\ m \geqq 0,\ n \geqq 0)$ が成り立つことを示せ。

(2) $$\int_0^1 \left\{ \int_0^{1-\xi_1} \xi_1^{\,p}\,\xi_2^{\,q}(1-\xi_1-\xi_2)^r d\xi_2 \right\} d\xi_1 = \frac{p!q!r!}{(p+q+r+2)!} \cdots\cdots (**)'$$

$(p \geqq 0,\ q \geqq 0,\ r \geqq 0)$ が成り立つことを示せ。

ベータ関数 $B(m,\ n)$ とガンマ関数 $\Gamma(m)$ の公式については，P9，10 で示した。それでは，この $(*f)$ の公式を利用して，(1) と (2) の証明問題にチャレンジしてみよう。

(1) $((*1)$ の左辺$) = \int_0^a x^m(a-x)^n dx$ について，

$a > 0$ の場合，$t = \frac{x}{a}$ $(x = at)$ とおくと，$x : 0 \to a$ のとき，$t : 0 \to 1$

また，$dt = \frac{1}{a}dx$ より，$dx = adt$ となる。よって，

（$(t$ の式$)'\cdot dt = (x$ の式$)'\cdot dx$ の形　［t で微分］　［x で微分］）

$$((*1)\text{の左辺}) = \int_0^a x^m(a-x)^n dx = \int_0^1 (at)^m\cdot(a-at)^n\cdot adt$$ より，

（$a^m t^m \cdot a^n(1-t)^n\cdot a = a^{m+n+1}t^m\cdot(1-t)^n$）

$$((*1)\text{の左辺}) = a^{m+n+1}\int_0^1 t^m(1-t)^n dt = a^{m+n+1}\cdot B(m+1,\ n+1)$$

ベータ関数 $B(m+1,\ n+1)$
積分変数は x でも t でも構わない。

1以上。
$(\because m \geqq 0,\ n \geqq 0)$

$$= a^{m+n+1}\frac{\Gamma(m+1)\cdot\Gamma(n+1)}{\Gamma(m+n+2)} = a^{m+n+1}\cdot\frac{m!\,n!}{(m+n+1)!}$$

$((*f)$より$)$

$$= \frac{m!\cdot n!}{(m+n+1)!}a^{m+n+1} = ((*1)\text{の右辺})\ \text{となる。}$$

また，$a=0$ の場合，$(*1)$の左右両辺共に 0 となって，成り立つ。

以上より，$(*1)$の公式は成り立つ。

(2) 次に，この $(*1)$ と $(*f)$ を利用して，$(**)'$ を証明してみよう。

$$((**)'\text{の左辺}) = \int_0^1\left\{\int_0^{1-\xi_1}\xi_1{}^p\xi_2{}^q(1-\xi_1-\xi_2)^r d\xi_2\right\}d\xi_1$$

ξ_2から見て定数扱い

aとおく

$$= \int_0^1 \xi_1{}^p\left\{\int_0^{1-\xi_1}\xi_2{}^q(1-\xi_1-\xi_2)^r d\xi_2\right\}d\xi_1$$

$1-\xi_1 = a$ とおくと，これは，$(*1)$ の公式より，
$\int_0^a \xi_2{}^q(a-\xi_2)^r d\xi_2 = \dfrac{q!\cdot r!}{(q+r+1)!}a^{q+r+1}$
すなわち，$\dfrac{q!\,r!}{(q+r+1)!}(1-\xi_1)^{q+r+1}$ になる。

$$= \int_0^1 \xi_1{}^p\cdot\frac{q!\,r!}{(q+r+1)!}(1-\xi_1)^{q+r+1}d\xi_1$$

$$= \frac{q!\,r!}{(q+r+1)!}\int_0^1 \xi_1{}^p(1-\xi_1)^{q+r+1}d\xi_1$$

$B(p+1,\ q+r+2) = \dfrac{\Gamma(p+1)\cdot\Gamma(q+r+2)}{\Gamma(p+q+r+3)}$
$= \dfrac{p!(q+r+1)!}{(p+q+r+2)!}$ $((*f)$より$)$

$$= \frac{q!\,r!}{\cancel{(q+r+1)!}}\cdot\frac{p!\cdot\cancel{(q+r+1)!}}{(p+q+r+2)!} = \frac{p!\,q!\,r!}{(p+q+r+2)!} = ((**)'\text{の右辺})\ \text{となる。}$$

$$\therefore \int_0^1 \left\{ \int_0^{1-\xi_1} \xi_1^{\,p}\,\xi_2^{\,q} (1-\xi_1-\xi_2)^r d\xi_2 \right\} d\xi_1 = \frac{p!q!r!}{(p+q+r+2)!} \quad \cdots\cdots (**)'$$

$(p \geqq 0,\ q \geqq 0,\ r \geqq 0)$ が成り立つことが示せたんだね。これで，例題 **17** の証明は終了だ。

そして，これから

$$\iint_{D_i} \xi_1^{\,p}\,\xi_2^{\,q}\,\xi_3^{\,r} d\xi_1 d\xi_2 = \frac{p!q!r!}{(p+q+r+2)!} \quad \cdots\cdots (**)$$ が成り立ち，さらに，

$$\iint_{D_i} \xi_1^{\,p}\,\xi_2^{\,q}\,\xi_3^{\,r} dxdy = \frac{p!q!r!}{(p+q+r+2)!}\varDelta_i \quad \cdots\cdots (*)$$

$(p \geqq 0,\ q \geqq 0,\ r \geqq 0)$ が成り立つことも言えるんだね。

そして, $\xi_1 = N_1$, $\xi_2 = N_2$, $\xi_3 = N_3$ より, $(*)$ の式は, 次のように書き換えられる。

$$\iint_{D_i} N_1^{\,p} N_2^{\,q} N_3^{\,r} dxdy = \frac{p!q!r!}{(p+q+r+2)!} \cdot \varDelta_i \quad \cdots\cdots (*0) \quad (p \geqq 0,\ q \geqq 0,\ r \geqq 0)$$

かなり長い道のりだったけれど，これで，次の⑲式 (**P169**) の面積分を実行できるんだね。

$$\iint_{D_i} \begin{bmatrix} N_1^2 & N_1N_2 & N_1N_3 \\ N_1N_2 & N_2^2 & N_2N_3 \\ N_1N_3 & N_2N_3 & N_3^2 \end{bmatrix} dxdy$$

$$= \begin{bmatrix} \overset{p=2,\ q=0,\ r=0}{\iint_{D_i} N_1^2 dxdy} & \overset{p=1,\ q=1,\ r=0}{\iint_{D_i} N_1 N_2 dxdy} & \overset{p=1,\ q=0,\ r=1}{\iint_{D_i} N_1 N_3 dxdy} \\ \overset{p=1,\ q=1,\ r=0}{\iint_{D_i} N_1 N_2 dxdy} & \overset{p=0,\ q=2,\ r=0}{\iint_{D_i} N_2^2 dxdy} & \overset{p=0,\ q=1,\ r=1}{\iint_{D_i} N_2 N_3 dxdy} \\ \overset{p=1,\ q=0,\ r=1}{\iint_{D_i} N_1 N_3 dxdy} & \overset{p=0,\ q=1,\ r=1}{\iint_{D_i} N_2 N_3 dxdy} & \overset{p=0,\ q=0,\ r=2}{\iint_{D_i} N_3^2 dxdy} \end{bmatrix}$$

たとえば, $\iint_{D_i} N_1^2 dxdy = \frac{2!\cdot 0!\cdot 0!}{(2+0+0+2)!}\cdot\varDelta_i = \frac{2!}{4!}\varDelta_i = \frac{1}{12}\varDelta_i$,

$\iint_{D_i} N_1 N_2 dxdy = \frac{1!\cdot 1!\cdot 0!}{(1+1+0+2)!}\cdot\varDelta_i = \frac{1!}{4!}\varDelta_i = \frac{1}{24}\varDelta_i$, $\cdots$ より，

$$\iint_{D_i}\begin{bmatrix} N_1{}^2 & N_1N_2 & N_1N_3 \\ N_1N_2 & N_2{}^2 & N_2N_3 \\ N_1N_3 & N_2N_3 & N_3{}^2 \end{bmatrix} dxdy = \begin{bmatrix} \frac{\Delta_i}{12} & \frac{\Delta_i}{24} & \frac{\Delta_i}{24} \\ \frac{\Delta_i}{24} & \frac{\Delta_i}{12} & \frac{\Delta_i}{24} \\ \frac{\Delta_i}{24} & \frac{\Delta_i}{24} & \frac{\Delta_i}{12} \end{bmatrix}$$

$= \dfrac{\Delta_i}{24}\begin{bmatrix} 2 & 1 & 1 \\ 1 & 2 & 1 \\ 1 & 1 & 2 \end{bmatrix}$ となって，キレイな結果が導ける。この行列を G_i

とおく，すなわち，$G_i = \dfrac{\Delta_i}{24}\begin{bmatrix} 2 & 1 & 1 \\ 1 & 2 & 1 \\ 1 & 1 & 2 \end{bmatrix}$ とおくことにしよう。

● 離散化された弱形式の変形を完成させよう！

ン？ 面積分の解説は面白かったけれど，何のためにこんなことやっているのか？忘れたって!? そうだね…，長い解説だったからね。この面積分は，離散化された弱形式：

$$\sum_{i=1}^{N_e}\iint_{D_i} w_i \frac{\partial z_i}{\partial t} dxdy + C\sum_{i=1}^{N_e}\iint_{D_i}\left(\frac{\partial w_i}{\partial x}\cdot\frac{\partial z_i}{\partial x} + \frac{\partial w_i}{\partial y}\cdot\frac{\partial z_i}{\partial y}\right) dxdy = 0 \quad \cdots\cdots③'$$

(④第1項)

$= \displaystyle\sum_{i=1}^{N_e} {}^t W_i G_i \frac{\partial Z_i}{\partial t}$

$= \displaystyle\sum_{i=1}^{N_e} {}^t W_i G_i \frac{Z_i(t+\Delta t) - Z_i(t)}{\Delta t}$

(G_i は上記の通り)

(⑦第2項) $= \displaystyle\sum_{i=1}^{N_e} {}^t W_i H_i Z_i$

$$\left(H_i = \frac{\Delta_i}{2}\begin{bmatrix} B_1{}^2 + C_1{}^2 & B_1B_2 + C_1C_2 & B_1B_3 + C_1C_3 \\ B_2B_1 + C_2C_1 & B_2{}^2 + C_2{}^2 & B_2B_3 + C_2C_3 \\ B_3B_1 + C_3C_1 & B_3B_2 + C_3C_2 & B_3{}^2 + C_3{}^2 \end{bmatrix} \right)$$

の変形を完成させるために必要なものだったんだね。そして，もうこれは，完成しているんだね。つまり，③´は，

$\displaystyle\sum_{i=1}^{N_e} {}^t W_i G_i \frac{\partial Z_i}{\partial t} + C\sum_{i=1}^{N_e} {}^t W_i H_i Z_i = 0 \quad \cdots\cdots③''$ となるからだ。

ここで，$G_i = \begin{bmatrix} g_{11} & g_{12} & g_{13} \\ g_{21} & g_{22} & g_{23} \\ g_{31} & g_{32} & g_{33} \end{bmatrix}$，$H_i = \begin{bmatrix} h_{11} & h_{12} & h_{13} \\ h_{21} & h_{22} & h_{23} \\ h_{31} & h_{32} & h_{33} \end{bmatrix}$，$W_i = \begin{bmatrix} w_1 \\ w_2 \\ w_3 \end{bmatrix}$，$Z_i = \begin{bmatrix} z_1 \\ z_2 \\ z_3 \end{bmatrix}$，

$\dot{\boldsymbol{Z}}_i = \dfrac{\partial \boldsymbol{Z}_i}{\partial t} = \begin{bmatrix} \dot{z}_1 \\ \dot{z}_2 \\ \dot{z}_3 \end{bmatrix} = \dfrac{1}{\Delta t}\begin{bmatrix} z_1(t+\Delta t)-z_1(t) \\ z_2(t+\Delta t)-z_2(t) \\ z_3(t+\Delta t)-z_3(t) \end{bmatrix}$ とおき，全領域における節点の個

“・”(ドット)は物理では，時刻での微分を表す。

数を N_n とおくことにする。

ここで，N_n 行 N_n 列の行列 $\boldsymbol{M}_1$，$\boldsymbol{M}_2$，$\boldsymbol{M}_3$，$\boldsymbol{M}$ を用意し，まず，この行列のすべての成分を **0** として初期化しておく。さらに，N_n 次のベクトル $\boldsymbol{Z}_0$，$\boldsymbol{Z}_1$，$\boldsymbol{W}$ を用意し，これらの成分もすべて **0** として初期化しておく。このとき，弱形式を離散化した方程式：

$\displaystyle\sum_{i=1}^{N_e} {}^t\boldsymbol{W}_i \boldsymbol{G}_i \dot{\boldsymbol{Z}}_i + C\sum_{i=1}^{N_e} {}^t\boldsymbol{W}_i \boldsymbol{H}_i \boldsymbol{Z}_i = \boldsymbol{0}$ ……③′′ について，

三角形の要素は，$i=1, 2, \cdots, N_e$ の番号の付いたものが N_e 個存在するのだけれど，その内の $i=1$ の要素について考え，この $i=1$ の三角形の **3** 頂点に対応する節点番号が，たとえば，①，⑥，⑦であったとすると，③′′ の式は，行列 $\boldsymbol{M}_1$ と $\boldsymbol{M}_2$ を用いて，

$$\underbrace{[w_1', 0, \cdots, 0, w_2', w_3', \cdots, 0]}_{{}^t\boldsymbol{W}} \left(\underbrace{\begin{bmatrix} g_{11} & 0 & \cdots & g_{12} & g_{13} & 0 & \cdots & 0 \\ 0 & \vdots & & 0 & 0 & \vdots & & \vdots \\ \vdots & \vdots & & \vdots & \vdots & \vdots & & \vdots \\ g_{21} & 0 & \cdots & g_{22} & g_{23} & 0 & \cdots & 0 \\ g_{31} & 0 & \cdots & g_{32} & g_{33} & 0 & \cdots & 0 \\ 0 & \vdots & & \vdots & \vdots & \vdots & & \vdots \\ \vdots & \vdots & & \vdots & \vdots & \vdots & & \vdots \\ 0 & 0 & \cdots & 0 & 0 & 0 & \cdots & 0 \end{bmatrix}}_{\text{行列}\boldsymbol{M}_1} \underbrace{\begin{bmatrix} \dot{z}_1' \\ \vdots \\ \vdots \\ \dot{z}_2' \\ \dot{z}_3' \\ \vdots \\ \vdots \\ 0 \end{bmatrix}}_{\dot{\boldsymbol{Z}}} \right.$$

（第1列，第6列，第7列／第1行，第6行，第7行）

$$\left. + C \underbrace{\begin{bmatrix} h_{11} & 0 & \cdots & h_{12} & h_{13} & 0 & \cdots & 0 \\ 0 & \vdots & & 0 & 0 & \vdots & & \vdots \\ \vdots & \vdots & & \vdots & \vdots & \vdots & & \vdots \\ h_{21} & 0 & \cdots & h_{22} & h_{23} & 0 & \cdots & 0 \\ h_{31} & 0 & \cdots & h_{32} & h_{33} & 0 & \cdots & 0 \\ 0 & \vdots & & \vdots & \vdots & \vdots & & \vdots \\ \vdots & \vdots & & \vdots & \vdots & \vdots & & \vdots \\ 0 & 0 & \cdots & 0 & 0 & 0 & \cdots & 0 \end{bmatrix}}_{\text{行列}\boldsymbol{M}_2} \underbrace{\begin{bmatrix} z_1' \\ \vdots \\ \vdots \\ z_2' \\ z_3' \\ \vdots \\ \vdots \\ 0 \end{bmatrix}}_{\boldsymbol{Z}} \right) = \boldsymbol{0}$$

（第1列，第6列，第7列／第1行，第6行，第7行）

${}^t\boldsymbol{W}$, $\dot{\boldsymbol{Z}}$, $\boldsymbol{Z}$ の成分は，この時点ではあまり意味がないので，“ ′ ” (ダッシュ)

を付けて示した。これらは，最終的に $\boldsymbol{W}=\begin{bmatrix} w_1 \\ w_2 \\ w_3 \\ \vdots \\ w_{N_n} \end{bmatrix}$, $\dot{\boldsymbol{Z}}=\begin{bmatrix} \dot{z}_1 \\ \dot{z}_2 \\ \dot{z}_3 \\ \vdots \\ \dot{z}_{N_n} \end{bmatrix}$, $\boldsymbol{Z}=\begin{bmatrix} z_1 \\ z_2 \\ z_3 \\ \vdots \\ z_{N_n} \end{bmatrix}$

となるんだね。

この要領で，その後の $i=2, 3, \cdots, N_e$ の各要素の行列 $\boldsymbol{G}_i$ と $\boldsymbol{H}_i$ の成分を，大きな行列 $\boldsymbol{M}_1$ と $\boldsymbol{M}_2$ の所定の位置の成分に加えていき，最終的に方程式：

$$\underbrace{{}^t\boldsymbol{W}}_{[w_1,\ w_2,\ \cdots,\ w_{N_n}]\text{は任意ベクトル}}\left(\boldsymbol{M}_1\dot{\boldsymbol{Z}}+C\boldsymbol{M}_2\boldsymbol{Z}\right)=\boldsymbol{0} \quad \cdots\cdots ⑳$$

が導かれる。

ここで，${}^t\boldsymbol{W}$ は任意ベクトルより，⑳の等式が恒等的に成り立つためには，

$$\underbrace{\boldsymbol{M}_1}_{N_n\text{行}N_n\text{列の行列}}\dot{\boldsymbol{Z}}+C\underbrace{\boldsymbol{M}_2}_{N_n\text{行}N_n\text{列の行列}}\boldsymbol{Z}=\boldsymbol{0} \quad \cdots\cdots ㉑$$

が成り立たなければならない。

ここで，㉑をより具体的に表すと，

$$\boldsymbol{M}_1\begin{bmatrix} \dot{z}_1 \\ \dot{z}_2 \\ \vdots \\ \vdots \\ \dot{z}_{N_n} \end{bmatrix}+C\boldsymbol{M}_2\begin{bmatrix} z_1 \\ z_2 \\ \vdots \\ \vdots \\ z_{N_n} \end{bmatrix}=\begin{bmatrix} 0 \\ 0 \\ \vdots \\ \vdots \\ 0 \end{bmatrix}$$

より，

$$\boldsymbol{M}_1\cdot\frac{1}{\Delta t}\begin{bmatrix} z_1(t+\Delta t)-z_1(t) \\ z_2(t+\Delta t)-z_2(t) \\ \vdots \\ \vdots \\ z_{N_n}(t+\Delta t)-z_{N_n}(t) \end{bmatrix}=-C\boldsymbol{M}_2\begin{bmatrix} z_1(t) \\ z_2(t) \\ \vdots \\ \vdots \\ z_{N_n}(t) \end{bmatrix}$$

$$\boldsymbol{M}_1\left(\begin{bmatrix} z_1(t+\Delta t) \\ z_2(t+\Delta t) \\ \vdots \\ \vdots \\ z_{N_n}(t+\Delta t) \end{bmatrix}-\begin{bmatrix} z_1(t) \\ z_2(t) \\ \vdots \\ \vdots \\ z_{N_n}(t) \end{bmatrix}\right)=-C\cdot\Delta t\boldsymbol{M}_2\begin{bmatrix} z_1(t) \\ z_2(t) \\ \vdots \\ \vdots \\ z_{N_n}(t) \end{bmatrix}$$

となり，さらに，

$$\boldsymbol{M}_1\begin{bmatrix} z_1(t+\Delta t) \\ z_2(t+\Delta t) \\ \vdots \\ \vdots \\ z_{N_n}(t+\Delta t) \end{bmatrix}=\underbrace{(\boldsymbol{M}_1-C\cdot\Delta t\boldsymbol{M}_2)}_{\boldsymbol{M}_3\text{とおく}}\begin{bmatrix} z_1(t) \\ z_2(t) \\ \vdots \\ \vdots \\ z_{N_n}(t) \end{bmatrix} \quad \cdots\cdots ㉑'$$

となる。

ここで，$\boldsymbol{M}_1-C\Delta t\boldsymbol{M}_2=\boldsymbol{M}_3$ とおき，さらに㉑′の両辺に左から $\boldsymbol{M}_1$ の逆行列 $\boldsymbol{M}_1^{-1}$ をかけると，

$$\begin{bmatrix} z_1(t+\Delta t) \\ z_2(t+\Delta t) \\ \vdots \\ \vdots \\ z_{N_n}(t+\Delta t) \end{bmatrix} = \underbrace{\boldsymbol{M}_1^{-1}\cdot\boldsymbol{M}_3}_{\boldsymbol{M}\text{とおく}} \begin{bmatrix} z_1(t) \\ z_2(t) \\ \vdots \\ \vdots \\ z_{N_n}(t) \end{bmatrix}$$ となる。ここで，さらに $\boldsymbol{M}_1^{-1}\boldsymbol{M}_3 = \boldsymbol{M}$ とおくと，

最終的に，

$$\begin{bmatrix} z_1(t+\Delta t) \\ z_2(t+\Delta t) \\ \vdots \\ \vdots \\ z_{N_n}(t+\Delta t) \end{bmatrix} = \boldsymbol{M} \begin{bmatrix} z_1(t) \\ z_2(t) \\ \vdots \\ \vdots \\ z_{N_n}(t) \end{bmatrix}, \text{ すなわち, } \boldsymbol{Z}(t+\Delta t) = \boldsymbol{M}\boldsymbol{Z}(t) \quad \cdots\cdots ㉒$$

となって，**1** 次元熱伝導方程式のときと同様に，非常にシンプルで美しい方程式が導かれるんだね。

ただし，まだ，境界線 C_2 における放熱条件による修正を，行列 $\boldsymbol{M}$ に加える必要がある。

たとえば，⑥番目の節点が境界線 C_2 上の点であるとき，$t \geqq 0$ で時刻 t が変化したとしても，この節点の温度 z_6 は $z_6 = 0$ に常に保たれる。

したがって，㉒で求めた行列 $\boldsymbol{M}$ を，

$$\boldsymbol{M} = \begin{bmatrix} m_{11} & m_{12} & \cdots & \overset{\text{第6列}}{m_{16}} & \cdots & \\ m_{21} & m_{22} & \cdots & m_{26} & \cdots & \\ \vdots & \vdots & & \vdots & & \vdots \\ 0 & 0 & \cdots & 1 & \cdots & 0 \\ \vdots & \vdots & & \vdots & & \vdots \\ \vdots & \vdots & & \vdots & & \vdots \end{bmatrix} \leftarrow \text{第6行}$$ のように修正を加える。

他の節点が C_2 上の放熱条件をみたすときには，同様の修正を加えるんだね。

以上の修正が終わった行列を新たに $\boldsymbol{M}$ とおくと，形式的には㉒と同じ方程式：

$$\boldsymbol{Z}(t+\Delta t) = \underbrace{\boldsymbol{M}}_{\text{修正後の}\boldsymbol{M}} \cdot \boldsymbol{Z}(t) \quad \cdots\cdots ㉒'$$ が導かれるんだね。

これから初期条件として，$\boldsymbol{Z}(\boldsymbol{0})=\begin{bmatrix} z_1(\boldsymbol{0}) \\ z_2(\boldsymbol{0}) \\ \vdots \\ \vdots \\ z_{N_n}(\boldsymbol{0}) \end{bmatrix}$が与えられたならば，㉒´より，

・Δt 秒後は，$\boldsymbol{Z}(\Delta t)=\boldsymbol{M}\boldsymbol{Z}(\boldsymbol{0})$ となり，

・$\boldsymbol{2}\cdot\Delta t$ 秒後は，$\boldsymbol{Z}(\boldsymbol{2}\cdot\Delta t)=\boldsymbol{Z}(\Delta t+\Delta t)=\boldsymbol{M}\cdot\boldsymbol{Z}(\Delta t)=\boldsymbol{M}^2\boldsymbol{Z}(\boldsymbol{0})$

・$\boldsymbol{3}\cdot\Delta t$ 秒後は，$\boldsymbol{Z}(\boldsymbol{3}\cdot\Delta t)=\boldsymbol{Z}(\boldsymbol{2}\cdot\Delta t+\Delta t)=\boldsymbol{M}\cdot\boldsymbol{Z}(\boldsymbol{2}\cdot\Delta t)=\boldsymbol{M}^3\boldsymbol{Z}(\boldsymbol{0})$

…………………………………………同様に…………………………………………

・$\boldsymbol{n}\cdot\Delta t$ 秒後は，$\boldsymbol{Z}(\boldsymbol{n}\cdot\Delta t)=\boldsymbol{M}^n\boldsymbol{Z}(\boldsymbol{0})$ として，

順次計算することにより，$\boldsymbol{n}\cdot\Delta t$ 秒後の温度 $\boldsymbol{Z}(\boldsymbol{n}\cdot\Delta t)$ の分布を計算することができるんだね。

そして，$t=n\cdot\Delta t$ 秒後の温度 $\boldsymbol{Z}(t)$ が算出されたら，後は，この分布を xyz 座標空間上に，三角形のチップによる集合体としての擬似的な曲面を描くことができる。

たとえば，時刻 $t=\boldsymbol{0}$，**0.1**，**0.2**，**0.4**，…のときの温度分布のグラフを描くことにより，温度分布の経時変化の様子をヴィジュアルに確認することができるんだね。

ここで，領域 D の境界線がすべて C_1 であり，断熱条件 $\frac{\partial z}{\partial n}=\boldsymbol{0}$ である場合は，㉒で求めた行列 $\boldsymbol{M}$ に一切修正を加えないで，そのまま利用すればいいんだね。

以上で，**2** 次元熱伝導方程式の有限要素法による解法の理論的な解説は，すべて終了なんだね。

ン？早速，**BASIC** プログラムを組んで，実際に解いてみたそうだね。今回のプログラムは，かなり本格的なものになるけれど，これまで頑張ってきたキミ達なら，必ずマスターできるはずだ。有限要素法による数値解析の面白さを，これから十分に楽しんで頂きたい。

§2. 2次元熱伝導方程式の有限要素解析の応用

前回までの講義で，**2**次元熱伝導方程式を有限要素法で解くための理論的な解説が終わり，xyz座標系によるグラフの作成も，また行列$\boldsymbol{M}$の逆行列$\boldsymbol{M}^{-1}$を求めるプログラムについても解説が終わっている。つまり，これですべて準備が整ったので，これからいよいよ**BASIC**プログラムを組んで，有限要素法により，**2**次元熱伝導方程式の近似解とそのグラフを作成することにしよう。

1次元熱伝導方程式のときと同様に，**2**次元熱伝導方程式においても，境界条件として(i)放熱条件と(ii)断熱条件の**2**種類がある。ここでは，それぞれの例題を具体的に解いてみることにしよう。

● 放熱条件の2次元熱伝導方程式を解いてみよう！

それでは，次の放熱条件の**2**次元熱伝導方程式を有限要素法により解いて，この温度分布の経時変化の様子をグラフで表してみよう。

例題**18**　領域$D(0 \leqq x \leqq 4,\ 0 \leqq y \leqq 4)$で定義された温度の関数$z(x,\ y,\ t)$ (t：時刻，$t \geqq 0$) が，次の**2**次元熱伝導方程式をみたすものとする。

$$\frac{\partial z}{\partial t} = \frac{\partial^2 z}{\partial x^2} + \frac{\partial^2 z}{\partial y^2} \quad \cdots\cdots ①$$ ←(定数$C=1$としている。)

$$\left(\begin{array}{l}\text{境界条件：} z(x,\ 0,\ t) = z(x,\ 4,\ t) = 0 \\ \qquad\qquad z(0,\ y,\ t) = z(4,\ y,\ t) = 0\end{array}\right)$$

$$\left(\begin{array}{l}\text{初期条件：} \\ z(x,\ y,\ 0) = x(4-x)\cdot y(4-y)\end{array}\right)$$

領域Dを右図に示すように，節点の個数$N_n = 25$，有限な三角形の要素の個数$N_e = 32$，境界線上の節点の個数$N_b = 16$となるように分割して，各節点に対して，時刻$t = 0,\ 0.2,\ 0.4,\ 0.8,\ 1.6,\ 3.2$(秒)における①の近似

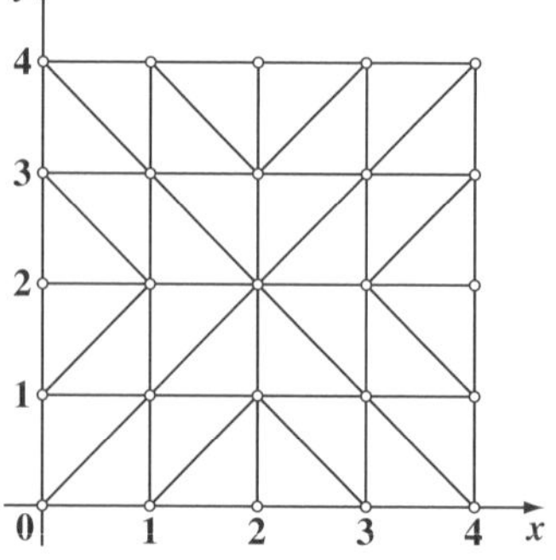

解 z_i $(i=1,\ 2,\ 3,\ \cdots,\ 25)$ を有限要素法による **BASIC** プログラムを用いて求め，これを xyz 座標系にグラフとして表示せよ。

有限要素法を用いるために，図(i)に示すように，まず，**25** 個の節点には①，②，…，㉕のように番号を付け，そして **32** 個の三角形の要素には **(1)**, **(2)**, …, **(32)** のように番号を付けて示す。たとえば，要素 **(11)** は，⑦，⑫，⑬ の節点からなり，これらの座標は順に $(x,\ y)=(1,\ 1)$，$(2,\ 1)$，$(2,\ 2)$ である。

次に，初期条件 $z(x,\ y,\ 0)=x(4-x)\cdot y(4-y)$ について，各 **25** 個の節点における z_i $(i=1,\ 2,\ 3,\ \cdots,\ 25)$ の値を図(ii)に赤の数字で示す。たとえば，

・⑦の節点の座標は

$(x,\ y)=(1,\ 1)$ より，

$z_7=1\cdot(4-1)\cdot1\cdot(4-1)=9$

となる。

・㉓の節点の座標は，

$(x,\ y)=(4,\ 2)$ より，

$z_{22}=4\cdot(4-4)\cdot2\cdot(4-2)=0$

となるんだね。

図(i) 節点と要素の番号付け

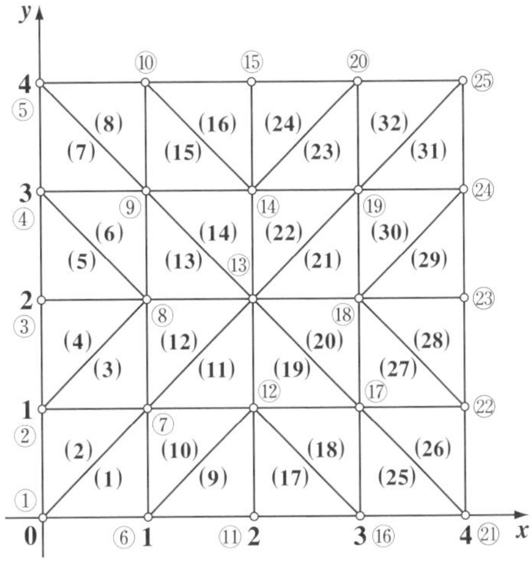

図(ii) 節点の初期条件の z_i $(i=1,\ 2,\ \cdots,\ 25)$ の値

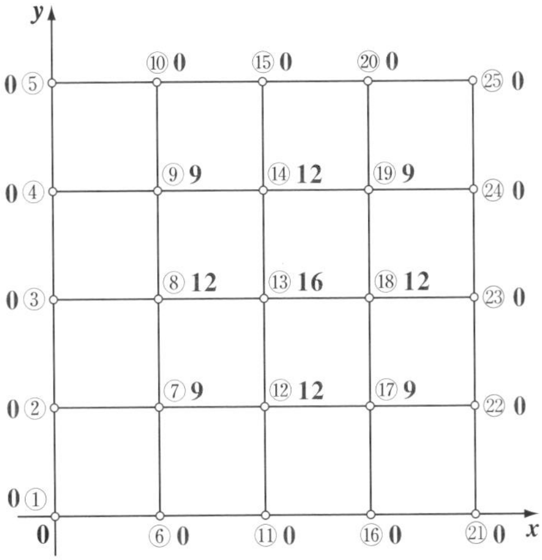

それでは，表(ⅰ)に各三角形の要素の **3** 節点(頂点)の番号の組合せを示し，表(ⅱ)に各節点の座標 **(X，Y)** を示そう。

表(ⅰ) $N_e = 32$ 個の三角形要素の **3** つの節点(頂点)

要素No. J	IP(1, J)	IP(2, J)	IP(3, J)	要素No. J	IP(1, J)	IP(2, J)	IP(3, J)	要素No. J	IP(1, J)	IP(2, J)	IP(3, J)
1	1	6	7	13	8	13	9	25	16	21	17
2	1	7	2	14	9	13	14	26	17	21	22
3	2	7	8	15	9	14	10	27	17	22	18
4	2	8	3	16	10	14	15	28	18	22	23
5	3	8	4	17	11	16	12	29	18	23	24
6	4	8	9	18	12	16	17	30	18	24	19
7	4	9	5	19	12	17	13	31	19	24	25
8	5	9	10	20	13	17	18	32	19	25	20
9	6	11	12	21	13	18	19				
10	6	12	7	22	13	19	14				
11	7	12	13	23	14	19	20				
12	7	13	8	24	14	20	15				

表(ⅱ) $N_n = 25$ 個の節点の座標 **(X，Y)**

節点No. I	X(I)	Y(I)	節点No. I	X(I)	Y(I)	節点No. I	X(I)	Y(I)
1	0	0	11	2	0	21	4	0
2	0	1	12	2	1	22	4	1
3	0	2	13	2	2	23	4	2
4	0	3	14	2	3	24	4	3
5	0	4	15	2	4	25	4	4
6	1	0	16	3	0			
7	1	1	17	3	1			
8	1	2	18	3	2			
9	1	3	19	3	3			
10	1	4	20	3	4			

次に，表(iii)に境界条件として，**16**個の境界線上の節点番号と温度の値 $z = \mathbf{0}$ (放熱条件)の組合せを示し，表(iv)に初期条件として，図(ii)に示したように，時刻 $\boldsymbol{t} = \mathbf{0}$ における **25** 個の節点の温度の組合せを示す。

表(iii) 境界線上の $N_b = \mathbf{16}$ 個の節点の番号と温度 z

境界点 No.	節点 No. ID	温度 z	境界点 No.	節点 No. ID	温度 z	境界点 No.	節点 No. ID	温度 z
1	1	0	7	10	0	13	22	0
2	2	0	8	11	0	14	23	0
3	3	0	9	15	0	15	24	0
4	4	0	10	16	0	16	25	0
5	5	0	11	20	0			
6	6	0	12	21	0			

表(iv) 時刻 $\boldsymbol{t} = \mathbf{0}$ における各節点の温度 z

節点 No. I	温度 z	節点 No. I	温度 z	節点 No. I	温度 z	節点 No. I	温度 z	節点 No. I	温度 z
1	0	6	0	11	0	16	0	21	0
2	0	7	9	12	12	17	9	22	0
3	0	8	12	13	16	18	12	23	0
4	0	9	9	14	12	19	9	24	0
5	0	10	0	15	0	20	0	25	0

以上のデータを基に，まず，**2**つの行列 $\boldsymbol{M}_1$ と $\boldsymbol{M}_2$ を求めて，これから $\boldsymbol{M}_3 = \boldsymbol{M}_1 - \Delta t \boldsymbol{M}_2$ (Δt：微小な時間，今回は $\Delta t = 0.01$(秒)とする。)を求める。そして，$\boldsymbol{M}_1$ の逆行列 $\boldsymbol{M}_1^{-1}$ を求め，最終的な行列 $\boldsymbol{M}$ を $\boldsymbol{M} = \boldsymbol{M}_1^{-1} \cdot \boldsymbol{M}_3$ により求め，この $\boldsymbol{M}$ にさらに，境界条件による修正を加えて，行列 $\boldsymbol{M}$ を完成させる。すると，時刻 t と $t + \Delta t$ の温度分布 $\boldsymbol{Z}(t)$ と $\boldsymbol{Z}(t + \Delta t)$ の間には，$\boldsymbol{Z}(t + \Delta t) = \boldsymbol{M}\boldsymbol{Z}(t)$ の関係が成り立つ。よって，$t = n \cdot \Delta t$ のときの温度分布は，$\boldsymbol{Z}(t) = \boldsymbol{M}^n \cdot \boldsymbol{Z}(0)$ となるんだね。

以上の大きな流れを基にして，次の **BASIC** プログラムが作成されているんだね。

```
10 REM --------------------------------------------------
20 REM  2次元熱伝導方程式 5-1 (放熱)
30 REM --------------------------------------------------
40 T=0
50 NN=25:NE=32:NN1=NN+1:ND=16:DT=.01:NC=T/DT
60 DIM M(NN,NN),IP(3,NE),X(NN),Y(NN),Z0(NN),
Z1(NN),ID(ND),ZD(ND)
70 DIM M1(NN,NN),M1I(NN,NN),M2(NN,NN),M3(NN,
NN),MA(NN,NN1)
80 FOR I=1 TO 3:FOR J=1 TO NE
90 READ IP(I,J):NEXT J:NEXT I
100 FOR I=1 TO NN:READ X(I):NEXT I
110 FOR I=1 TO NN:READ Y(I):NEXT I
120 FOR I=1 TO ND:READ ID(I):NEXT I
130 FOR I=1 TO ND:READ ZD(I):NEXT I
140 FOR I=1 TO NN:READ Z0(I):NEXT I
150 IF NC=0 THEN 1110
160 REM ------------------ 行列 M1, M2の作成 -------------------------
170 FOR I=1 TO NN:FOR J=1 TO NN
180 M1(I,J)=0:M2(I,J)=0:NEXT J,I
190 FOR K=1 TO NE
200 I1=IP(1,K):I2=IP(2,K):I3=IP(3,K)
210 X1=X(I1):X2=X(I2):X3=X(I3)
220 Y1=Y(I1):Y2=Y(I2):Y3=Y(I3)
230 DET=X1*(Y2-Y3)+X2*(Y3-Y1)+X3*(Y1-Y2)
240 M1(I1,I1)=M1(I1,I1)+DET/12
250 M1(I1,I2)=M1(I1,I2)+DET/24
260 M1(I1,I3)=M1(I1,I3)+DET/24
270 M1(I2,I1)=M1(I2,I1)+DET/24
280 M1(I2,I2)=M1(I2,I2)+DET/12
290 M1(I2,I3)=M1(I2,I3)+DET/24
300 M1(I3,I1)=M1(I3,I1)+DET/24
```

```
310 M1(I3,I2)=M1(I3,I2)+DET/24
320 M1(I3,I3)=M1(I3,I3)+DET/12
330 B1=(Y2-Y3)/DET:B2=(Y3-Y1)/DET:B3=(Y1-Y2)/DET
340 C1=(X3-X2)/DET:C2=(X1-X3)/DET:C3=(X2-X1)/DET
350 M2(I1,I1)=M2(I1,I1)+DET*(B1*B1+C1*C1)/2
360 M2(I1,I2)=M2(I1,I2)+DET*(B1*B2+C1*C2)/2
370 M2(I1,I3)=M2(I1,I3)+DET*(B1*B3+C1*C3)/2
380 M2(I2,I1)=M2(I2,I1)+DET*(B2*B1+C2*C1)/2
390 M2(I2,I2)=M2(I2,I2)+DET*(B2*B2+C2*C2)/2
400 M2(I2,I3)=M2(I2,I3)+DET*(B2*B3+C2*C3)/2
410 M2(I3,I1)=M2(I3,I1)+DET*(B3*B1+C3*C1)/2
420 M2(I3,I2)=M2(I3,I2)+DET*(B3*B2+C3*C2)/2
430 M2(I3,I3)=M2(I3,I3)+DET*(B3*B3+C3*C3)/2
440 NEXT K
450 REM ---------------------- 行列M3の作成 ----------------------------------
460 FOR I=1 TO NN:FOR J=1 TO NN
470 M3(I,J)=M1(I,J)-DT*M2(I,J):NEXT J,I
480 REM ----------------------------- データ ------------------------------------------
490 DATA 1,1,2,2,3,4,4,5,6,6,7,7,8,9,9,10,11,12,
12,13,13,13,14,14,16,17,17,18,18,18,19,19
500 DATA 6,7,7,8,8,8,9,9,11,12,12,13,13,13,14,14,
16,16,17,17,18,19,19,20,21,21,22,22,23,24,24,25
510 DATA 7,2,8,3,4,9,5,10,12,7,13,8,9,14,10,15,12,
17,13,18,19,14,20,15,17,22,18,23,24,19,25,20
520 DATA 0,0,0,0,0,1,1,1,1,1,2,2,2,2,2,3,3,3,3,3,
4,4,4,4,4
530 DATA 0,1,2,3,4,0,1,2,3,4,0,1,2,3,4,0,1,2,3,4,
0,1,2,3,4
540 DATA 1,2,3,4,5,6,10,11,15,16,20,21,22,23,24,25
550 DATA 0,0,0,0,0,0,0,0,0,0,0,0,0,0,0
560 DATA 0,0,0,0,0,0,9,12,9,0,0,12,16,12,0,0,9,12,
9,0,0,0,0,0,0
```

```
570 REM ------------------- 行列M1の逆行列M1Iの計算 --------------------------
580 EPS=10^(-6)
590 FOR L=1 TO NN
600 FOR I=1 TO NN:FOR J=1 TO NN
610 MA(I,J)=M1(I,J):NEXT J,I
620 FOR I=1 TO NN:MA(I,NN1)=0:NEXT I
630 MA(L,NN1)=1
640 REM ----------------------- 前進消去 -------------------------------
650 FOR K=1 TO NN:K1=K+1
660 MAX=ABS(MA(K,K)):IR=K
670 IF K=NN THEN 720
680 FOR I=K1 TO NN
690 IF ABS(MA(I,K))<MAX THEN 710
700 MAX=ABS(MA(I,K)):IR=I
710 NEXT I
720 IF MAX<EPS THEN 930
730 IF IR=K THEN 770
740 FOR J=K TO NN1
750 SWAP MA(K,J),MA(IR,J)
760 NEXT J
770 W=MA(K,K)
780 FOR J=K TO NN1:MA(K,J)=MA(K,J)/W:NEXT J
790 IF K=N THEN 840
800 FOR I=K1 TO NN:MI=MA(I,K):FOR J=K1 TO NN1
810 MA(I,J)=MA(I,J)-MI*MA(K,J)
820 NEXT J:NEXT I
830 NEXT K
840 REM ----------------------- 後退代入 -------------------------------
850 FOR K=NN-1 TO 1 STEP -1:S=MA(K,NN1)
860 FOR J=K+1 TO NN
```

```
870 S=S-MA(K,J)*MA(J,NN1)
880 NEXT J:MA(K,NN1)=S
890 NEXT K
900 FOR I=1 TO NN
910 M1I(I,L)=MA(I,NN1):NEXT I
920 NEXT L:GOTO 950
930 PRINT "no solution"
940 STOP
950 REM ------------------------ 行列Mの計算 ------------------------------
960 FOR I=1 TO NN:FOR J=1 TO N:M(I,J)=0:NEXT J,I
970 FOR I=1 TO NN:FOR J=1 TO NN:FOR K=1 TO NN
980 M(I,J)=M(I,J)+M1I(I,K)*M3(K,J):NEXT K,J,I
990 FOR I=1 TO ND:IDR=ID(I)
1000 FOR J=1 TO NN:M(IDR,J)=0:NEXT J
1010 M(IDR,IDR)=1
1020 Z0(IDR)=ZD(I):NEXT I
1030 REM ------------------------- z0の計算 -------------------------------
1040 FOR L=1 TO NC
1050 FOR I=1 TO NN:Z1(I)=0:NEXT I
1060 FOR I=1 TO NN:FOR J=1 TO NN
1070 Z1(I)=Z1(I)+M(I,J)*Z0(J)
1080 NEXT J,I
1090 FOR I=1 TO NN:Z0(I)=Z1(I):NEXT I
1100 NEXT L
1110 REM ------------------------ グラフの作成 -----------------------------
1120 XMAX=4:DELX=1
1130 YMAX=4:DELY=1
1140 ZMAX=16:DELZ=4
1150 CLS 3
```

```
1160 PRINT "t=";T
1170 DEF FNU(X,Y)=320-160*X/XMAX+200*Y/YMAX
1180 DEF FNV(X,Z)=210+100*X/XMAX-180*Z/ZMAX
1190 LINE (320,210)-(320,0)
1200 LINE (320,210)-(128,330)
1210 LINE (320,210)-(570,210)
1220 LINE (160,310)-(360,310),,,2
1230 LINE (520,210)-(360,310),,,2
1240 N=INT(XMAX/DELX)
1250 FOR I=1 TO N
1260 LINE (FNU(I*DELX,0),FNV(I*DELX,0)-3)-(FNU(I*DELX,
0),FNV(I*DELX,0)+3)
1270 NEXT I
1280 N=INT(YMAX/DELY)
1290 FOR I=1 TO N
1300 LINE (FNU(0,I*DELY),FNV(0,0)-3)-(FNU(0,I*DELY),
FNV(0,0)+3)
1310 NEXT I
1320 N=INT(ZMAX/DELZ)
1330 FOR I=1 TO N
1340 LINE (FNU(0,0)-3,FNV(0,I*DELZ))-(FNU(0,0)+3,FNV
(0,I*DELZ))
1350 NEXT I
1360 FOR K=1 TO NE
1370 I1=IP(1,K):I2=IP(2,K):I3=IP(3,K)
1380 X1=X(I1):X2=X(I2):X3=X(I3)
1390 Y1=Y(I1):Y2=Y(I2):Y3=Y(I3)
1400 Z1=Z0(I1):Z2=Z0(I2):Z3=Z0(I3)
1410 LINE (FNU(X1,Y1),FNV(X1,Z1))-(FNU(X2,Y2),FNV(X2,
Z2))
1420 LINE (FNU(X2,Y2),FNV(X2,Z2))-(FNU(X3,Y3),FNV(X3,
Z3))
1430 LINE (FNU(X3,Y3),FNV(X3,Z3))-(FNU(X1,Y1),FNV(X1,
Z1))
1440 NEXT K
```

ここまで読み進んできた読者の方ならば，このプログラムの意味は大体理解できると思う。簡潔に解説しておこう。

10～30行は注釈行であり，**40**，**50**行で，時刻**T＝0**，要素の個数$N_e = 32$，節点の個数$N_n = 25$，**NN1＝26**，境界上の節点の個数**ND＝16**，Δt＝**DT**＝**0.01**，ループ計算の回数N_c＝**T/DT**を代入する。

60，**70**行で，行列**M**，**IP**，ベクトル**X**，**Y**，**Z0**，**Z1**，**ID**，**ZD**，行列**M1**，**M1I**，**M2**，**M3**，**MA**を宣言して，これらを利用できるようにする。

80～140行の**FOR～NEXT**文の中の**READ**文により，**IP(I, J)**，**X(I)**，**Y(I)**，**ID(I)**，**ZD(I)**，**Z0(I)**を，**490～560**行のデータ文より読み込む。

150行で，**NC＝0**のとき**1110**行に飛ぶ。

160行は注釈行であり，**170～440**行では，まず，**170**，**180**行で，**2**つの行列M_1とM_2のすべての成分を**0**として初期化した後，**P177**で解説した通りに，$k = 1, 2, \cdots, 32$で表される**32**個のすべての要素に対して，

(i) M_1に対しては，

$$G_k = \frac{\Delta_k}{24}\begin{bmatrix} 2 & 1 & 1 \\ 1 & 2 & 1 \\ 1 & 1 & 2 \end{bmatrix}$$
をM_1の各所定の位置に加え，

(ii) M_2に対しては，

$$H_k = \frac{\Delta_k}{2}\begin{bmatrix} B_1{}^2 + C_1{}^2 & B_1B_2 + C_1C_2 & B_1B_3 + C_1C_3 \\ B_2B_1 + C_2C_1 & B_2{}^2 + C_2{}^2 & B_2B_3 + C_2C_3 \\ B_3B_1 + C_3C_1 & B_3B_2 + C_3C_2 & B_3{}^2 + C_3{}^2 \end{bmatrix}$$
をM_2の各所定の位置に加えて，行列M_1とM_2を完成させる。

450行は注釈行であり，**460**，**470**行の**2**重の**FOR～NEXT**文により，行列M_3の全成分を$M_3 = M_1 - \Delta t M_2$により求めて代入する。

570行は注釈行であり，**580～920**行で，行列**M1**の逆行列**MII**$(=M_1{}^{-1})$を求めた後，**950**行に飛ぶ。もし，この逆行列が求められないときは**930**行に飛んで“***no solution***”と表示した後，**940**行の**STOP**文でプログラムを停止する。

950行は注釈行で，**960～980**行で行列Mを$M = M_1{}^{-1} \cdot M_3$により求めた後，**990～1020**行で，放熱条件の境界条件により，境界線上の**16**個の節点の温度$Z_i = 0$となるように，行列Mに修正を加えて，行列Mを完成させる。

1030 行は注釈行で，**1040**～**1100** 行の **FOR** ～ **NEXT** 文により，**L** = **1**，**2**，**3**，…，**NC** $\left(=\dfrac{t}{\Delta t}\right)$ と変化させて，$\boldsymbol{Z}_1(\mathbf{I}) = \boldsymbol{M}\boldsymbol{Z}_0(\mathbf{I})$ $(\mathbf{I} = \mathbf{1}, \mathbf{2}, \cdots, \mathbf{N}_{\mathbf{N}}(=\mathbf{25}))$ を繰り返し計算して，t における $\boldsymbol{Z}_1(\mathbf{I})$ を求め，これを $\boldsymbol{Z}_0(\mathbf{I})$ に代入して，時刻 t における温度分布とする。ただし，$t = 0$ のときは，この **1040**～**1100** 行のループ計算は **1** 度も行われることなく，初期条件の温度の初期分布が，そのまま $\boldsymbol{Z}_0(\mathbf{I})$ になる。

1110 行は注釈行であり，**1120**～**1350** 行で，$\mathbf{X}_{\mathbf{Max}} = \mathbf{4}$，$\mathbf{Y}_{\mathbf{Max}} = \mathbf{4}$，$\mathbf{Z}_{\mathbf{Max}} = \mathbf{16}$ で目盛り幅 $\Delta\overline{\mathbf{X}} = \mathbf{1}$，$\Delta\overline{\mathbf{Y}} = \mathbf{2}$，$\Delta\overline{\mathbf{Z}} = \mathbf{4}$ の **XYZ** 座標系を描く。そして，この座標系上に **1360**～**1440** 行の **FOR** ～ **NEXT** 文により，$k = 1, 2, 3, \cdots, N_e(=32)$ と変化させて，**32** 個の三角形の要素に対して，**3** つの頂点 $(\mathbf{X}_1, \mathbf{Y}_1, \mathbf{Z}_1)$，$(\mathbf{X}_2, \mathbf{Y}_2, \mathbf{Z}_2)$，$(\mathbf{X}_3, \mathbf{Y}_3, \mathbf{Z}_3)$ を結んで三角形を描き，この **32** 個の三角形の集合体により，時刻 t における温度 z の分布の擬似的な曲面として表示する。

以上で，このプログラムの解説も終わったので，これを実行 **(run)** してみることにしよう。今回は，**40** 行で $t = 0$ としているが，この後，$t = \mathbf{0.2}$，**0.4**，**0.8**，**1.6**，**3.2** (秒) と変化させて実行した結果を以下に示す。境界線における放熱条件により，温度分布が時刻の経過と共に零分布に近づいていく様子がヴィジュアルに分かって，非常に面白いと思う。

図 プログラム **5**−**1** の実行結果のグラフ

(ⅰ) $t = \mathbf{0}$ (初期条件)　　(ⅱ) $t = .2$

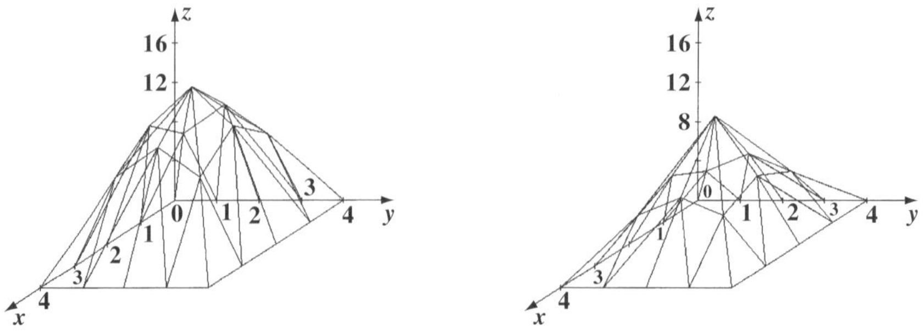

(iii)
$t = .4$

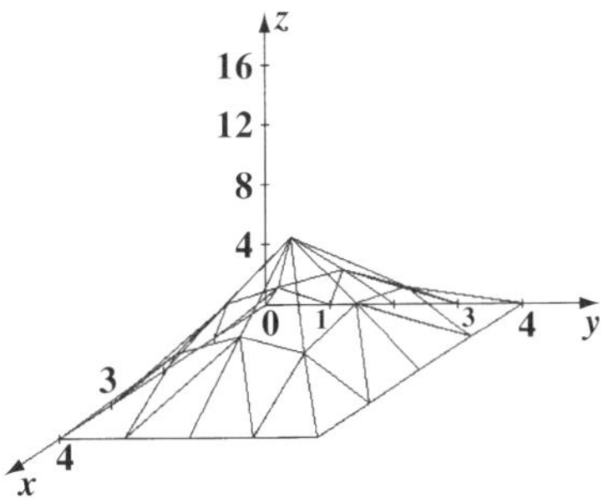

(iv)
$t = .8$

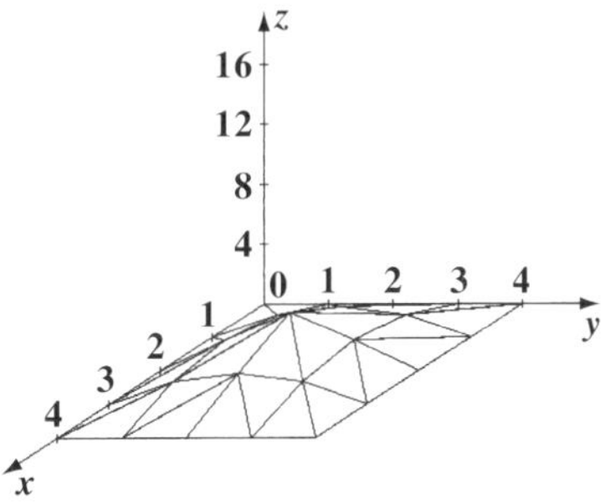

(v)
$t = 1.6$

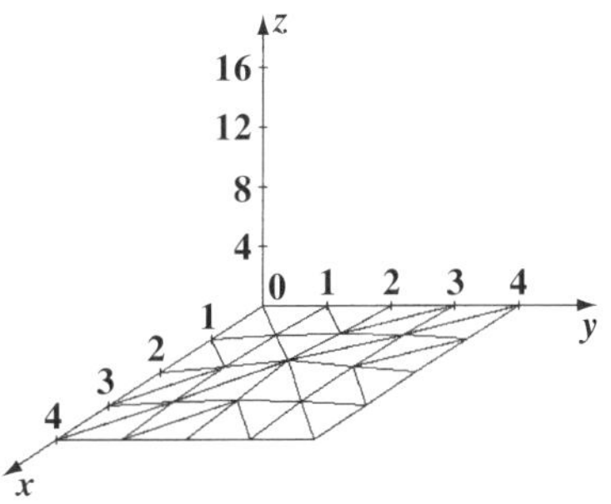

(vi)
$t = 3.2$

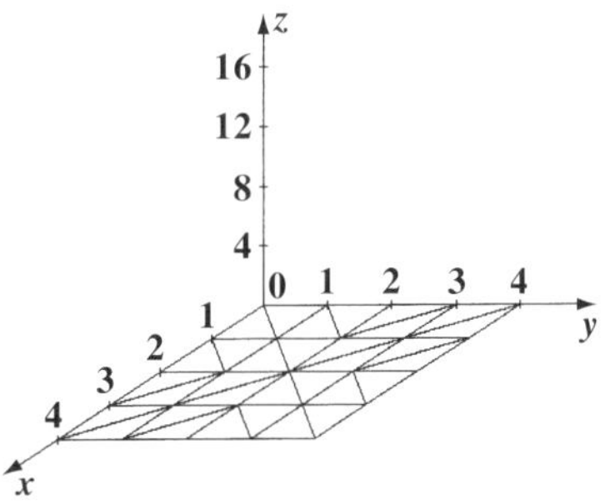

今回は，領域 $D(0 \leqq x \leqq 4,\ 0 \leqq y \leqq 4)$ の **4** つの辺の境界線上の **16** 個の点が放熱条件で $z = 0$ に決められていたために，時刻の経過と共に熱が流出して，温度分布はこのような経過をたどって，$t = 3.2$(秒)では，領域 D 全体に渡って，ほぼ $z = 0$(零分布)になったわけだけれど，この **4** 辺の境界条件がすべて断熱条件であった場合，この境界線から熱は流出することなく保存されるので，今回とは違った経過をたどることになるんだね。

この断熱条件での **2** 次元熱伝導方程式の問題については，次の例題 **19** で解説することにしよう。

● 断熱条件の2次元熱伝導方程式も解いてみよう！

では次に，断熱条件の2次元熱伝導方程式を有限要素法を用いて解いて，その結果をグラフに表示してみよう。

例題19　領域 $D(0 \leqq x \leqq 4,\ 0 \leqq y \leqq 4)$ で定義された温度の関数 $z(x,\ y,\ t)$ (t：時刻，$t \geqq 0$) が，次の2次元熱伝導方程式をみたすものとする。

$$\frac{\partial z}{\partial t} = \frac{\partial^2 z}{\partial x^2} + \frac{\partial^2 z}{\partial y^2} \quad \cdots\cdots ①$$

← 定数 $C=1$ としている。

$$\left(\text{境界条件：}\ \frac{\partial z(x,\ 0,\ t)}{\partial y} = \frac{\partial z(x,\ 4,\ t)}{\partial y} = 0 \quad \frac{\partial z(0,\ y,\ t)}{\partial x} = \frac{\partial z(4,\ y,\ t)}{\partial x} = 0\right)$$

$$\left(\text{初期条件：}\ z(x,\ y,\ 0) = x(4-x)\cdot y(4-y)\right)$$

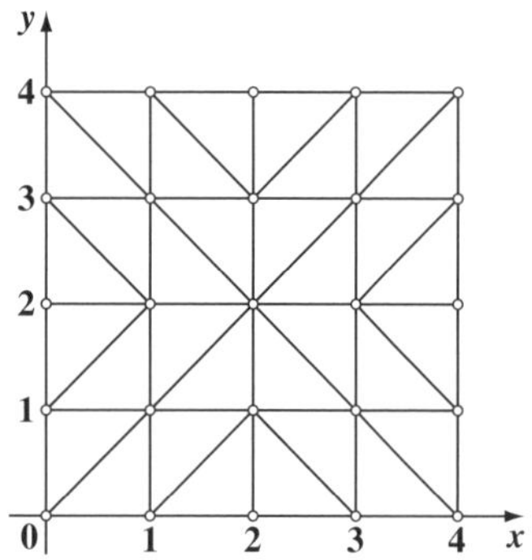

領域 D を右図に示すように，節点の個数 $N_n = 25$，有限な三角形の要素の個数 $N_e = 32$，境界線上の節点の個数 $N_b = 16$ となるように分割して，各節点に対して，時刻 $t = 0$, 0.2, 0.4, 0.8, 1.6, 3.2 (秒) における①の近似解 z_i $(i = 1,\ 2,\ 3,\ \cdots,\ 25)$ を有限要素法による BASIC プログラムを用いて求め，これを xyz 座標系にグラフとして表示せよ。

境界条件が断熱条件に変わっただけで，問題の他の設定条件は例題18のものとまったく同じなんだね。したがって，図(i)，(ii)，表(i)，(ii)，(iv)はそのまま利用できる。

今回は断熱条件なので，境界線上の節点の温度 z が0に設定されるわけではないので，表(iii)は不要で，これに対応するプログラムのデータの読み込みも必要ないんだけれど，1度完成したプログラムにはあまり手を加えない方がいいので，プログラムのこの部分はそのままにしておこう。

従って，今回の問題を解く**BASIC**プログラムも，プログラム**5−1(P186～190)**のものとほとんど同じで，変更箇所は放熱条件による行列***M***の修正作業が不要になるということだけなんだね。したがって，この部分の頭に“**REM**”をつけて注釈行とし，プログラム計算に関与させないようにする。

では，今回の問題の解法プログラムを下に示そう。

```
10 REM ---------------------------------------------------
20 REM   2次元熱伝導方程式5−2 (断熱)
30 REM ---------------------------------------------------
```

40～940行 ← プログラム**5−1**のものと同じなので省略する。

```
950 REM ------------------------------ 行列Mの計算 ------------------------------
960 FOR I=1 TO NN:FOR J=1 TO N:M(I,J)=0:NEXT J,I
970 FOR I=1 TO NN:FOR J=1 TO NN:FOR K=1 TO NN
980 M(I,J)=M(I,J)+M1I(I,K)*M3(K,J):NEXT K,J,I
990 REM FOR I=1 TO ND:IDR=ID(I)
1000 REM FOR J=1 TO NN:M(IDR,J)=0:NEXT J
1010 REM M(IDR,IDR)=1
1020 REM ZO(IDR)=ZD(I):NEXT I
```

（990～1020行）← 今回は断熱条件なので，放熱条件のための行列***M***の修正を行わない。

1030～1440行 ← プログラム**5−1**のものと同じなので省略する。

この**990～1020**行を注釈行として，行列***M***に放熱条件の修正をしないだけで，自動的に断熱条件のプログラムになるんだね。では早速，このプログラム**5−2**の$t=0$，**0.2**，**0.4**，**0.8**，**1.6**，**3.2** (秒)における実行結果の温度分布のグラフを次ページに示そう。今回は，境界線から熱が流出することはなく，保温状態になっているので，時刻tの経過と共にzはある一定温度の一様分布に近づいていくことが分かるんだね。

このように，境界条件の変更のために，わずか**4**行のプログラムの実行を行わないようにするだけで，まったく異なる結果となることが，ご理解頂けたと思う。シミュレーションを“数値実験”と訳したりするけれど，文字通りコンピュータ上での実験を行いながら様々な問題を解いていくことが，コンピュータ解析の醍醐味と言えるんだね。面白いでしょう？

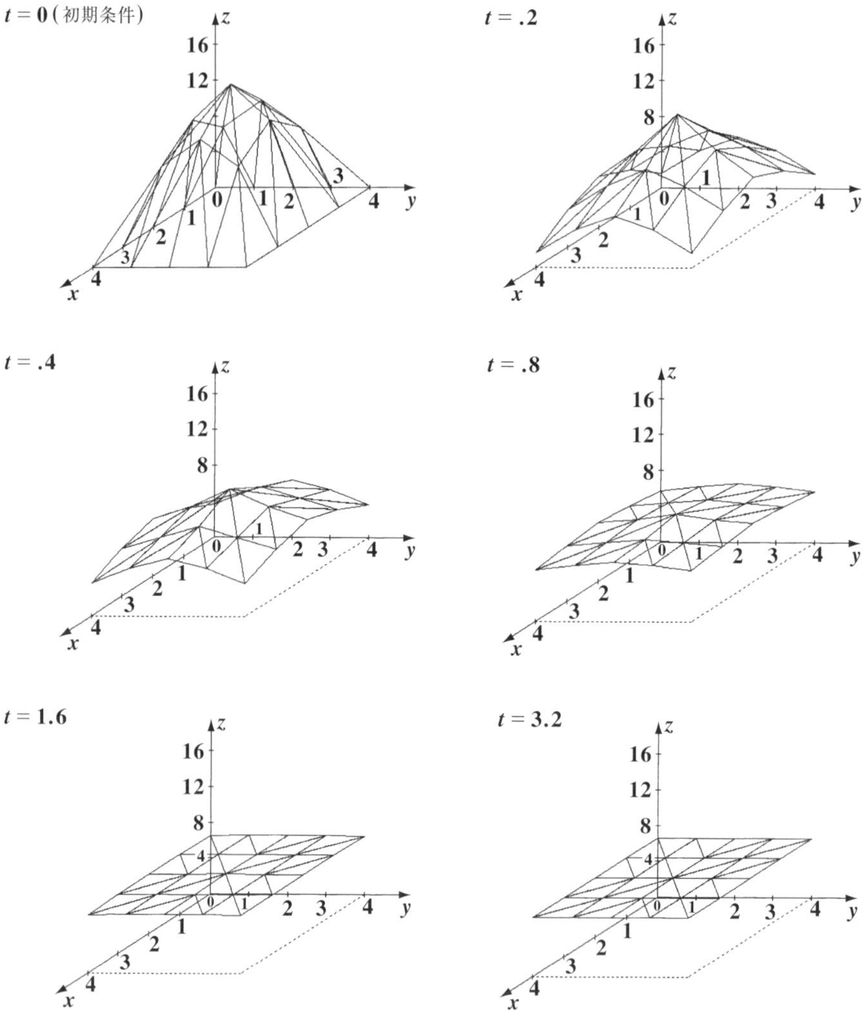

以上で，「**有限要素法キャンパス・ゼミ**」の講義はすべて終了です。有限要素法の基本的な理論と，実践的なプログラムの両方を詳しく解説してきたので，すべてご理解頂けたと思う。後は，ご自身で実際にプログラムを組んで実行されることを勧めます。

読者の皆様のさらなるご成長を祈っています。

マセマ代表　馬場敬之

講義5 ● 2次元熱伝導方程式　公式エッセンス

1．2次元熱伝導方程と弱形式 ($z(x,\ y,\ t)$：温度)

$$\frac{\partial z}{\partial t}=C\left(\frac{\partial^2 z}{\partial x^2}+\frac{\partial^2 z}{\partial y^2}\right)\ \cdots\cdots①\quad ((x,\ y)\in D,\quad t\geqq 0)$$

(境界条件：$\frac{\partial z}{\partial n}=0$ (C_1上)，$z=0$ (C_2上))

(初期条件：$z(x,\ y,\ 0)=h(x,\ y)$，$(x,\ y)\in D$)

①の弱形式は，次のようになる。

$$\iint_D w\frac{\partial z}{\partial t}dxdy+C\iint_D\left(\frac{\partial w}{\partial x}\cdot\frac{\partial z}{\partial x}+\frac{\partial w}{\partial y}\cdot\frac{\partial z}{\partial y}\right)dxdy=0\ \cdots②\quad (w：\text{任意関数})$$

(ただし，境界線 C_2 において，$z=0$)

2．2次元熱伝導方程の弱形式②の離散化

(1) $$\sum_{i=1}^{N_e}\iint_{D_i}w_i\frac{\partial z_i}{\partial t}dxdy+C\sum_{i=1}^{N_e}\iint_{D_i}\left(\frac{\partial w_i}{\partial x}\cdot\frac{\partial z_i}{\partial x}+\frac{\partial w_i}{\partial y}\cdot\frac{\partial z_i}{\partial y}\right)dxdy=0\ \cdots③$$

(2) $$\sum_{i=1}^{N_e}{}^tW_iG_i\frac{\partial Z_i}{\partial t}+C\sum_{i=1}^{N_e}{}^tW_iH_iZ_i=0\ \cdots\cdots③'$$

$$\left(G_i=\frac{\Delta_i}{24}\begin{bmatrix}2&1&1\\1&2&1\\1&1&2\end{bmatrix},\ H_i=\frac{\Delta_i}{2}\begin{bmatrix}B_1{}^2+C_1{}^2 & B_1B_2+C_1C_2 & B_1B_3+C_1C_3\\ B_2B_1+C_2C_1 & B_2{}^2+C_2{}^2 & B_2B_3+C_2C_3\\ B_3B_1+C_3C_1 & B_3B_2+C_3C_2 & B_3{}^2+C_3{}^2\end{bmatrix}\right)$$

(3) ③′をまとめると，${}^tW\left(M_1\frac{\partial Z}{\partial t}+CM_2Z\right)=0$ (${}^tW$：任意ベクトル)より，

$M_1\frac{Z(t+\Delta t)-Z(t)}{\Delta t}+CM_2Z=0$ が導かれ，さらに，

$Z(t+\Delta t)=MZ(t)$ となる。($M=M_1{}^{-1}(M_1-C\Delta tM_2)$)

よって，$t=n\cdot\Delta t$ のとき，($n=1,\ 2,\ 3,\ \cdots$)

$Z(t)=M^n\cdot Z(0)$　($Z(0)$：初期条件の温度分布)

(ただし，C_2 において放熱条件 $z_i=0$ をみたすとき，
行列 M に修正を加える必要がある。)

◆ Term・Index ◆

スバラシク実力がつくと評判の有限要素法 キャンパス・ゼミ

マセマ

著　者　馬場 敬之
発行者　馬場 敬之
発行所　マセマ出版社
〒 332-0023 埼玉県川口市飯塚 3-7-21-502
TEL 048-253-1734　FAX 048-253-1729
Email：info@mathema.jp
https://www.mathema.jp

編　集　七里 啓之
校閲・校正　高杉 豊　笠 恵介　秋野 麻里子
組版制作　間宮 栄二　町田 朱美
カバーデザイン　馬場 冬之
ロゴデザイン　馬場 利貞
印刷所　株式会社 シナノ

ISBN978-4-86615-188-5 C3041
落丁・乱丁本はお取りかえいたします。